実用数学技能検定
要点整理

THE MATHEMATICS CERTIFICATION INSTITUTE OF JAPAN
[THE Pre 1st GRADE]

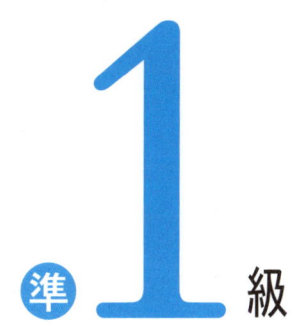

準1級

公益財団法人 日本数学検定協会

まえがき

　最近よく見かけるキーワードは"グローバル人材育成"というものです。
　大学では英語を中心とした授業を展開したり，異文化の理解を高めるための講義をしたりしています。グローバル人材の育成において，多言語の習得は大事なことです。しかし，すべての言語を習得し，各国の生活習慣を身につけることは並大抵のことではありません。そこで，みなさんに提案があります。グローバル人材として活躍するために"数学"を学んでみませんか。
　「実用数学技能検定（数学検定）」の上位階級を受検する方にとって，数学を学ぶ目的は「進学のため」「数学が好きでたまらない」「もう一度，高校数学を学びたい」と，さまざまです。しかし，このように多様な学習の目的がありながら，数学を学ぶことが"グローバル人材"につながるということを意識されている方はどれだけいらっしゃるでしょうか。
　現在，数学は世界共通の言語として認識されております。この多様化した社会において，人間もコンピュータも共通しているものは数学です。また，その数学は古代ギリシャや中国，アラビア，インドなどで生まれ，ヨーロッパで発展し，日本でも江戸時代，和算として多くの人々に親しまれてきました。そして，それらの数学的な思考は今でも社会にとって必要不可欠なものとなっています。このような状況から，数学を学ぶということは，これからの社会を築くために重要なものであり，過去と未来をつなぐ人類にとっての宝物であることがわかります。
　さて，当協会では実用数学技能検定のほかに「ビジネス数学検定」も実施しています。その関係で企業を訪問する機会が増えてきており，企業から「社員を対象にビジネスに関する数学の研修を実施してほしい」と要望されることがあります。その背景として，社員に英語研修をして海外の拠点に派遣しても，数理的な考えを含む論理的思考能力の欠如が原因で，仕事を任せられないという問題が派生していることがあげられます。ある大手食品メーカーの研修部長に，「グローバル人材として必要なスキルは何か」を尋ねたところ，「経営に関する数字の把握とそれらを伴うデータ分析能力である」と回答されました。
　企業を含め，ようやく数学の価値が評価され始めました。これを機にみなさんも数学のグローバルにおける価値を見つめ直してみてはいかがでしょうか。

公益財団法人 日本数学検定協会

目次

まえがき	2
目次	3
本書の構成と使い方	4
受検ガイド(検定概要・受検申し込み)	6
階級の構成	8
準1級の検定基準(抄)	9
取得のメリット	10
準1級合格をめざすためのチェックポイント	12

第1章 数列 … 13
- 1-1 いろいろな数列と和 … 14
- 1-2 漸化式と数学的帰納法 … 23

第2章 指数・対数関数と三角関数 … 29
- 2-1 指数関数と対数関数 … 30
- 2-2 三角関数 … 40

第3章 ベクトル・行列・複素数平面 … 53
- 3-1 ベクトル … 54
- 3-2 行列 … 69
- 3-3 複素数平面 … 84

第4章 いろいろな式や曲線 … 99
- 4-1 等式・不等式の証明 … 100
- 4-2 高次方程式 … 105
- 4-3 2次曲線 … 109
- 4-4 媒介変数 … 119

第5章 微分法・積分法 … 123
- 5-1 極限 … 124
- 5-2 微分と導関数 … 136
- 5-3 微分法の応用 … 149
- 5-4 不定積分と定積分 … 157
- 5-5 積分法の応用 … 168

第6章 数学検定特有問題 … 179

本書の構成と使い方

本書は「苦手な分野を効率よく学習したい」「各単元の出題傾向を知りたい」などの要望に応えるための問題集として単元別に構成されています。各単元は，基本事項の説明と難易度別の問題から成り立っています。

1 基本事項の要点を確認する

単元のはじめに，基本事項についての説明があります。
苦手分野を克服したい場合は，このページからしっかり理解していきましょう。

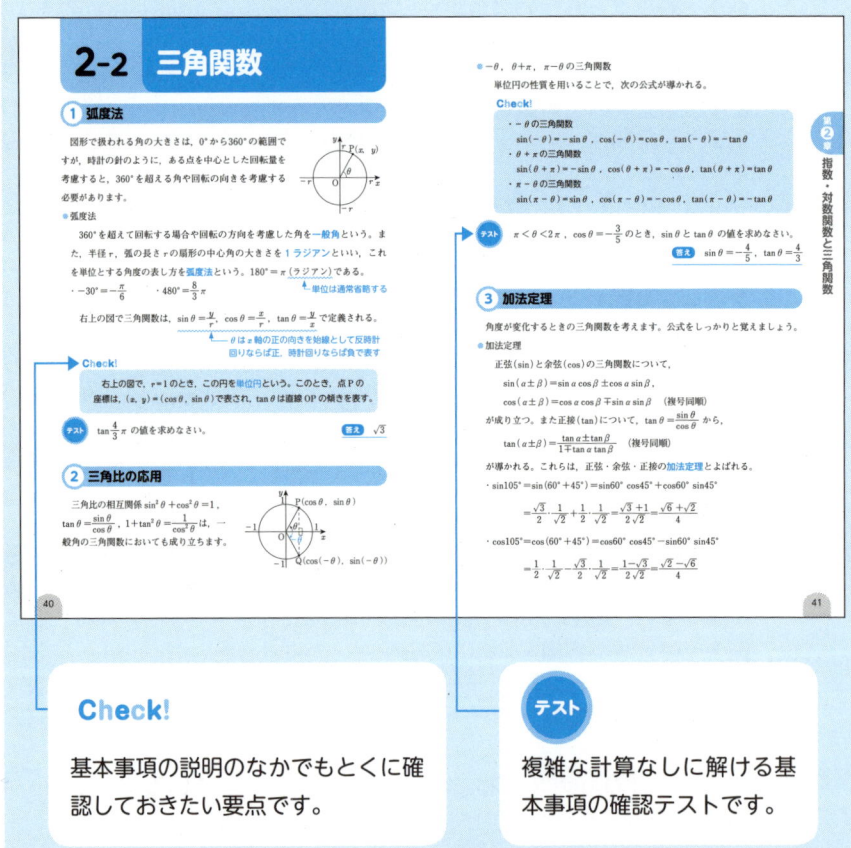

Check!
基本事項の説明のなかでもとくに確認しておきたい要点です。

テスト
複雑な計算なしに解ける基本事項の確認テストです。

2 難易度別の問題で理解を深める

難易度別の問題でステップアップしながら学習し、少しずつ着実に理解を深めていきましょう。

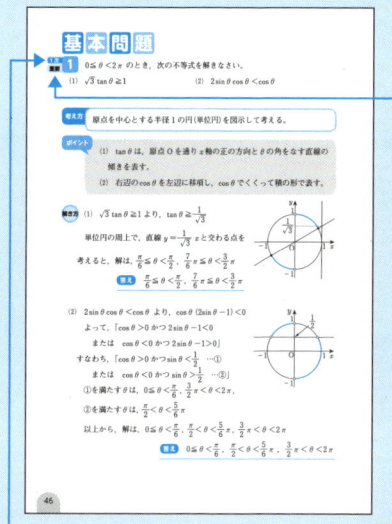

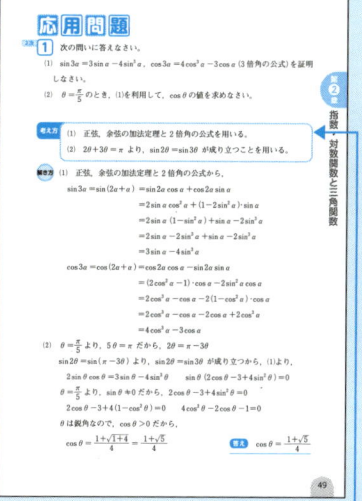

1次 2次
1次対策問題か2次対策問題かはここでチェック！計算問題が苦手な人は 1次 マークの問題を、文章題が苦手な人は 2次 マークの問題に取り組みましょう。

重要
とくに重要な問題です。検定直前に復習するときは、このマークのついた問題を優先的に確認し、確実に解けるようにしておきましょう。

考え方 ポイント
解き方 にたどりつくまでのヒントです。わからなかったときは、これを参考にしましょう。

3 練習問題にチャレンジ！

練習問題
学習した内容がしっかりと身についているか、単元の終わりの「練習問題」で確認しましょう。
練習問題の解き方と答えは別冊に掲載されています。

受検ガイド（検定概要・受検申し込み）

実用数学技能検定の概要

「数学検定」と「算数検定」は正式名称を「実用数学技能検定」といい，それぞれ1～5級と6～11級の階級に相当します。数学・算数の実用的な技能（計算・作図・表現・測定・整理・統計・証明）を測る検定で，公益財団法人日本数学検定協会が実施している全国レベルの実力・絶対評価システムです。

受検申し込み（個人受検または団体受検のいずれかの方法で受検できます）

個人受検　個人受検は，全国の主要都市に設ける検定会場で4月・7月・11月（または10月）の年3回実施します。

① 受検階級を決める ※くわしくは「P8.階級の構成」を参照

実用数学技能検定											
	算数検定						数学検定				
階級	11級	10級	9級	8級	7級	6級	5級	4級	3級	準2級	2級	準1級	1級
目安となる学年	小学校1年程度	小学校2年程度	小学校3年程度	小学校4年程度	小学校5年程度	小学校6年程度	中学校1年程度	中学校2年程度	中学校3年程度	高校1年程度	高校2年程度	高校3年程度	大学程度・一般

受検資格　原則として受検資格は問いません。

検定会場　全国の主要都市に設置します。

1～5級には，「1次：計算技能検定」と「2次：数理技能検定」があり，1次も2次も同じ日に行います。6～11級には1次・2次の区分はありません。同一検定日に同一の階級や複数の階級を受検することはできません。

② 受検申し込み

インターネットで申し込む

1. 実用数学技能検定公式サイトにアクセスします。
【パソコンから】
http://www.su-gaku.net/
【携帯から】
http://www.su-gaku.net/keitai/index.php
2. 選択した支払い方法にしたがって，検定料をお支払いください。

コンビニエンスストア端末で申し込む

1. 各コンビニエンスストアに設置されている情報端末を操作し，申し込みを行います。
2. 検定料をレジでお支払いください。
【お申し込み取り扱いコンビニエンスストア】
・セブンイレブン「マルチコピー機」
・ローソン「Loppi」
・ファミリーマート「Famiポート」
・サークルKサンクス「カルワザステーション」
・ミニストップ「MINISTOP Loppi」

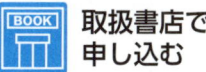

取扱書店で申し込む

1. 検定の申し込みを受け付けている書店で必要書類を入手し，検定料をお支払いください。
2. 必要書類を当協会に郵送してください。
   ※必要書類をご郵送くださらないと，申し込み完了となりません（締め切り日翌日の消印有効）。
   ※取り扱いがない書店もございます。

郵送で申し込む

1. 実用数学技能検定公式サイトに掲載されている「受検申込書」の必要事項にご記入のうえ，お近くの郵便局で検定料をお支払いください。
2. 「受検申込書」を含めた必要書類を，当協会まで郵送してください（締め切り日の消印有効）。

③ 受検証の送付

検定日の約1週間前までに，受検者あてに郵送します。

④ 検定日当日

検定開始時刻は午後を予定しています。

当日の持ち物　※階級によって持ち物が異なります。

持ち物＼階級	1～5級	6～8級	9～11級
筆記用具	必須	必須	必須
ものさし(定規)	2次検定のみ必須	必須	必須
コンパス	2次検定のみ必須	必須	
分度器	2次検定のみ必須	必須	
電卓(算盤)	2次検定のみ持参してもよい		
合格証のコピー (免除等申請該当者のみ必須)	すでに1次または2次検定に合格していて，今回免除申請している受検者のみ必須		

2次：数理技能検定で使用できる電卓の種類　○一般的な電卓　○関数電卓　○グラフ電卓

※通信機能や印刷機能をもつ電卓は使用できません。また，携帯電話・電子辞書・パソコン等の電卓機能も使用できません。

⑤ 合否結果の送付

検定日から約40日後を目安に，受検者あてに郵送します。

合格基準について

■ **1～5級**
1次：全問題の70％程度
2次：全問題の60％程度

■ **6～11級**
全問題の70％程度

合格証の種類

1～5級		
	1次・2次検定ともに合格	実用数学技能検定合格証
	1次：計算技能検定のみに合格	計算技能検定合格証
	2次：数理技能検定のみに合格	数理技能検定合格証

6～11級		
	合格点に達した場合	実用数学技能検定合格証
	不合格	未来期待証

団体受検

学校・学習塾・企業などで受検者が5人以上集まると団体受検を実施することができます。
くわしくは公式サイト（http://www.su-gaku.net/）をご覧ください。

階級の構成

	階級	構成	検定時間	出題数	合格基準	目安となる学年	検定料
数学検定	1級	1次：計算技能検定 2次：数理技能検定 があります。 はじめて受検するときは1次・2次両方を受検します。	1次：60分 2次：120分	1次：7問 2次：2題必須・5題より2題選択	1次：全問題の70%程度 2次：全問題の60%程度	大学程度・一般	5,000円
数学検定	準1級		1次：60分 2次：120分	1次：7問 2次：2題必須・5題より2題選択		高校3年程度（数学Ⅲ程度）	4,500円
数学検定	2級		1次：60分 2次：90分	1次：15問 2次：2題必須・5題より3題選択		高校2年程度（数学Ⅱ・数学B程度）	4,000円
数学検定	準2級		1次：60分 2次：90分	1次：15問 2次：10問		高校1年程度（数学Ⅰ・数学A程度）	3,500円
数学検定	3級		1次：60分 2次：60分	1次：30問 2次：20問		中学校3年程度	3,000円
数学検定	4級		1次：60分 2次：60分	1次：30問 2次：20問		中学校2年程度	2,500円
数学検定	5級		1次：60分 2次：60分	1次：30問 2次：20問		中学校1年程度	2,500円
算数検定	6級	1次／2次の区分はありません。	50分	30問	全問題の70%程度	小学校6年程度	2,000円
算数検定	7級		50分	30問		小学校5年程度	2,000円
算数検定	8級		50分	30問		小学校4年程度	2,000円
算数検定	9級		40分	20問		小学校3年程度	1,500円
算数検定	10級		40分	20問		小学校2年程度	1,500円
算数検定	11級		40分	20問		小学校1年程度	1,500円

準1級の検定基準(抄)
検定内容および技能の概要

検定の内容	技能の概要	目安となる学年
数列と極限，関数と極限，いろいろな関数(分数関数・無理関数)，合成関数，逆関数，微分法・積分法，行列の演算と一次変換，いろいろな曲線，複素数平面，基礎的統計処理，コンピュータ(数式処理)など	情報科学社会に対応して生じる課題や問題を迅速かつ正確に処理するために必要な数学技能 1. 自然現象や社会現象の変化の特徴を掴み，表現することができる。 2. 身の回りの事象を数学を用いて表現できる。	高校3年程度
式と証明，分数式，高次方程式，いろいろな関数(指数関数・対数関数・三角関数・高次関数)，点と直線，円の方程式，軌跡と領域，微分係数と導関数，不定積分と定積分，ベクトル，複素数，方程式の解，確率分布と統計的な推測，コンピュータ(数値計算)など	日常生活や業務で生じる課題や問題を合理的に処理するために必要な数学技能(数学的な活用) 1. 複雑なグラフの表現ができる。 2. 情報の特徴を掴みグループ分けや基準を作ることができる。 3. 身の回りの事象を数学的に発見できる。	高校2年程度

準1級の検定内容は以下のような構造になっています。

高校3年程度	高校2年程度	特有問題
50%	40%	10%

※割合はおおよその目安です。
※検定内容の10%にあたる問題は，実用数学技能検定特有の問題です。

取得のメリット

実用数学技能検定を取得すると，さまざまなメリットがあります。

1 入試における活用

入試の際，実用数学技能検定を活用（「優遇」「評価」「参考程度」含む）する学校が増えています。

高校入試

高校の入試における生徒の評価基準として，学科試験の成績だけではなく，中学在学中の実用数学技能検定の取得を評価する学校が増えています。入試時の点数加算から参考要素とするなど，それぞれの学校において，活用の内容はさまざまです。

大学入試

大学入試において，受験者の総合的な人物評価の基準として実用数学技能検定の取得を活用する大学・短大が増えています。入試時の点数加算や出願要件，参考要素とするなど，それぞれの大学・短大において，活用の内容はさまざまです。

2 高卒認定

文部科学省が行う「高等学校卒業程度認定試験」（旧「大検」）の必須科目「数学」が試験免除になります（2級以上合格）。

「高等学校卒業程度認定試験」（旧「大検」）で実用数学技能検定の合格を証明する場合は，「合格証明書」が必要となります。

3 単位認定制度

実用数学技能検定の取得者に，数学などの単位を認定する学校が増えています。

それぞれの学校で定められた一定の階級の実用数学技能検定取得者に対して，単位を認める制度が「単位認定制度」です。

4 就職に活用

企業の採用資料として広く活用されている「SPI試験の非言語分野」と実用数学技能検定準2級・3級の出題範囲は共通している部分があります。

SPI試験の非言語分野 → 共通の出題範囲 → 数学検定 準2級 74%　3級 53%

5 「実用数学技能検定グランプリ」表彰制度

とくに成績優秀な受検者・受検団体は表彰されます。

「実用数学技能検定グランプリ」は，積極的に算数・数学の学習に取り組んでいる団体・個人の努力を称え，さらに今後の指導・学習の励みとする目的で，とくに成績優秀な団体および個人を表彰する制度です。毎年，実用数学技能検定を受検された団体・個人からそれぞれ選考されます。

準1級合格をめざすための
チェックポイント

数学検定準1級でおさえておきたいおもなポイントを整理しました。
受検前の最終チェックに活用してください。

■数列

●数列の和の公式

- $\sum_{k=1}^{n} k = \dfrac{1}{2}n(n+1)$
- $\sum_{k=1}^{n} k^2 = \dfrac{1}{6}n(n+1)(2n+1)$
- $\sum_{k=1}^{n} k^3 = \left\{\dfrac{1}{2}n(n+1)\right\}^2$

●階差数列

数列$\{a_n\}$の階差数列を$\{b_n\}$とすると,
$a_n = a_1 + \sum_{k=1}^{n-1} b_k \quad (n \geq 2)$

■三角関数

●加法定理

$\sin(\alpha \pm \beta) = \sin\alpha\cos\beta \pm \cos\alpha\sin\beta$
$\cos(\alpha \pm \beta) = \cos\alpha\cos\beta \mp \sin\alpha\sin\beta$
$\tan(\alpha \pm \beta) = \dfrac{\tan\alpha \pm \tan\beta}{1 \mp \tan\alpha\tan\beta}$

(複号同順)

●2倍角の公式

$\sin 2\theta = 2\sin\theta\cos\theta$
$\cos 2\theta = \cos^2\theta - \sin^2\theta$
$\qquad = 2\cos^2\theta - 1 = 1 - 2\sin^2\theta$
$\tan 2\theta = \dfrac{2\tan\theta}{1-\tan^2\theta}$

●半角の公式

$\sin^2\dfrac{\theta}{2} = \dfrac{1-\cos\theta}{2}$
$\cos^2\dfrac{\theta}{2} = \dfrac{1+\cos\theta}{2}$

■行列

●ケーリー・ハミルトンの定理

$A = \begin{pmatrix} a & b \\ c & d \end{pmatrix}$に対して,
$A^2 - (a+d)A + (ad-bc)E = O$

●逆行列

$A = \begin{pmatrix} a & b \\ c & d \end{pmatrix}$に対して,

- $ad-bc \neq 0$のとき,
$A^{-1} = \dfrac{1}{ad-bc}\begin{pmatrix} d & -b \\ -c & a \end{pmatrix}$
- $ad-bc = 0$のとき,
A^{-1}は存在しない。

■複素数平面

●ド・モアブルの定理

$(\cos\theta + i\sin\theta)^n = \cos n\theta + i\sin n\theta$

(nは整数)

■微分法・積分法

●三角関数の導関数

$(\sin x)' = \cos x, \quad (\cos x)' = -\sin x,$
$(\tan x)' = \dfrac{1}{\cos^2 x}$

●指数関数の導関数

$(e^x)' = e^x, \quad (a^x)' = a^x \log_e a,$
$\qquad$(ただし, $a > 0$, $a \neq 1$)

●対数関数の導関数

$(\log_e x)' = \dfrac{1}{x}, \quad (\log_e x)' = \dfrac{1}{x\log_e a}$
$\qquad$(ただし, $a > 0$, $a \neq 1$)

第1章

数列

1-1 いろいろな数列と和 …………… 14

1-2 漸化式と数学的帰納法 ………… 23

1-1 いろいろな数列と和

1 等差数列と等比数列

規則性のある数の列について，n番めの数を求めます。数を1列に並べたものを**数列**といい，はじめの数を**初項**といいます。

● 等差数列

1，4，7，10，… は，初項1に3を次々に加えてできる数列である。このように，各項に一定の数dを加えて次の項が得られるとき，その数列を**等差数列**といい，一定の数dを**公差**という。数列$\{a_n\}$が等差数列であるとき，初項をa_1，公差をdとすると，その一般項a_nは，$a_n=a_1+(n-1)d$，初項から第n項までの和S_nは，$S_n=\dfrac{n}{2}(a_1+a_n)=\dfrac{n}{2}\{2a_1+(n-1)d\}$と表される。

テスト 初項が3，公差が-4の等差数列$\{a_n\}$について，第5項a_5を求めなさい。

答え -13

● 等比数列

3，6，12，24，48，… は，初項3に2を次々にかけていくことでできる数列である。このように，各項に一定の数rをかけて次の項が得られるとき，その数列を**等比数列**といい，一定の数rを**公比**という。数列$\{a_n\}$が等比数列であるとき，初項をa_1，公比をrとすると，その一般項a_nは，$a_n=a_1r^{n-1}$，初項から第n項までの和S_nは，$r\neq1$のとき，$S_n=\dfrac{a_1(1-r^n)}{1-r}=\dfrac{a_1(r^n-1)}{r-1}$と表される。

Check!

等差数列
$a_n=a_1+(n-1)d$，$S_n=\dfrac{n}{2}(a_1+a_n)=\dfrac{n}{2}\{2a_1+(n-1)d\}$

（項数 — 初項 — 末項）

等比数列
$a_n=a_1r^{n-1}$

$S_n=\dfrac{a_1(1-r^n)}{1-r}=\dfrac{a_1(r^n-1)}{r-1}$ $(r\neq1)$，$S_n=na_1$ $(r=1)$

（初項がn個）

テスト 初項が54，公比が $-\dfrac{1}{3}$ の等比数列 $\{a_n\}$ について，第4項 a_4 を求めなさい。

答え -2

2 和の記号 Σ

複雑に見える数列の和の形も，Σの公式を使うと解けることがあります。

● Σの意味

数列の和 $a_1+a_2+a_3+\cdots\cdots+a_n$ を，$\sum\limits_{k=1}^{n}a_k$ と表す。$\sum\limits_{k=1}^{n}a_k$ は，a_k の k に順に 1, 2, 3, ……, n を代入したときに得られるすべての項の和を表す。たとえば，$2^2+3^2+\cdots\cdots+10^2$ は，$\sum\limits_{k=1}^{9}(k+1)^2$ や $\sum\limits_{i=2}^{10}i^2$ などと表すこともできる。

（おわり／はじめ）

● Σの公式

・$\sum\limits_{k=1}^{n}c$（c は定数）… $c=c+0\cdot k$ とすると，
$$\sum_{k=1}^{n}c = \sum_{k=1}^{n}(c+0\cdot k)$$
$$= (c+0\cdot 1)+(c+0\cdot 2)+(c+0\cdot 3)+\cdots\cdots+(c+0\cdot n)$$
$$= c+c+c+\cdots\cdots+c = nc \quad \leftarrow n\text{個の}c\text{の和}$$

・$\sum\limits_{k=1}^{n}k$ … $1+2+3+\cdots\cdots+n$ より，初項1，公差1の等差数列の和だから，
$$\sum_{k=1}^{n}k = \dfrac{n}{2}(n+1)$$

・$\sum\limits_{k=1}^{n}k^2$ … p.22の練習問題❺で扱う。同様のやり方で，$\sum\limits_{k=1}^{n}k^3$ も導ける。

・$\sum\limits_{k=1}^{n}r^k$ … $r+r^2+r^3+\cdots\cdots+r^n$ より，初項 r，公比 r の等比数列の和だから，
$$\sum_{k=1}^{n}r^k = \dfrac{r(1-r^n)}{1-r} = \dfrac{r(r^n-1)}{r-1}$$

Check!

数列の和の公式
・$\sum\limits_{k=1}^{n}c = nc$
・$\sum\limits_{k=1}^{n}k = \dfrac{1}{2}n(n+1)$
・$\sum\limits_{k=1}^{n}k^2 = \dfrac{1}{6}n(n+1)(2n+1)$
・$\sum\limits_{k=1}^{n}k^3 = \left\{\dfrac{1}{2}n(n+1)\right\}^2$

テスト $\sum\limits_{k=3}^{8}(k-1)^2$ を，各項を書き並べて表しなさい。

答え $2^2+3^2+4^2+5^2+6^2+7^2$

3 階差数列

数列 $\{a_n\}$ に対して,$b_n=a_{n+1}-a_n$ によって定められた数列 $\{b_n\}$ を,$\{a_n\}$ の **階差数列** といいます。

● 階差数列の一般項

数列 $\{a_n\}$ の初項 a_1 と階差数列 $\{b_n\}$ について,$n \geq 2$ のとき,一般項 a_n は,$a_n = a_1 + \sum_{k=1}^{n-1} b_k$ で求められる。

$$\begin{array}{l} a_2 - a_1 = b_1 \\ a_3 - a_2 = b_2 \\ \vdots \quad \vdots \\ +) \ a_n - a_{n-1} = b_{n-1} \\ \hline a_n - a_1 = b_1 + b_2 + \cdots + b_{n-1} \end{array}$$

式が $(n-1)$ 個

Check!

数列 $\{a_n\}$ の階差数列を $\{b_n\}$ とすると,$a_n = a_1 + \sum_{k=1}^{n-1} b_k$ ($n \geq 2$)

テスト 数列 $\{a_n\}$ を 3,5,9,17,33,… とします。このとき,$\{a_n\}$ の階差数列 $\{b_n\}$ の一般項 b_n および a_n を求めなさい。 **答え** $b_n = 2^n$, $a_n = 2^n + 1$

4 数列の和と一般項

数列 $\{a_n\}$ の初項から第 n 項までの和 S_n が n の式で表されているとき,一般項 a_n を求めることができます。

● 一般項の求め方

$n=1$ のとき,$S_1 = a_1$ である。

$n \geq 2$ のとき,右の図のように,$a_n = S_n - S_{n-1}$ が成り立つ。

$$\begin{array}{l} S_n = a_1 + a_2 + \cdots + a_{n-1} + a_n \\ -) \ S_{n-1} = a_1 + a_2 + \cdots + a_{n-1} \\ \hline S_n - S_{n-1} = \qquad\qquad\qquad\qquad a_n \end{array}$$

・$S_n = n^2$ のときの一般項 a_n は,

$a_1 = S_1 = 1^2 = 1$ …①,

$a_n = S_n - S_{n-1} = n^2 - (n-1)^2$
$= 2n - 1$($n \geq 2$ のとき) …②

が成り立ち,②に $n=1$ を代入すると,①と一致するから,$a_n = 2n-1$ である。

Check!

数列 $\{a_n\}$ の初項から第 n 項までの和を S_n とすると,
$a_1 = S_1$
$a_n = S_n - S_{n-1}$ ($n \geq 2$)

テスト 数列 $\{a_n\}$ の初項から第 n 項までの和 S_n が $S_n=n^3+2n^2-3n$ のとき，初項 a_1 を求めなさい。　**答え** 0

5 いろいろな数列の和

工夫していろいろな数列の和を求めます。

● 部分分数分解を使う数列の和

$S_n=\dfrac{1}{1\cdot 2}+\dfrac{1}{2\cdot 3}+\cdots\cdots+\dfrac{1}{n(n+1)}$ は，各項を $\dfrac{1}{k(k+1)}=\dfrac{1}{k}-\dfrac{1}{k+1}$ の形に分解すると，$S_n=\left(\dfrac{1}{1}-\dfrac{1}{2}\right)+\left(\dfrac{1}{2}-\dfrac{1}{3}\right)+\cdots\cdots+\left(\dfrac{1}{n}-\dfrac{1}{n+1}\right)=1-\dfrac{1}{n+1}=\dfrac{n}{n+1}$

と計算できる。このような変形を **部分分数分解** という。

Check! 部分分数分解　$\dfrac{1}{x(x+a)}=\dfrac{1}{a}\left(\dfrac{1}{x}-\dfrac{1}{x+a}\right)$

● 等差数列と等比数列の各項をかけ合わせてできた数列の和

$T_n=1\cdot 1+2\cdot 3^1+3\cdot 3^2+\cdots\cdots+n\cdot 3^{n-1}$ は，T_n-3T_n を計算して求められる。

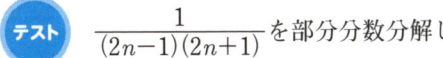　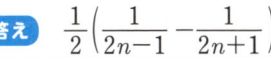

テスト $\dfrac{1}{(2n-1)(2n+1)}$ を部分分数分解しなさい。　**答え** $\dfrac{1}{2}\left(\dfrac{1}{2n-1}-\dfrac{1}{2n+1}\right)$

基本問題

  3つの数 $x-4$，x，$2(x+3)$ がこの順に等比数列になるとき，x の値を求めなさい。

ポイント　a, b, c がこの順に等比数列になるとき，$b^2=ac$ が成り立つ。

解き方　$x=0$, 4 とすると等比数列にならないから，$x\neq 0$, 4 である。公比は，
$\dfrac{x}{x-4}=\dfrac{2(x+3)}{x}$ より，$x^2=(x-4)\cdot 2(x+3)$　　$x^2-2x-24=0$
$(x-6)(x+4)=0$　　よって，$x=6$, -4　　**答え** $x=6$, -4

2 第3項が11,第6項が5の等差数列 $\{a_n\}$ について,次の問いに答えなさい。

(1) 一般項 a_n を n を用いた式で表しなさい。

(2) 初項から第何項までの和が最大になりますか。また,そのときの和を求めなさい。

考え方
(1) $a_n = a_1 + (n-1)d$ に代入して,a_1 と d を求める。

(2) $a_n \geq 0$ を満たす項だけをたし合わせたとき,和は最大になる。

解き方
(1) 初項を a_1,公差を d とすると,$a_3 = a_1 + 2d = 11$,$a_6 = a_1 + 5d = 5$ だから,これを連立して解くと,$a_1 = 15$,$d = -2$

よって,$a_n = 15 + (n-1) \cdot (-2) = -2n + 17$ **答え** $a_n = -2n + 17$

(2) $a_n = -2n + 17 < 0$ を解くと $n > 8.5$ だから,$\{a_n\}$ は

$a_1 > a_2 > \cdots\cdots > a_8 > 0 > a_9 > a_{10} > \cdots\cdots$

を満たす。よって,初項から第8項までの和が最大であり,その和は,

$\dfrac{8}{2}(a_1 + a_8) = \dfrac{8}{2}(15 + 1) = 64$ **答え** 第8項,和は64

3 次の和を求めなさい。

(1) $\sum\limits_{k=1}^{n}(2k-3)$

(2) $11^2 + 12^2 + 13^2 + \cdots\cdots + 30^2$

(3) $\sum\limits_{k=1}^{n-1}(k^3 - k)$

(4) $\sum\limits_{k=1}^{12} 2^k$

考え方
(2) 第 k 項を k の式で表す。

(4) 等比数列の和である。

ポイント $\sum\limits_{k=1}^{n} a_k b_k = \sum\limits_{k=1}^{n} a_k \cdot \sum\limits_{k=1}^{n} b_k$ は一般には成り立たない。

解き方
(1) $\sum\limits_{k=1}^{n}(2k-3) = 2\sum\limits_{k=1}^{n} k - \sum\limits_{k=1}^{n} 3 = 2 \cdot \dfrac{n}{2}(n+1) - 3n = n^2 - 2n = n(n-2)$

答え $n(n-2)$

(2) 項数は20で，第k項は$k+10$と表されるから，求める和は，
$$\sum_{k=1}^{20}(k+10)^2=\sum_{k=1}^{20}(k^2+20k+100)=\frac{20}{6}\cdot 21\cdot 41+20\cdot\frac{20}{2}\cdot 21+20\cdot 100$$
$$=10\cdot 7\cdot 41+20\cdot 10\cdot 21+20\cdot 100=9070$$
答え 9070

別解 $(1^2+2^2+3^2+\cdots\cdots+30^2)-(1^2+2^2+\cdots\cdots+10^2)$ と考えると，求める和は，
$$\sum_{k=1}^{30}k^2-\sum_{k=1}^{10}k^2=\frac{30}{6}\cdot 31\cdot 61-\frac{10}{6}\cdot 11\cdot 21=9455-385=9070$$

(3) $\displaystyle\sum_{k=1}^{n-1}(k^3-k)=\left\{\frac{n-1}{2}(n-1+1)\right\}^2-\frac{n-1}{2}(n-1+1)$
$$=\left\{\frac{n}{2}(n-1)\right\}^2-\frac{n}{2}(n-1)=\frac{n}{2}(n-1)\left\{\frac{n}{2}(n-1)-1\right\}$$
$$=\frac{n}{4}(n-1)(n^2-n-2)=\frac{1}{4}(n-2)(n-1)n(n+1)$$
答え $\dfrac{1}{4}(n-2)(n-1)n(n+1)$

(4) $\displaystyle\sum_{k=1}^{12}2^k=2^1+2^2+2^3+\cdots\cdots+2^{12}$ より，初項2，公比2，項数12の等比数列の和だから，
$$\sum_{k=1}^{12}2^k=\frac{2(2^{12}-1)}{2-1}=2(4096-1)=8190$$
答え 8190

応用問題

1 初項から第5項までの和が100，初項から第10項までの和が125である等差数列 $\{a_n\}$ の一般項 a_n を求めなさい。

解き方 $\{a_n\}$ の初項を a_1，公差を d とすると，$a_5=a_1+4d$，$a_{10}=a_1+9d$ より，
$$\frac{5}{2}(a_1+a_1+4d)=5(a_1+2d)=100,\quad \frac{10}{2}(a_1+a_1+9d)=5(2a_1+9d)=125$$
これを連立して解くと，$a_1=26$，$d=-3$ だから，
$$a_n=26+(n-1)\cdot(-3)=-3n+29$$
答え $a_n=-3n+29$

2 次の和を計算しなさい。

(1) $\dfrac{1}{1\cdot 2\cdot 3}+\dfrac{1}{2\cdot 3\cdot 4}+\dfrac{1}{3\cdot 4\cdot 5}+\cdots\cdots+\dfrac{1}{n(n+1)(n+2)}$

(2) $1\cdot 2n+2\cdot(2n-1)+3\cdot(2n-2)+\cdots\cdots+n(n+1)$

考え方 (1) 各項を差の形に変形(部分分数分解)する。

ポイント (2) $\sum_{k=1}^{n} n = n \cdot n = n^2$ (n は定数)である。

解き方 (1) $\dfrac{1}{k(k+1)(k+2)} = \dfrac{1}{2} \cdot \dfrac{k+2-k}{k(k+1)(k+2)} = \dfrac{1}{2}\left(\dfrac{1}{k(k+1)} - \dfrac{1}{(k+1)(k+2)}\right)$

だから，求める和は，

$\dfrac{1}{2}\left(\dfrac{1}{1 \cdot 2} - \dfrac{1}{2 \cdot 3}\right) + \dfrac{1}{2}\left(\dfrac{1}{2 \cdot 3} - \dfrac{1}{3 \cdot 4}\right) + \cdots + \dfrac{1}{2}\left\{\dfrac{1}{n(n+1)} - \dfrac{1}{(n+1)(n+2)}\right\}$

$= \dfrac{1}{2}\left\{\dfrac{1}{1 \cdot 2} - \dfrac{1}{(n+1)(n+2)}\right\} = \dfrac{n(n+3)}{4(n+1)(n+2)}$

答え $\dfrac{n(n+3)}{4(n+1)(n+2)}$

(2) 第 k 項は $k(2n-k+1)$ と表されるから，求める和は，

$\sum_{k=1}^{n} k(2n-k+1) = \sum_{k=1}^{n}\{-k^2 + (2n+1)k\} = -\sum_{k=1}^{n} k^2 + (2n+1)\sum_{k=1}^{n} k$

$= -\dfrac{n}{6}(n+1)(2n+1) + (2n+1) \cdot \dfrac{n}{2}(n+1)$

$= n(n+1)(2n+1) \cdot \left(-\dfrac{1}{6} + \dfrac{1}{2}\right)$

$= \dfrac{n}{3}(n+1)(2n+1)$

答え $\dfrac{n}{3}(n+1)(2n+1)$

2次 重要 3 $S = 2 \cdot 3 + 3 \cdot 3^2 + 4 \cdot 3^3 + \cdots\cdots + (n+1) \cdot 3^n$ を計算しなさい。

考え方 $S - 3S$ を計算すると，等比数列の和の形が現れる。

解き方 $S - 3S$ を計算すると，

$\begin{array}{rl} S = & 2 \cdot 3 + 3 \cdot 3^2 + 4 \cdot 3^3 + \cdots\cdots + (n+1) \cdot 3^n \\ -)\ 3S = & 2 \cdot 3^2 + 3 \cdot 3^3 + \cdots\cdots + n \cdot 3^n + (n+1) \cdot 3^{n+1} \\ \hline -2S = & 6 + 3^2 + 3^3 + \cdots\cdots + 3^n - (n+1) \cdot 3^{n+1} \end{array}$

── 初項 $3^2 = 9$，公比 3，項数 $(n-1)$ の等比数列の和

したがって，

$S = -\dfrac{1}{2}\left\{6 + \dfrac{3^2(3^{n-1}-1)}{3-1} - (n+1)3^{n+1}\right\}$

$= \dfrac{1}{4}\{-12 - 3^{n+1} + 9 + (2n+2)3^{n+1}\}$

$= \dfrac{1}{4}\{(2n+1)3^{n+1} - 3\}$

答え $\dfrac{1}{4}\{(2n+1)3^{n+1} - 3\}$

2次 ④ 数列 $\{a_n\}$ の初項から第 n 項までの和 S_n が次の式で表されるとき,一般項 a_n を求めなさい。

(1) $S_n = n^2 + 3$ 　　　　(2) $S_n = 3^n$

ポイント

$a_n = S_n - S_{n-1}\ (n \geqq 2)$ によって求めた a_n に,$n=1$ を代入して,$a_1 = S_1$ と一致するかどうかも確かめる。

解き方 (1) $a_1 = S_1 = 4$

$n \geqq 2$ のとき,$a_n = S_n - S_{n-1} = n^2 + 3 - \{(n-1)^2 + 3\} = 2n - 1$

ここで,求めた a_n に $n=1$ を代入すると,$2 \cdot 1 - 1 = 1 \neq 4$ であり,$n=1$ のときは成立しない。

以上から,$a_1 = 4$,$a_n = 2n - 1\ (n \geqq 2)$

答え $a_1 = 4$,$a_n = 2n - 1\ (n \geqq 2)$

(2) $a_1 = S_1 = 3$

$n \geqq 2$ のとき,$a_n = S_n - S_{n-1} = 3^n - 3^{n-1} = 3 \cdot 3^{n-1} - 3^{n-1} = (3-1) \cdot 3^{n-1} = 2 \cdot 3^{n-1}$

ここで,求めた a_n に $n=1$ を代入すると,$2 \cdot 3^0 = 2 \neq 3$ で,$n=1$ のときは成立しない。

　　　　　　　　　　　　　$3^0 = 1$(p.30参照)

以上から,$a_1 = 3$,$a_n = 2 \cdot 3^{n-1}\ (n \geqq 2)$

答え $a_1 = 3$,$a_n = 2 \cdot 3^{n-1}\ (n \geqq 2)$

練習問題

答え:別冊 P3〜P6

1次 ① 初項が5,公差が2の等差数列について,次の問いに答えなさい。

(1) 第10項を求めなさい。

(2) 初項から第10項までの和を求めなさい。

1次 ② 0でない実数 a があります。$1,\ \dfrac{1}{a},\ a$ がこの順で等差数列になるとき,a の値を求めなさい。

3 初項，公比がともに実数である等比数列があります。第3項が4，第6項が-32であるとき，次の問いに答えなさい。
(1) 初項と公比を求めなさい。
(2) 初項から第8項までの和を求めなさい。

4 次の和を求めなさい。
(1) $1^2+3^2+5^2+\cdots\cdots+21^2$
(2) $\sum_{k=1}^{n}\dfrac{1}{\sqrt{k+1}+\sqrt{k}}$
(3) $1\cdot(n-1)+2\cdot(n-2)+3\cdot(n-3)+\cdots\cdots+(n-1)\cdot 1$

5 $\sum_{k=1}^{n}k^2=\dfrac{n}{6}(n+1)(2n+1)$ であることを，等式 $(k+1)^3-k^3=3k^2+3k+1$ を利用して導きなさい。

6 次のような数列 $\{a_n\}$ について，次の問いに答えなさい。
　　33，3333，333333，33333333，……
(1) 第k項をkの式で表しなさい。
(2) 初項から第n項までの和を求めなさい。

7 次のような数列 $\{a_n\}$ があります。この数列の一般項 a_n を求めなさい。
　　1，4，8，13，19，26，34，……

8 数列 $\{a_n\}$ の初項から第n項までの和 S_n が，$S_n=\dfrac{n+1}{2n}$ で表されるとき，一般項 a_n を求めなさい。

9 次のような数列 $\{a_n\}$ があります。これについて，次の問いに答えなさい。
$$\dfrac{1}{1},\ \dfrac{1}{2},\ \dfrac{2}{2},\ \dfrac{1}{3},\ \dfrac{2}{3},\ \dfrac{3}{3},\ \dfrac{1}{4},\ \dfrac{2}{4},\ \dfrac{3}{4},\ \dfrac{4}{4},\ \dfrac{1}{5},\ \dfrac{2}{5},\ \cdots\cdots$$
(1) $\dfrac{3}{10}$ は第何項ですか。
(2) 分母が19である項すべての和を求めなさい。
(3) 初項から第100項までの和を求めなさい。

1-2 漸化式と数学的帰納法

1 漸化式

　数列で，その前の項から次の項をただ 1 通りに定める規則を示す等式を**漸化式**といいます。漸化式から一般項が求められるようにしましょう。

● 等差数列・等比数列の漸化式

　$a_1=2$，$a_{n+1}=3a_n+4$ が成り立つとき，$a_2=3a_1+4=10$，$a_3=3a_2+4=34$，…… と定まる。とくに，初項 a，公差 d の等差数列は，$a_1=a$，$a_{n+1}=a_n+d$ と表され，初項 a，公比 r の等比数列は，$a_1=a$，$a_{n+1}=ra_n$ と表される。また，漸化式が $a_{n+1}=a_n+f(n)$ と表されるときは，$a_{n+1}-a_n=f(n)$ より，$\{a_n\}$ の階差数列の第 n 項が $f(n)$ となる。

> **Check!**
>
> 等差数列の漸化式　　$a_{n+1}=a_n+d$
> 等比数列の漸化式　　$a_{n+1}=ra_n$

テスト　$a_1=2$，$a_{n+1}=2a_n-1$（$n=1, 2, 3, \cdots\cdots$）によって定められる数列 $\{a_n\}$ の第 4 項 a_4 を求めなさい。　**答え**　9

● $a_{n+1}=pa_n+q$ の形の漸化式

　$a_{n+1}=pa_n+q$（$p\neq 0$，$p\neq 1$，$q\neq 0$）の形の漸化式は，$c=pc+q$ を満たす定数 c を使って，$a_{n+1}-c=p(a_n-c)$ と変形できるから，数列 $\{a_n-c\}$ は初項 a_1-c，公比 p の等比数列となる。たとえば，漸化式 $a_{n+1}=3a_n+2$ は，$c=3c+2$ を解くと $c=-1$ となるから，$a_{n+1}+1=3(a_n+1)$ と変形できる。このことから，$\{a_n+1\}$ は初項 a_1+1，公比 3 の等比数列である。

> **Check!**
>
> $a_{n+1}=pa_n+q$（$p\neq 0$，$p\neq 1$，$q\neq 0$）の形の漸化式は，$c=pc+q$ を満たす c を用いて，$a_{n+1}-c=p(a_n-c)$ と変形できる。

テスト　漸化式 $a_{n+1}=2a_n-1$ を，$a_{n+1}-c=p(a_n-c)$ の形に変形しなさい。
　答え　$a_{n+1}-1=2(a_n-1)$

2 数学的帰納法

「すべての正の整数 n について ―― が成り立つ」ことを証明するときに，下の [1]，[2] を示す方法があります。

● 数学的帰納法

正の整数 n に関する事柄 P について，次の 2 つのことが示されたとする。

> [1]　$n=1$ のとき P が成り立つ。
> [2]　$n=k$ のとき P が成り立つと仮定すると，$n=k+1$ のときにも P が成り立つ。

このとき，[1] より $n=1$ のとき P が成り立つから，[2] より $n=2$ のときにも P が成り立つ。$n=2$ のとき P が成り立つから，再び [2] より，$n=3$ のときにも P が成り立つ。これを繰り返していくと，$n=4$，5，6，…… のときにも P が成り立ち，すべての正の整数 n について P が成り立つといえる。この証明法を **数学的帰納法** という。

たとえば，事柄 P が「4^n-1 が 3 の倍数である」で，それを数学的帰納法で証明すると，以下のようになる。

[1]　$n=1$ のとき，$4^1-1=3$ より，P は成り立つ。

[2]　$n=k$ のとき P が成り立つ，すなわち 4^k-1 が 3 の倍数であると仮定すると，ある整数 M を用いて，$4^k-1=3M$，すなわち $4^k=3M+1$ と表されるから，

$$4^{k+1}-1=4\cdot 4^k-1=4(3M+1)-1=3(4M+1)$$

M は整数だから，$4M+1$ も整数で，$4^{k+1}-1$ は 3 の倍数である。よって，$n=k+1$ のときも P は成り立つ。

[1]，[2] から，すべての正の整数 n について，P は成り立つ。

テスト　整数 k，M に対して，$k^3+2k=3M$ が成り立つとき，$(k+1)^3+2(k+1)$ を 3 で割ったときの商を k，M を用いて表しなさい。

答え　$M+k^2+k+1$

基本問題

1 次のように定められた数列 $\{a_n\}$ の一般項を求めなさい。

(1) $a_1=2$, $a_{n+1}=a_n-4$ （$n=1$, 2, 3, ……）

(2) $a_1=3$, $a_{n+1}=a_n+n+1$ （$n=1$, 2, 3, ……）

ポイント

(1) $\{a_n\}$ は等差数列である。

(2) $\{a_n\}$ の階差数列を $\{b_n\}$ とすると，$b_n=n+1$ である。

解き方 (1) $\{a_n\}$ は初項 2，公差 -4 の等差数列だから，
$$a_n=2+(n-1)\cdot(-4)=-4n+6$$
答え $a_n=-4n+6$

(2) 漸化式は，$a_{n+1}-a_n=n+1$ と変形できるから，$a_{n+1}-a_n=b_n$ とすると，$b_n=n+1$ である。よって，$n\geqq 2$ のとき，
$$a_n=a_1+\sum_{k=1}^{n-1}b_k=3+\sum_{k=1}^{n-1}(k+1)=3+\frac{1}{2}n(n-1)+(n-1)=\frac{1}{2}n^2+\frac{1}{2}n+2$$
これに $n=1$ を代入すると，$a_1=3$ と一致するから，
$$a_n=\frac{1}{2}n^2+\frac{1}{2}n+2$$
答え $a_n=\frac{1}{2}n^2+\frac{1}{2}n+2$

2 $a_1=4$, $a_{n+1}=2a_n+3$（$n=1$, 2, 3, ……）によって定められる数列 $\{a_n\}$ の一般項を求めなさい。

ポイント

$c=2c+3$ の解を利用して，漸化式を $a_{n+1}-c=p(a_n-c)$ の形に変形する。

解き方 漸化式を変形すると，$a_{n+1}+3=2(a_n+3)$

$\{a_n+3\}$ は初項 $a_1+3=4+3=7$，公比 2 の等比数列だから，$a_n+3=7\cdot 2^{n-1}$

よって，$a_n=7\cdot 2^{n-1}-3$

答え $a_n=7\cdot 2^{n-1}-3$

$c=2c+3$ の解
$c=-3$ を以下に代入

$$\begin{array}{r}a_{n+1}=2a_n+3\\-)\quad c=2c\;+3\\\hline a_{n+1}-c=2(a_n-c)\end{array}$$

応用問題

1 $a_1=1$, $a_{n+1}=\dfrac{3a_n}{a_n+3}$ ($n=1$, 2, 3, ……) によって定められる数列 $\{a_n\}$ について,次の問いに答えなさい。

(1) $\dfrac{1}{a_n}=b_n$ として,数列 $\{b_n\}$ の一般項を n を用いた式で表しなさい。

(2) a_n を n を用いた式で表しなさい。

解き方 (1) 漸化式の両辺の逆数をとると,$\dfrac{1}{a_{n+1}}=\dfrac{a_n+3}{3a_n}$

右辺は,$\dfrac{a_n}{3a_n}+\dfrac{3}{3a_n}=\dfrac{1}{3}+\dfrac{1}{a_n}$ と変形できるから,$b_{n+1}=b_n+\dfrac{1}{3}$

$\{b_n\}$ は初項 $\dfrac{1}{a_1}=1$,公差 $\dfrac{1}{3}$ の等差数列だから,

$b_n=1+(n-1)\cdot\dfrac{1}{3}=\dfrac{n+2}{3}$

答え $b_n=\dfrac{n+2}{3}$

(2) $a_n=\dfrac{1}{b_n}$ だから,(1)より,$a_n=\dfrac{1}{b_n}=\dfrac{3}{n+2}$

答え $a_n=\dfrac{3}{n+2}$

2 n を正の整数とするとき,次の等式を数学的帰納法で証明しなさい。
$$1+3+5+……+(2n-1)=n^2$$

解き方 $1+3+5+……+(2n-1)=n^2$ …①

[1] $n=1$ のとき,(左辺)$=1$,(右辺)$=1^2=1$ より,①は成り立つ。

[2] $n=k$ のとき①が成り立つ,すなわち $1+3+5+……+(2k-1)=k^2$ …②
と仮定する。

$n=k+1$ のとき,②より,
$$\underline{1+3+5+……+(2k-1)}+\underline{\{2(k+1)-1\}}=k^2+(2k+1)=(k+1)^2$$

これより,$1+3+5+……+(2k-1)+\{2(k+1)-1\}=(k+1)^2$ だから,
$n=k+1$ のときも①は成り立つ。

[1],[2]より,すべての正の整数 n について①は成り立つ。

3 n を3以上の整数とするとき，$2^n > 7(n-2)$ を証明しなさい。

考え方 $2^k > 7(k-2)$ を用いて，$2^{k+1} > 7\{(k+1)-2\}$ を示す。

解き方 $2^n > 7(n-2)$ …①

[1] $n=3$ のとき，(左辺)$=2^3=8$，(右辺)$=7(3-2)=7$ より，①は成り立つ。

[2] $n=k$（ただし，$k \geqq 3$）のとき①が成り立つ，すなわち $2^k > 7(k-2)$ …②
と仮定する。②を用いると，$n=k+1$ のときの①の左辺について，
$$2^{k+1} = 2 \cdot 2^k > 2 \cdot 7(k-2) = 14k-28 \quad \text{…③}$$
$k \geqq 3$ に注意して，$14k-28$ と $7\{(k+1)-2\}$ の大小を比較すると，
$$14k-28-7\{(k+1)-2\} = 7k-21 = 7(k-3) \geqq 0$$
したがって，$14k-28 \geqq 7\{(k+1)-2\}$ …④
③，④より，$2^{k+1} > 14k-28 \geqq 7\{(k+1)-2\}$ から，$2^{k+1} > 7\{(k+1)-2\}$
よって，①は $n=k+1$ のときも成り立つ。

[1]，[2]より，n が3以上の整数について①は成り立つ。

4 $a_1=3$，$a_{n+1}=2-\dfrac{1}{a_n}$（$n=1, 2, 3, \cdots\cdots$）によって定められる数列 $\{a_n\}$ の一般項を求めなさい。

解き方 漸化式から，$a_2=2-\dfrac{1}{a_1}=2-\dfrac{1}{3}=\dfrac{5}{3}$，同様にして，$a_3=\dfrac{7}{5}$，$a_4=\dfrac{9}{7}$

よって，一般項 a_n は，$a_n=\dfrac{2n+1}{2n-1}$ と推測できる。

以下，この推測が正しいことを数学的帰納法で証明する。

[1] $n=1$ のとき，$a_1=\dfrac{2\cdot1+1}{2\cdot1-1}=3$ より成り立つ。

[2] $n=k$ のとき推測が正しい，すなわち $a_k=\dfrac{2k+1}{2k-1}$ と仮定する。
これを漸化式に代入すると，
$$a_{k+1}=2-\dfrac{1}{a_k}=2-\dfrac{2k-1}{2k+1}=\dfrac{2(2k+1)-(2k-1)}{2k+1}=\dfrac{2k+3}{2k+1}=\dfrac{2(k+1)+1}{2(k+1)-1}$$
したがって，$n=k+1$ のときも成り立つ。

[1]，[2]より，すべての正の整数 n について，$a_n=\dfrac{2n+1}{2n-1}$ が成り立つ。

答え $a_n=\dfrac{2n+1}{2n-1}$

練習問題　　　　　　　　　　答え：別冊p6～p7

次のように定められた数列 $\{a_n\}$ の一般項を求めなさい。
(1) $a_1=3$, $a_{n+1}=\dfrac{1}{2}a_n$ ($n=1, 2, 3, \cdots\cdots$)
(2) $a_1=-2$, $a_{n+1}=4a_n+2$ ($n=1, 2, 3, \cdots\cdots$)

2 $a_1=2$, $a_{n+1}=6a_n+2^{n+2}$ ($n=1, 2, 3, \cdots\cdots$) によって定められる数列 $\{a_n\}$ について，次の問いに答えなさい。
(1) $b_n=\dfrac{a_n}{2^n}$ として，数列 $\{b_n\}$ の一般項を n を用いた式で表しなさい。
(2) a_n を n を用いた式で表しなさい。

3 n を正の整数とするとき，$3^{2n-1}+1$ が4の倍数であることを，数学的帰納法で証明しなさい。

4 $a_1=4$, $(n+2)a_{n+1}=a_n^2-1$ ($n=1, 2, 3, \cdots\cdots$) によって定められる数列 $\{a_n\}$ の一般項を推測し，その推測が正しいことを数学的帰納法で証明しなさい。

第 2 章

指数・対数関数と三角関数

2-1 指数関数と対数関数 …………… 30
2-2 三角関数 ……………………… 40

2-1 指数関数と対数関数

1 指数法則

　指数法則は，指数が正の整数のときだけでなく，指数が 0 や負の整数，有理数そして，実数にまで拡張することができます。

● 0 と負の整数の指数

　　$a \neq 0$，$b \neq 0$ で，m，n が正の整数のときに，指数法則

　　　　Ⅰ　$a^m a^n = a^{m+n}$　　　　Ⅱ　$(a^m)^n = a^{mn}$　　　　Ⅲ　$(ab)^n = a^n b^n$

が成り立つ。これらの法則をもとにして，指数 n が 0 や負の整数の場合にも成り立つとすると，$a^0 = 1$，$a^{-n} = \dfrac{1}{a^n}$ が定義される。

・ $a^5 a^{-4} = a^5 \times \dfrac{1}{a^4} = a = a^1 = a^{5+(-4)}$　←指数法則Ⅰを拡張

・ $(a^3)^{-2} = \dfrac{1}{(a^3)^2} = \dfrac{1}{a^{3 \times 2}} = \dfrac{1}{a^6} = a^{-6} = a^{3 \times (-2)}$　←指数法則Ⅱを拡張

・ $(ab)^{-3} = \dfrac{1}{(ab)^3} = \dfrac{1}{a^3 b^3} = \dfrac{1}{a^3} \times \dfrac{1}{b^3} = a^{-3} b^{-3}$　←指数法則Ⅲを拡張

● 累乗根の性質

　実数 a と 2 以上の整数 n に対して，n 乗して a になる数，すなわち，$x^n = a$ を満たす x を a の **n 乗根**といい，$x = \sqrt[n]{a}$ と表す。a の 2 乗根（平方根），a の 3 乗根（立方根），a の 4 乗根，…をまとめて，a の **累乗根** という。

Check!

> 累乗根の性質
> $a > 0$，$b > 0$ で，m，n，p が正の整数のとき，
>
> 　Ⅰ　$\sqrt[n]{a} \sqrt[n]{b} = \sqrt[n]{ab}$　　　　Ⅱ　$\dfrac{\sqrt[n]{a}}{\sqrt[n]{b}} = \sqrt[n]{\dfrac{a}{b}}$　　　　Ⅲ　$(\sqrt[n]{a})^m = \sqrt[n]{a^m}$
>
> 　Ⅳ　$\sqrt[m]{\sqrt[n]{a}} = \sqrt[mn]{a}$　　　　Ⅴ　$\sqrt[n]{a^m} = \sqrt[np]{a^{mp}}$

● 有理数・無理数の指数

　指数が有理数の場合も，指数法則が成り立つとすると，有理数の指数は次のように定義できる。

> **Check!**
>
> $a>0$ で，m，n が正の整数，r が正の有理数のとき，
>
> $a^{\frac{m}{n}} = \sqrt[n]{a^m}$，　$a^{-r} = \dfrac{1}{a^r}$

同様にして，指数が無理数のときも定義できる。一般に，指数が実数のときに次の指数法則が成り立つ。

> **Check!**
>
> **指数法則**
> $a>0$，$b>0$ で，r，s が実数のとき，
>
> Ⅰ　$a^r a^s = a^{r+s}$　　　　Ⅱ　$(a^r)^s = a^{rs}$　　　　Ⅲ　$(ab)^r = a^r b^r$
>
> Ⅳ　$\dfrac{a^r}{a^s} = a^{r-s}$　　　　Ⅴ　$\left(\dfrac{a}{b}\right)^r = \dfrac{a^r}{b^r}$

・$\sqrt[3]{9} \times \sqrt[3]{81} = 3^{\frac{2}{3}} \times 3^{\frac{4}{3}} = 3^{\frac{2}{3}+\frac{4}{3}} = 3^2 = 9$

　（$x = \sqrt[3]{9}$，$y = \sqrt[3]{81}$ とすると，$x^3 = 9$，$y^3 = 81$ で $x^3 y^3 = 729$ より，$xy = 9$）

 $\dfrac{1}{\sqrt[3]{a^5}}$ を a^x の形で表しなさい。　　　　 $a^{-\frac{5}{3}}$

2 指数関数のグラフ

指数関数を含む方程式や不等式では，指数関数のグラフを使うと求められることがあります。関数 $y = a^x$ の a の値の範囲に注意します。

● 指数関数 $y = a^x$ のグラフ

　a を 1 でない正の定数とするとき，関数 $y = a^x$ を，a を底とする x の指数関数という。

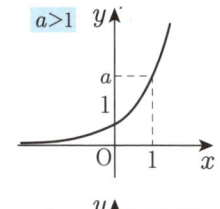

指数関数 $y = a^x$ の定義域は実数全体，値域は正の実数全体であり，$a>1$ のとき，グラフは右上がりの曲線，$0<a<1$ のとき，グラフは右下がりの曲線で，どちらのグラフも点 $(0, 1)$ と $(1, a)$ を通り，x 軸を漸近線とする。

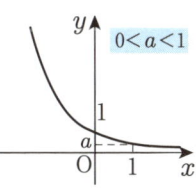

指数関数の性質は，大小比較や指数を含む方程式・不等式を解く際にも用いられる。$a>1$ のとき，$a^p<a^q$ ならば $p<q$，$0<a<1$ のとき，$a^p<a^q$ ならば $p>q$ である。

- $3^x<27 \longrightarrow 3^x<3^3 \longrightarrow x<3$
- $\left(\dfrac{1}{2}\right)^x<2 \longrightarrow \left(\dfrac{1}{2}\right)^x<\left(\dfrac{1}{2}\right)^{-1} \longrightarrow x>-1$

テスト 不等式 $\left(\dfrac{1}{5}\right)^x \geqq \dfrac{1}{25}$ を解きなさい。　　**答え** $x\leqq 2$

3 対数の定義とその性質

指数を学んだあとは，対数を学びます。対数の性質を正しく理解しましょう。

● 対数の性質

$a>0$，$a\neq 1$，$M>0$ のとき，$M=a^p$ となる p を，a を底とする M の対数といい，$p=\log_a M$ で表す。また，M を a を底とする対数 p の真数という。底は 1 以外の正の数で，真数 M はつねに正の数である（真数条件）。

$a>0$，$a\neq 1$，さらに M，N がともに真数条件を満たすとき，指数法則から

$$\log_a MN = \log_a M + \log_a N, \quad \log_a \frac{M}{N} = \log_a M - \log_a N, \quad \log_a M^r = r\log_a M$$

が成り立つ。これは，次のように証明できる。

$\log_a M = p$，$\log_a N = q$ とすると，$M=a^p$，$N=a^q$

指数法則より，$MN = a^p a^q = a^{p+q}$

よって，$\log_a MN = \log_a a^{p+q} = p+q = \log_a M + \log_a N$

同様に，$\dfrac{M}{N} = \dfrac{a^p}{a^q} = a^{p-q}$ だから，$\log_a \dfrac{M}{N} = \log_a a^{p-q} = p-q = \log_a M - \log_a N$

さらに $b>0$ とし，$c>0$，$c\neq 1$ のとき，底の変換公式 $\log_a b = \dfrac{\log_c b}{\log_c a}$ が成り立つ。これは次のように証明できる。

$\log_a b = p$ とすると，$a^p = b$ であり，この両辺に c を底とする対数をとると，$\log_c a^p = \log_c b$　よって，$p\log_c a = \log_c b$

$a\neq 1$ より，$\log_c a \neq 0$ だから $p=\dfrac{\log_c b}{\log_c a}$，すなわち $\log_a b = \dfrac{\log_c b}{\log_c a}$

> **Check!**
>
> $a>0$, $a\neq1$, $M>0$, $N>0$ とすると,次のことが成り立つ.
> ・対数の性質
> $\log_a 1=0$, $\log_a a=1$, $\log_a MN=\log_a M+\log_a N$,
> $\log_a \dfrac{M}{N}=\log_a M-\log_a N$, $\log_a M^r=r\log_a M$
> ・底の変換公式 $b>0$, $c>0$, $c\neq1$ のとき,$\log_a b=\dfrac{\log_c b}{\log_c a}$

テスト $\log_3 54$ を簡単にしなさい。   **答え** $3+\log_3 2$

4 対数関数のグラフ

対数関数を含む方程式や不等式では,対数関数のグラフを使うと求められることがあります。関数 $y=\log_a x$ の a の範囲が,$0<a<1$ か $1<a$ のどちらなのかに注意しましょう。

● 対数関数 $y=\log_a x$ のグラフ

a を 1 でない正の定数とするとき,関数 $y=\log_a x$ を,a を底とする x の対数関数という。この関数の定義域は正の実数全体,値域は実数全体であり,$a>1$ のとき,グラフは右上がりの曲線,$0<a<1$ のとき,グラフは右下がりの曲線で,これらのグラフは指数関数 $y=a^x$ のグラフを直線 $y=x$ に関して対称移動したもので,どちらのグラフも点 $(1, 0)$ と点 $(a, 1)$ を通り,y 軸を漸近線とする。

対数関数の性質は,指数関数と同様に大小比較や対数を含む方程式・不等式を解く際にも用いられる。

・$\log_3 x<2$ $\longrightarrow$ $\log_3 x<2\log_3 3$ $\longrightarrow$ $\log_3 x<\log_3 3^2$ $\longrightarrow$ $\log_3 x<\log_3 9$
真数は正で(真数条件)で,底 3 は 1 より大きいから,$0<x<9$

テスト 不等式 $\log_2 x\leqq 3$ を解きなさい。   **答え** $0<x\leqq 8$

5 常用対数と自然対数

日常生活や理科の分野などでよく用いられる常用対数と自然対数は，応用分野でも欠かせないとても重要な対数です。

● 常用対数

底が 10 である対数を $\log_{10} M$ を **常用対数** という。常用対数の近似値として，
$$\log_{10} 2 = 0.3010,\ \log_{10} 3 = 0.4771,\ \log_{10} 7 = 0.8451$$
などがよく用いられる。これらの値を用いると，$\log_{10} 5$ の近似値は次のようにして求められる。
$$\log_{10} 5 = \log_{10} \frac{10}{2} = \log_{10} 10 - \log_{10} 2 = 1 - \log_{10} 2 = 1 - 0.3010 = 0.6990$$

また，常用対数を用いて，10 進法で表された正の整数の桁数を求めることができる。X，n を正の整数として，$n-1 \leq \log_{10} X < n$ が成り立つならば，$10^{n-1} \leq X < 10^n$ であり，X の桁数は 10^{n-1} の桁数と等しく n 桁である。

$0 < x < 1$ を満たす小数 x についても同様に，$-n \leq \log_{10} x < -n+1$ が成り立つならば，$0.1^n \leq x < 0.1^{n-1}$ であり，x は小数第 n 位に初めて 0 でない数字が現れる。

上の近似値を用いて，$\left(\dfrac{1}{3}\right)^{20}$ を小数で表したときに小数第何位に初めて 0 でない数字が現れるかを求めると，次のようになる。
$$\log_{10}\left(\frac{1}{3}\right)^{20} = -20 \log_{10} 3 = -20 \times 0.4771 = -9.542\ \text{より，}$$
$-10 \leq \log_{10}\left(\dfrac{1}{3}\right)^{20} < -9$，すなわち $0.1^{10} \leq \left(\dfrac{1}{3}\right)^{20} < 0.1^9$ が成り立つから，$\left(\dfrac{1}{3}\right)^{20}$ を小数で表すと小数第 10 位に初めて 0 でない数字が現れる。

● 自然対数

ネイピア数とよばれる数 $e = 2.718\cdots$ を底とする対数 $\log_e M$ を **自然対数** という。e および自然対数は微分・積分の分野などでよく用いられる。ネイピア数 e は自然対数の底ともいい，第 5 章の極限（p.129）で定義する。

テスト 上の近似値を用いて，$\log_{10} 243$ を四捨五入して上から 4 桁の概数で求めなさい。

答え 2.386

基本問題

1 次の計算をしなさい。

(1) $4^3 \times 2^3 \div 8^2$

(2) $\sqrt[3]{3^5} \times \dfrac{1}{\sqrt{3}} \div \sqrt[6]{3}$

考え方 指数法則を用いて計算する。

解き方 (1) $4^3 \times 2^3 \div 8^2 = (2^2)^3 \times 2^3 \div (2^3)^2 = 2^{2\times3} \times 2^3 \div 2^{3\times2} = 2^{6+3-6} = 2^3 = 8$

答え 8

(2) $\sqrt[3]{3^5} \times \dfrac{1}{\sqrt{3}} \div \sqrt[6]{3} = 3^{\frac{5}{3}} \times 3^{-\frac{1}{2}} \div 3^{\frac{1}{6}} = 3^{\frac{5}{3}-\frac{1}{2}-\frac{1}{6}} = 3^1 = 3$

答え 3

2 次の方程式，不等式を解きなさい。

(1) $3^{2x-3} = 27\sqrt{3}$

(2) $\left(\dfrac{1}{2}\right)^x \geqq 8$

(3) $9^x - 4 \cdot 3^{x+1} = -27$

考え方 (3) $3^x = t$ として，t の2次方程式に帰着させる。

解き方 (1) $27\sqrt{3} = 3^3 \cdot 3^{\frac{1}{2}} = 3^{3+\frac{1}{2}} = 3^{\frac{7}{2}}$ より，

$3^{2x-3} = 3^{\frac{7}{2}}$ 　　$2x-3 = \dfrac{7}{2}$ 　　$x = \dfrac{13}{4}$

答え $x = \dfrac{13}{4}$

(2) $8 = 2^3 = (2^{-1})^{-3} = \left(\dfrac{1}{2}\right)^{-3}$ より，$\left(\dfrac{1}{2}\right)^x \geqq \left(\dfrac{1}{2}\right)^{-3}$

底 $\dfrac{1}{2}$ は1より小さいから，$x \leqq -3$

答え $x \leqq -3$

(3) $3^x = t$ とすると，$t > 0$ で，$9^x = (3^2)^x = 3^{2x} = (3^x)^2 = t^2$，$3^{x+1} = 3^x \cdot 3^1 = 3t$ より，

$t^2 - 12t = -27$ 　　$(t-3)(t-9) = 0$

よって，$t = 3$，9（ともに $t > 0$ を満たす）だから，

$3^x = 3^1$，3^2

以上から，$x = 1$，2

答え $x = 1$，2

1次 3 次の計算をしなさい。

(1) $\dfrac{1}{2}\log_3 18 - \log_3 \sqrt{6}$

(2) $\log_2 3 \cdot \log_3 5 \cdot \log_5 8$

考え方 対数の性質を用いる。

解き方 (1) $\log_3 18 = \log_3(3^2 \cdot 2) = 2\log_3 3 + \log_3 2 = 2 + \log_3 2$

$\log_3 \sqrt{6} = \log_3 6^{\frac{1}{2}} = \dfrac{1}{2}\log_3 6 = \dfrac{1}{2}\log_3(3 \cdot 2) = \dfrac{1}{2}(\log_3 3 + \log_3 2)$
$= \dfrac{1}{2}(1 + \log_3 2)$

よって，

$\dfrac{1}{2}\log_3 18 - \log_3 \sqrt{6} = \dfrac{1}{2}(2 + \log_3 2) - \dfrac{1}{2}(1 + \log_3 2) = \dfrac{1}{2}$ **答え** $\dfrac{1}{2}$

(2) 底を 2 にそろえると，$\log_3 5 = \dfrac{\log_2 5}{\log_2 3}$，$\log_5 8 = \dfrac{\log_2 8}{\log_2 5} = \dfrac{3}{\log_2 5}$ だから，

$\log_2 3 \cdot \log_3 5 \cdot \log_5 8 = \log_2 3 \cdot \dfrac{\log_2 5}{\log_2 3} \cdot \dfrac{3}{\log_2 5} = 3$ **答え** 3

1次 4 次の方程式，不等式を解きなさい。

(1) $\log_{\frac{1}{3}}(x+3) < -2$

(2) $\log_2 x + \log_2(x+2) = 3$

ポイント 真数条件に注意する。

解き方 (1) 真数条件より，$x+3 > 0$ よって，$x > -3$ …①

$-2 = \log_{\frac{1}{3}}\left(\dfrac{1}{3}\right)^{-2} = \log_{\frac{1}{3}} 9$ だから，$\log_{\frac{1}{3}}(x+3) < \log_{\frac{1}{3}} 9$

底 $\dfrac{1}{3}$ は 1 より小さいから，$x+3 > 9$

①より解は，$x > 6$ **答え** $x > 6$

(2) 真数条件より，$x > 0$ かつ $x+2 > 0$ よって，$x > 0$ …①

$3 = \log_2 2^3 = \log_2 8$ だから，$\log_2 x(x+2) = \log_2 8$

よって，$x(x+2) = 8$ $x^2 + 2x - 8 = 0$ $(x+4)(x-2) = 0$

①より，$x = 2$ **答え** $x = 2$

応用問題

1 $2^x+2^{-x}=3$ のとき，次の式の値を求めなさい。
(1) 4^x+4^{-x} (2) 8^x+8^{-x}

考え方 $(2^x)^2=4^x$，$(2^{-x})^2=4^{-x}$，$(2^x)^3=8^x$，$(2^{-x})^3=8^{-x}$ である。

解き方 (1) $(2^x+2^{-x})^2=(2^x)^2+2\cdot 2^x\cdot 2^{-x}+(2^{-x})^2=2^{2x}+2+2^{-2x}=(2^2)^x+2+(2^2)^{-x}$
$=4^x+2+4^{-x}$

よって，$4^x+4^{-x}=(2^x+2^{-x})^2-2=3^2-2=7$ **答え** 7

(2) $8^x+8^{-x}=(2^x)^3+(2^{-x})^3=(2^x+2^{-x})^3-3\cdot 2^x\cdot 2^{-x}(2^x+2^{-x})$
$=(2^x+2^{-x})^3-3(2^x+2^{-x})=3^3-3\cdot 3=18$ **答え** 18

2 不等式 $2\cdot 4^x-1>2^x$ を解きなさい。

ポイント $2^x=t$ として，t の2次不等式に帰着させる。$t>0$ に注意する。

解き方 $2^x=t$ とすると，$t>0$ で，$4^x=(2^2)^x=2^{2x}=(2^x)^2=t^2$ より，
$2t^2-1>t$ $(2t+1)(t-1)>0$

$t>0$ より，$2t+1>0$ だから，$t>1$ で，$2^x>2^0$ $x>0$ **答え** $x>0$

3 関数 $y=2^{x+2}-4^x$ の最大値と，そのときの x の値を求めなさい。

ポイント $2^x=t$ として，t の2次関数に帰着させる。t のとりうる値の範囲に注意する。

解き方 $2^x=t$ とすると，$t>0$ で，$2^{x+2}=2^x\cdot 2^2=4t$，$4^x=(2^2)^x=2^{2x}=(2^x)^2=t^2$
だから，$y=4t-t^2=-(t-2)^2+4$

$t=2$ は $t>0$ を満たすから，$t=2$ のとき y は最大で，最大値は 4
このときの x の値は，$t=2$ より，$2^x=2^1$ $x=1$

答え $x=1$ のとき最大値 4

1次 重要 ４ 不等式 $\log_{\frac{1}{2}}(1-\log_3 x) > 1$ を解きなさい。

ポイント $1 - \log_3 x = X$ とする。真数条件は $x > 0$ かつ $X > 0$ である。

解き方 真数条件より, $x > 0$ …①, $X = 1 - \log_3 x > 0$ …②

$1 = \log_{\frac{1}{2}} \frac{1}{2}$ より, $\log_{\frac{1}{2}} X > \log_{\frac{1}{2}} \frac{1}{2}$

底 $\frac{1}{2}$ は 1 より小さいから, $X < \frac{1}{2}$

②より, $0 < X < \frac{1}{2}$ $0 < 1 - \log_3 x < \frac{1}{2}$ $\frac{1}{2} < \log_3 x < 1$

$\frac{1}{2} = \log_3 3^{\frac{1}{2}} = \log_3 \sqrt{3}$, $1 = \log_3 3$ より, $\log_3 \sqrt{3} < \log_3 x < \log_3 3$

底 3 は 1 より大きいから, $\sqrt{3} < x < 3$ (これは①, ②を満たす)

答え $\sqrt{3} < x < 3$

2次 重要 ５ 5^{25} について，次の問いに答えなさい。ただし, $\log_{10} 2 = 0.3010$, $\log_{10} 3 = 0.4771$ とします。

(1) 何桁の整数であるか求めなさい。   (2) 最高位の数字を求めなさい。

考え方
(1) $\log_{10} 5$ を $\log_{10} 2$ を用いて表し, $\log_{10} 5^{25}$ を求める。
(2) $\log_{10} 5^{25}$ の小数部分に注目する。

解き方 (1) $\log_{10} 5 = \log_{10}(10 \div 2) = \log_{10} 10 - \log_{10} 2 = 1 - 0.3010 = 0.6990$

$\log_{10} 5^{25} = 25 \log_{10} 5 = 17.475$ より, $17 < \log_{10} 5^{25} < 18$

$17 = \log_{10} 10^{17}$, $18 = \log_{10} 10^{18}$ だから, $10^{17} < 5^{25} < 10^{18}$

　　　　　　　　　　　　　　　　　　└18桁の整数┘　└19桁の整数

したがって, 5^{25} は 18 桁の整数である。   **答え** 18 桁の整数

(2) (1)より, $\log_{10} 2 + 17 < \log_{10} 5^{25} < \log_{10} 3 + 17$

ここで, $\log_{10} 2 + 17 = \log_{10} 2 + \log_{10} 10^{17} = \log_{10}(2 \times 10^{17})$

　　　　$\log_{10} 3 + 17 = \log_{10} 3 + \log_{10} 10^{17} = \log_{10}(3 \times 10^{17})$

だから, $2 \times 10^{17} < 5^{25} < 3 \times 10^{17}$ ◄── 最高位が 3 の 18 桁の整数
　　　　└── 最高位が 2 の 18 桁の整数

したがって, 5^{25} の最高位の数字は 2 である。   **答え** 2

練習問題

答え:別冊 p7~p9

1 次の3つの数を小さい順に並べなさい。

$\sqrt[3]{9}$, $\sqrt[4]{27}$, $\sqrt[7]{243}$

2 関数 $y=4^x+4^{-x}-5(2^x+2^{-x})$ について，次の問いに答えなさい。

(1) $t=2^x+2^{-x}$ とするとき，y を t のみの式で表しなさい。

(2) (1) の t について，t の最小値を求めなさい。

(3) y の最小値およびそのときの x の値を求めなさい。

3 $\log_{10}3$ が無理数であることを証明しなさい。

4 x，y を正の実数とします。$5x+3y=2$ のとき，$\log_{10}\dfrac{x}{3}+\log_{10}\dfrac{y}{5}$ の最大値およびそのときの x，y の値を求めなさい。

5 $\log_{10}2=0.3010$，$\log_{10}3=0.4771$ として，$\log_{10}7$ の近似値を四捨五入して小数第2位まで求めなさい。

6 n を0以上の整数とするとき，$F(n)=2^{2^n}+1$ の形で表される正の整数をフェルマー数といいます。たとえば，$F(4)=2^{2^4}+1=2^{16}+1=65537$ です。

これについて，次の問いに答えなさい。

(1) $\log_{10}2=0.3010$ を用いて，$F(7)$ が何桁の整数であるか求めなさい。

(2) $\log_{10}2=0.30102999566\cdots$ とします。この値を用いて $F(13)$ の桁数を正しく求めるためには，$\log_{10}2$ の値を小数第何位まで与える必要がありますか。

2-2 三角関数

1 弧度法

図形で扱われる角の大きさは，0°から360°の範囲ですが，時計の針のように，ある点を中心とした回転量を考慮すると，360°を超える角や回転の向きを考慮する必要があります。

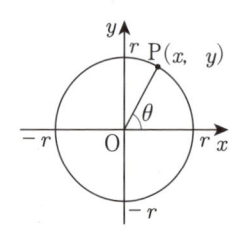

● 弧度法

360°を超えて回転する場合や回転の方向を考慮した角を**一般角**という。また，半径 r，弧の長さ r の扇形の中心角の大きさを **1 ラジアン**といい，これを単位とする角度の表し方を**弧度法**という。$180° = \pi$（ラジアン）である。

- $-30° = -\dfrac{\pi}{6}$
- $480° = \dfrac{8}{3}\pi$

← 単位は通常省略する

右上の図で三角関数は，$\sin\theta = \dfrac{y}{r}$, $\cos\theta = \dfrac{x}{r}$, $\tan\theta = \dfrac{y}{x}$ で定義される。

← θ は x 軸の正の向きを始線として反時計回りならば正，時計回りならば負で表す

Check!

右上の図で，$r=1$ のとき，この円を**単位円**という。このとき，点 P の座標は，$(x, y) = (\cos\theta, \sin\theta)$ で表され，$\tan\theta$ は直線 OP の傾きを表す。

テスト $\tan\dfrac{4}{3}\pi$ の値を求めなさい。 **答え** $\sqrt{3}$

2 三角比の応用

三角比の相互関係 $\sin^2\theta + \cos^2\theta = 1$, $\tan\theta = \dfrac{\sin\theta}{\cos\theta}$, $1 + \tan^2\theta = \dfrac{1}{\cos^2\theta}$ は，一般角の三角関数においても成り立ちます。

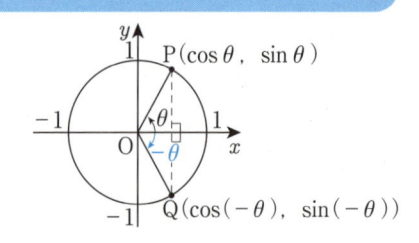

● $-\theta$, $\theta+\pi$, $\pi-\theta$ の三角関数

単位円の性質を用いることで，次の公式が導かれる。

Check!

- $-\theta$ の三角関数
  $\sin(-\theta) = -\sin\theta$, $\cos(-\theta) = \cos\theta$, $\tan(-\theta) = -\tan\theta$
- $\theta+\pi$ の三角関数
  $\sin(\theta+\pi) = -\sin\theta$, $\cos(\theta+\pi) = -\cos\theta$, $\tan(\theta+\pi) = \tan\theta$
- $\pi-\theta$ の三角関数
  $\sin(\pi-\theta) = \sin\theta$, $\cos(\pi-\theta) = -\cos\theta$, $\tan(\pi-\theta) = -\tan\theta$

テスト $\pi < \theta < 2\pi$, $\cos\theta = -\dfrac{3}{5}$ のとき，$\sin\theta$ と $\tan\theta$ の値を求めなさい。

答え $\sin\theta = -\dfrac{4}{5}$, $\tan\theta = \dfrac{4}{3}$

3 加法定理

角度が変化するときの三角関数を考えます。公式をしっかりと覚えましょう。

● 加法定理

正弦（sin）と余弦（cos）の三角関数について，

$\sin(\alpha \pm \beta) = \sin\alpha\cos\beta \pm \cos\alpha\sin\beta$,

$\cos(\alpha \pm \beta) = \cos\alpha\cos\beta \mp \sin\alpha\sin\beta$ （複号同順）

が成り立つ。また正接（tan）について，$\tan\theta = \dfrac{\sin\theta}{\cos\theta}$ から，

$\tan(\alpha \pm \beta) = \dfrac{\tan\alpha \pm \tan\beta}{1 \mp \tan\alpha\tan\beta}$ （複号同順）

が導かれる。これらは，正弦・余弦・正接の**加法定理**とよばれる。

・$\sin 105° = \sin(60° + 45°) = \sin 60° \cos 45° + \cos 60° \sin 45°$

$= \dfrac{\sqrt{3}}{2} \cdot \dfrac{1}{\sqrt{2}} + \dfrac{1}{2} \cdot \dfrac{1}{\sqrt{2}} = \dfrac{\sqrt{3}+1}{2\sqrt{2}} = \dfrac{\sqrt{6}+\sqrt{2}}{4}$

・$\cos 105° = \cos(60° + 45°) = \cos 60° \cos 45° - \sin 60° \sin 45°$

$= \dfrac{1}{2} \cdot \dfrac{1}{\sqrt{2}} - \dfrac{\sqrt{3}}{2} \cdot \dfrac{1}{\sqrt{2}} = \dfrac{1-\sqrt{3}}{2\sqrt{2}} = \dfrac{\sqrt{2}-\sqrt{6}}{4}$

Check!

正弦，余弦，正接の加法定理（以下すべて複号同順）
$$\sin(\alpha \pm \beta) = \sin\alpha\cos\beta \pm \cos\alpha\sin\beta$$
$$\cos(\alpha \pm \beta) = \cos\alpha\cos\beta \mp \sin\alpha\sin\beta$$
$$\tan(\alpha \pm \beta) = \frac{\tan\alpha \pm \tan\beta}{1 \mp \tan\alpha\tan\beta}$$

テスト $\sin 15°$ の値を求めなさい。

答え $\dfrac{\sqrt{6}-\sqrt{2}}{4}$

● 2倍角の公式

加法定理について，$\beta=\alpha$ とすることで，次の **2倍角の公式** が得られる。

$$\sin 2\alpha = \sin(\alpha+\alpha) = \sin\alpha\cos\alpha + \cos\alpha\sin\alpha = 2\sin\alpha\cos\alpha$$

$$\cos 2\alpha = \cos(\alpha+\alpha) = \cos\alpha\cos\alpha - \sin\alpha\sin\alpha = \cos^2\alpha - \sin^2\alpha$$
$$= 1 - 2\sin^2\alpha = 2\cos^2\alpha - 1$$

$$\tan 2\alpha = \tan(\alpha+\alpha) = \frac{\tan\alpha+\tan\alpha}{1-\tan\alpha\tan\alpha} = \frac{2\tan\alpha}{1-\tan^2\alpha}$$

$0 < \alpha < \pi$ で，$\cos\alpha = \dfrac{3}{5}$ のとき，$\sin 2\alpha$，$\cos 2\alpha$ の値を求めると，

$$\sin\alpha = \sqrt{1-\cos^2\alpha} = \sqrt{1-\left(\frac{3}{5}\right)^2} = \sqrt{1-\frac{9}{25}} = \sqrt{\frac{16}{25}} = \frac{4}{5}$$

└─ $0 < \alpha < \pi$ より，$\sin\alpha > 0$

これを使って，

$$\sin 2\alpha = 2\sin\alpha\cos\alpha = 2 \cdot \frac{4}{5} \cdot \frac{3}{5} = \frac{24}{25}$$

$$\cos 2\alpha = 2\cos^2\alpha - 1 = 2 \cdot \left(\frac{3}{5}\right)^2 - 1 = -\frac{7}{25}$$ ← $\cos 2\alpha < 0$ より 2α は鈍角

となる。

3倍角の公式は，p.49の応用問題 [1] で扱う。

テスト $0 < \alpha < \pi$，$\cos\alpha = \dfrac{3}{5}$ のとき，$\tan 2\alpha$ の値を求めなさい。

答え $-\dfrac{24}{7}$

● 半角の公式

余弦に関する2倍角の公式 $\cos 2\alpha = 1 - 2\sin^2\alpha$ と $\cos 2\alpha = 2\cos^2\alpha - 1$ のそれぞれについて，α を $\dfrac{\alpha}{2}$ に置き換えて $\sin^2\dfrac{\alpha}{2}$，$\cos^2\dfrac{\alpha}{2}$ について解くと，正弦と余弦の<u>半角の公式</u>が得られる。

また，$\tan\theta = \dfrac{\sin\theta}{\cos\theta}$ から，正接に関する半角の公式が得られる。

$$\sin^2\dfrac{\alpha}{2} = \dfrac{1-\cos\alpha}{2},\quad \cos^2\dfrac{\alpha}{2} = \dfrac{1+\cos\alpha}{2},\quad \tan^2\dfrac{\alpha}{2} = \dfrac{1-\cos\alpha}{1+\cos\alpha}$$

・$\sin 22.5° = \sqrt{\dfrac{1-\cos 45°}{2}} = \sqrt{\dfrac{1-\dfrac{1}{\sqrt{2}}}{2}} = \sqrt{\dfrac{\sqrt{2}-1}{2\sqrt{2}}} = \sqrt{\dfrac{2-\sqrt{2}}{4}} = \dfrac{\sqrt{2-\sqrt{2}}}{2}$

　　↑ $0° < 22.5° < 180°$ より，$\sin 22.5° > 0$

・$\cos 22.5° = \sqrt{\dfrac{1+\cos 45°}{2}} = \sqrt{\dfrac{1+\dfrac{1}{\sqrt{2}}}{2}} = \sqrt{\dfrac{\sqrt{2}+1}{2\sqrt{2}}} = \sqrt{\dfrac{2+\sqrt{2}}{4}} = \dfrac{\sqrt{2+\sqrt{2}}}{2}$

　　↑ $0° < 22.5° < 90°$ より，$\cos 22.5° > 0$

半角の公式は，微分・積分の分野でも用いられる。

Check!

> ・2倍角の公式
> $$\sin 2\alpha = 2\sin\alpha\cos\alpha$$
> $$\cos 2\alpha = \cos^2\alpha - \sin^2\alpha = 1 - 2\sin^2\alpha = 2\cos^2\alpha - 1$$
> $$\tan 2\alpha = \dfrac{2\tan\alpha}{1-\tan^2\alpha}$$
> ・半角の公式
> $$\sin^2\dfrac{\alpha}{2} = \dfrac{1-\cos\alpha}{2},\quad \cos^2\dfrac{\alpha}{2} = \dfrac{1+\cos\alpha}{2}$$

テスト $\cos\alpha = \dfrac{1}{4}$ のとき，$\cos\dfrac{\alpha}{2}$ の値を求めなさい。ただし，α は鋭角とします。

答え $\dfrac{\sqrt{10}}{4}$

④ 三角関数の合成

三角関数の加法定理で，$\sin\left(\theta + \dfrac{\pi}{6}\right)$ が $\dfrac{\sqrt{3}}{2}\sin\theta + \dfrac{1}{2}\cos\theta$ の形に変形できることを学びましたが，ここでは逆に，$\dfrac{\sqrt{3}}{2}\sin\theta + \dfrac{1}{2}\cos\theta$ の形から $\sin\left(\theta + \dfrac{\pi}{6}\right)$ の形に変形する方法を学びます。

● 三角関数の合成

座標平面上の点 $P(a, b)$ について，$OP=r$ とする。

線分 OP と x 軸とのなす角を α とすると，

$$r=\sqrt{a^2+b^2}, \quad a=r\cos\alpha, \quad b=r\sin\alpha$$

だから，

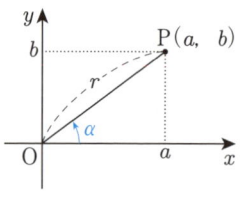

$$a\sin\theta + b\cos\theta = r\cos\alpha \sin\theta + r\sin\alpha \cos\theta$$
$$= r(\sin\theta\cos\alpha + \cos\theta\sin\alpha) = r\sin(\theta+\alpha)$$

と変形できる。ここで，$\cos\alpha = \dfrac{a}{\sqrt{a^2+b^2}}$，$\sin\alpha = \dfrac{b}{\sqrt{a^2+b^2}}$ である。

このような変形を**三角関数の合成**という。

たとえば，$\sin\theta - \sqrt{3}\cos\theta$ を合成すると，$\sqrt{1^2+(-\sqrt{3})^2} = 2$ だから，

$$\sin\theta - \sqrt{3}\cos\theta = 2\left\{\dfrac{1}{2}\sin\theta + \left(-\dfrac{\sqrt{3}}{2}\right)\cos\theta\right\}$$
$$= 2\left\{\sin\theta\cos\left(-\dfrac{\pi}{3}\right) + \cos\theta\sin\left(-\dfrac{\pi}{3}\right)\right\}$$
$$= 2\sin\left(\theta - \dfrac{\pi}{3}\right) \quad \leftarrow -\pi < \alpha \leqq \pi \text{ の範囲で表す}$$

Check!

三角関数の合成
$$a\sin\theta + b\cos\theta = \sqrt{a^2+b^2}\sin(\theta+\alpha)$$
（ただし，$\cos\alpha = \dfrac{a}{\sqrt{a^2+b^2}}$，$\sin\alpha = \dfrac{b}{\sqrt{a^2+b^2}}$）

テスト $-\sin\theta + \sqrt{3}\cos\theta$ を，$r\sin(\theta+\alpha)$ の形に表すとき，α を求めなさい。ただし，$r>0$，$-\pi \leqq \alpha < \pi$ とします。　　**答え** $\dfrac{2}{3}\pi$

5 三角関数の和と積の公式

三角関数の加法定理を応用して，さまざまな公式が導かれます。ここで学ぶ公式は，覚えずとも導けるようにしましょう。

● 積を和に直す公式

三角関数の正弦，余弦の加法定理

$\sin(\alpha+\beta) = \sin\alpha\cos\beta + \cos\alpha\sin\beta$ …①
$\sin(\alpha-\beta) = \sin\alpha\cos\beta - \cos\alpha\sin\beta$ …②
$\cos(\alpha+\beta) = \cos\alpha\cos\beta - \sin\alpha\sin\beta$ …③
$\cos(\alpha-\beta) = \cos\alpha\cos\beta + \sin\alpha\sin\beta$ …④

について，①と②，③と④の両辺の和や差をそれぞれとると，

①+②より，$\sin(\alpha+\beta) + \sin(\alpha-\beta) = 2\sin\alpha\cos\beta$ …⑤
①-②より，$\sin(\alpha+\beta) - \sin(\alpha-\beta) = 2\cos\alpha\sin\beta$ …⑥
③+④より，$\cos(\alpha+\beta) + \cos(\alpha-\beta) = 2\cos\alpha\cos\beta$ …⑦
③-④より，$\cos(\alpha+\beta) - \cos(\alpha-\beta) = -2\sin\alpha\sin\beta$ …⑧

⑤〜⑧の式から，**積を和に直す公式**が得られる。

● 和を積に直す公式

⑤〜⑧の式について，$\alpha+\beta=A$，$\alpha-\beta=B$ とすると，$\alpha=\dfrac{A+B}{2}$，$\beta=\dfrac{A-B}{2}$ となり，**和を積に直す公式**が得られる。

Check!

・積を和に直す公式

$\sin\alpha\cos\beta = \dfrac{1}{2}\{\sin(\alpha+\beta) + \sin(\alpha-\beta)\}$

$\cos\alpha\sin\beta = \dfrac{1}{2}\{\sin(\alpha+\beta) - \sin(\alpha-\beta)\}$

$\cos\alpha\cos\beta = \dfrac{1}{2}\{\cos(\alpha+\beta) + \cos(\alpha-\beta)\}$

$\sin\alpha\sin\beta = -\dfrac{1}{2}\{\cos(\alpha+\beta) - \cos(\alpha-\beta)\}$

・和を積に直す公式

$\sin A + \sin B = 2\sin\dfrac{A+B}{2}\cos\dfrac{A-B}{2}$

$\sin A - \sin B = 2\cos\dfrac{A+B}{2}\sin\dfrac{A-B}{2}$

$\cos A + \cos B = 2\cos\dfrac{A+B}{2}\cos\dfrac{A-B}{2}$

$\cos A - \cos B = -2\sin\dfrac{A+B}{2}\sin\dfrac{A-B}{2}$

テスト $\dfrac{5}{12}\pi + \dfrac{\pi}{12} = \dfrac{\pi}{2}$，$\dfrac{5}{12}\pi - \dfrac{\pi}{12} = \dfrac{\pi}{3}$ を用いて，$\sin\dfrac{5}{12}\pi \cos\dfrac{\pi}{12}$ の値を求めなさい。

答え $\dfrac{2+\sqrt{3}}{4}$

第②章 指数・対数関数と三角関数

基本問題

1次 重要 1 $0 \leq \theta < 2\pi$ のとき，次の不等式を解きなさい。

(1) $\sqrt{3} \tan \theta \geq 1$ (2) $2\sin\theta \cos\theta < \cos\theta$

> **考え方** 原点を中心とする半径1の円（単位円）を図示して考える。

> **ポイント**
> (1) $\tan\theta$ は，原点 O を通り x 軸の正の方向と θ の角をなす直線の傾きを表す。
> (2) 右辺の $\cos\theta$ を左辺に移項し，$\cos\theta$ でくくって積の形で表す。

解き方 (1) $\sqrt{3}\tan\theta \geq 1$ より，$\tan\theta \geq \dfrac{1}{\sqrt{3}}$

単位円の周上で，直線 $y = \dfrac{1}{\sqrt{3}} x$ と交わる点を考えると，解は，$\dfrac{\pi}{6} \leq \theta < \dfrac{\pi}{2}$, $\dfrac{7}{6}\pi \leq \theta < \dfrac{3}{2}\pi$

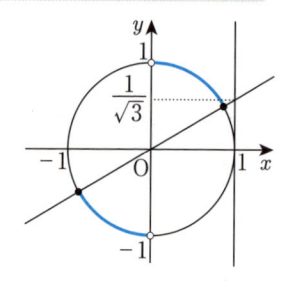

答え $\dfrac{\pi}{6} \leq \theta < \dfrac{\pi}{2}$, $\dfrac{7}{6}\pi \leq \theta < \dfrac{3}{2}\pi$

(2) $2\sin\theta\cos\theta < \cos\theta$ より，$\cos\theta(2\sin\theta - 1) < 0$

よって，「$\cos\theta > 0$ かつ $2\sin\theta - 1 < 0$
または $\cos\theta < 0$ かつ $2\sin\theta - 1 > 0$」

すなわち，「$\cos\theta > 0$ かつ $\sin\theta < \dfrac{1}{2}$ …①
または $\cos\theta < 0$ かつ $\sin\theta > \dfrac{1}{2}$ …②」

①を満たす θ は，$0 \leq \theta < \dfrac{\pi}{6}$, $\dfrac{3}{2}\pi < \theta < 2\pi$,

②を満たす θ は，$\dfrac{\pi}{2} < \theta < \dfrac{5}{6}\pi$

以上から，解は，$0 \leq \theta < \dfrac{\pi}{6}$, $\dfrac{\pi}{2} < \theta < \dfrac{5}{6}\pi$, $\dfrac{3}{2}\pi < \theta < 2\pi$

答え $0 \leq \theta < \dfrac{\pi}{6}$, $\dfrac{\pi}{2} < \theta < \dfrac{5}{6}\pi$, $\dfrac{3}{2}\pi < \theta < 2\pi$

2 α が鋭角，β が鈍角で，$\cos\alpha=\dfrac{1}{3}$，$\sin\beta=\dfrac{3}{4}$ のとき，$\sin(\alpha-\beta)$ と $\cos(\alpha+\beta)$ の値を求めなさい。

考え方 正弦・余弦の加法定理を用いる。

解き方 $\sin^2\alpha+\cos^2\alpha=1$ より，$\sin^2\alpha+\left(\dfrac{1}{3}\right)^2=1$　　よって，$\sin^2\alpha=\dfrac{8}{9}$

α は鋭角なので，$\sin\alpha>0$ だから，$\sin\alpha=\sqrt{\dfrac{8}{9}}=\dfrac{2\sqrt{2}}{3}$

β は鈍角なので，$\cos\beta<0$ だから，同様にして $\cos\beta=-\dfrac{\sqrt{7}}{4}$ となるから，

$\sin(\alpha-\beta)=\sin\alpha\cos\beta-\cos\alpha\sin\beta$
$=\dfrac{2\sqrt{2}}{3}\cdot\left(-\dfrac{\sqrt{7}}{4}\right)-\dfrac{1}{3}\cdot\dfrac{3}{4}=-\dfrac{2\sqrt{14}+3}{12}$

$\cos(\alpha+\beta)=\cos\alpha\cos\beta-\sin\alpha\sin\beta=-\dfrac{\sqrt{7}+6\sqrt{2}}{12}$

答え $\sin(\alpha-\beta)=-\dfrac{2\sqrt{14}+3}{12}$，$\cos(\alpha+\beta)=-\dfrac{\sqrt{7}+6\sqrt{2}}{12}$

3 直線 $y=-\dfrac{3}{2}x$ を ℓ_1，$y=5x$ を ℓ_2 とします。このとき，ℓ_1 と ℓ_2 のなす角 θ を求めなさい。ただし，$0<\theta<\dfrac{\pi}{2}$ とします。

考え方 正接の加法定理を用いる。

解き方 ℓ_1，ℓ_2 が x 軸の正の向きとなす角をそれぞれ α，β とすると，$\theta=\alpha-\beta$ である。ℓ_1 の傾きは $\tan\alpha$，ℓ_2 の傾きは $\tan\beta$ で，$\tan\alpha=-\dfrac{3}{2}$，$\tan\beta=5$ だから，

$\tan\theta=\tan(\alpha-\beta)=\dfrac{\tan\alpha-\tan\beta}{1+\tan\alpha\tan\beta}$

$=\dfrac{-\dfrac{3}{2}-5}{1+\left(-\dfrac{3}{2}\right)\cdot 5}=\dfrac{-3-10}{2-15}=1$

$0<\theta<\dfrac{\pi}{2}$ より，$\theta=\dfrac{\pi}{4}$

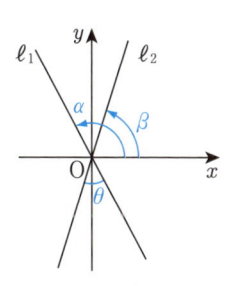

答え $\dfrac{\pi}{4}$

1次 4 $\cos\dfrac{3}{8}\pi$ の値を求めなさい。

考え方 半角の公式を用いる。

解き方 $\dfrac{3}{8}\pi = \dfrac{\alpha}{2}$ とすると，$\alpha = \dfrac{3}{4}\pi$ だから，半角の公式より，

$$\cos^2\dfrac{\alpha}{2} = \dfrac{1+\cos\alpha}{2} = \dfrac{1}{2}\left(1-\dfrac{1}{\sqrt{2}}\right) = \dfrac{\sqrt{2}-1}{2\sqrt{2}} = \dfrac{2-\sqrt{2}}{4}$$

$0 < \dfrac{\alpha}{2} < \dfrac{\pi}{2}$ より，$\cos\dfrac{\alpha}{2} > 0$ だから，

$$\cos\dfrac{3}{8}\pi = \cos\dfrac{\alpha}{2} = \sqrt{\dfrac{2-\sqrt{2}}{4}} = \dfrac{\sqrt{2-\sqrt{2}}}{2}$$

答え $\dfrac{\sqrt{2-\sqrt{2}}}{2}$

1次 重要 5 $0 \leqq \theta < 2\pi$ のとき，次の方程式，不等式を解きなさい。

(1) $\cos 2\theta - 1 < 3\cos\theta$ 　　(2) $\sin\theta - \cos\theta = \dfrac{1}{\sqrt{2}}$

考え方 (1) 余弦の2倍角の公式を用いて，$\cos\theta$ のみの式にする。
(2) 三角関数の合成を用いる。

解き方 (1) $\cos 2\theta = 2\cos^2\theta - 1$ より，$2\cos^2\theta - 2 < 3\cos\theta$ 　これを整理して，
$(\cos\theta - 2)(2\cos\theta + 1) < 0$
$-1 \leqq \cos\theta \leqq 1$ より，$\cos\theta - 2 < 0$ だから，$2\cos\theta + 1 > 0$ 　　$\cos\theta > -\dfrac{1}{2}$
したがって，$0 \leqq \theta < \dfrac{2}{3}\pi, \dfrac{4}{3}\pi < \theta < 2\pi$

答え $0 \leqq \theta < \dfrac{2}{3}\pi, \dfrac{4}{3}\pi < \theta < 2\pi$

(2) $\sin\theta - \cos\theta = \sqrt{1^2+(-1)^2}\sin\left(\theta - \dfrac{\pi}{4}\right) = \sqrt{2}\sin\left(\theta - \dfrac{\pi}{4}\right)$ より，

$\sqrt{2}\sin\left(\theta - \dfrac{\pi}{4}\right) = \dfrac{1}{\sqrt{2}}$ 　　$\sin\left(\theta - \dfrac{\pi}{4}\right) = \dfrac{1}{2}$

$0 \leqq \theta < 2\pi$ より，$-\dfrac{\pi}{4} \leqq \theta - \dfrac{\pi}{4} < 2\pi - \dfrac{\pi}{4}$ だから，

$\theta - \dfrac{\pi}{4} = \dfrac{\pi}{6}, \dfrac{5}{6}\pi$ 　　よって，$\theta = \dfrac{5}{12}\pi, \dfrac{13}{12}\pi$

答え $\theta = \dfrac{5}{12}\pi, \dfrac{13}{12}\pi$

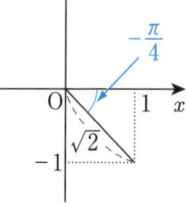

応用問題

1 次の問いに答えなさい。

(1) $\sin 3\alpha = 3\sin\alpha - 4\sin^3\alpha$, $\cos 3\alpha = 4\cos^3\alpha - 3\cos\alpha$ (3倍角の公式) を証明しなさい。

(2) $\theta = \dfrac{\pi}{5}$ のとき，(1)を利用して，$\cos\theta$ の値を求めなさい。

考え方
(1) 正弦，余弦の加法定理と2倍角の公式を用いる。
(2) $2\theta + 3\theta = \pi$ より，$\sin 2\theta = \sin 3\theta$ が成り立つことを用いる。

解き方 (1) 正弦，余弦の加法定理と2倍角の公式から，

$$\begin{aligned}\sin 3\alpha = \sin(2\alpha + \alpha) &= \sin 2\alpha \cos\alpha + \cos 2\alpha \sin\alpha \\ &= 2\sin\alpha \cos^2\alpha + (1 - 2\sin^2\alpha)\cdot\sin\alpha \\ &= 2\sin\alpha(1 - \sin^2\alpha) + \sin\alpha - 2\sin^3\alpha \\ &= 2\sin\alpha - 2\sin^3\alpha + \sin\alpha - 2\sin^3\alpha \\ &= 3\sin\alpha - 4\sin^3\alpha\end{aligned}$$

$$\begin{aligned}\cos 3\alpha = \cos(2\alpha + \alpha) &= \cos 2\alpha \cos\alpha - \sin 2\alpha \sin\alpha \\ &= (2\cos^2\alpha - 1)\cdot\cos\alpha - 2\sin^2\alpha \cos\alpha \\ &= 2\cos^3\alpha - \cos\alpha - 2(1 - \cos^2\alpha)\cdot\cos\alpha \\ &= 2\cos^3\alpha - \cos\alpha - 2\cos\alpha + 2\cos^3\alpha \\ &= 4\cos^3\alpha - 3\cos\alpha\end{aligned}$$

(2) $\theta = \dfrac{\pi}{5}$ より，$5\theta = \pi$ だから，$2\theta = \pi - 3\theta$

$\sin 2\theta = \sin(\pi - 3\theta)$ より，$\sin 2\theta = \sin 3\theta$ が成り立つから，(1)より，

$2\sin\theta \cos\theta = 3\sin\theta - 4\sin^3\theta \qquad \sin\theta(2\cos\theta - 3 + 4\sin^2\theta) = 0$

$\theta = \dfrac{\pi}{5}$ より，$\sin\theta \neq 0$ だから，$2\cos\theta - 3 + 4\sin^2\theta = 0$

$2\cos\theta - 3 + 4(1 - \cos^2\theta) = 0 \qquad 4\cos^2\theta - 2\cos\theta - 1 = 0$

θ は鋭角なので，$\cos\theta > 0$ だから，

$\cos\theta = \dfrac{1 + \sqrt{1+4}}{4} = \dfrac{1 + \sqrt{5}}{4}$

答え $\cos\theta = \dfrac{1 + \sqrt{5}}{4}$

2次重要 2 関数 $y=4\sin x\cos x-\sin x-\cos x$ について，次の問いに答えなさい。ただし，$0\leqq x<2\pi$ とします。

(1) $t=\sin x+\cos x$ として，y を t を用いた式で表しなさい。

(2) t のとりうる値の範囲を求めなさい。

(3) y の最大値と最小値を求めなさい。

考え方
(1) $t=\sin x+\cos x$ の両辺を2乗して，$\sin x\cos x$ について解く。
(2) 三角関数の合成を用いる。
(3) 2次関数の最大・最小に帰着させる。

解き方
(1) $t^2=(\sin x+\cos x)^2=\sin^2 x+2\sin x\cos x+\cos^2 x=1+2\sin x\cos x$
よって，$2\sin x\cos x=t^2-1$　　$\sin x\cos x=\dfrac{t^2-1}{2}$
以上から，$y=4\sin x\cos x-(\sin x+\cos x)=2t^2-2-t=2t^2-t-2$

答え $y=2t^2-t-2$

(2) $t=\sin x+\cos x=\sqrt{1^2+1^2}\sin\left(x+\dfrac{\pi}{4}\right)=\sqrt{2}\sin\left(x+\dfrac{\pi}{4}\right)$

$0\leqq x<2\pi$ より，$\dfrac{\pi}{4}\leqq x+\dfrac{\pi}{4}<\dfrac{9}{4}\pi$ なので，$-1\leqq\sin\left(x+\dfrac{\pi}{4}\right)\leqq 1$ だから，
$-\sqrt{2}\leqq t\leqq\sqrt{2}$

答え $-\sqrt{2}\leqq t\leqq\sqrt{2}$

(3) $y=2\left(t^2-\dfrac{t}{2}\right)-2=2\left(t-\dfrac{1}{4}\right)^2-\dfrac{17}{8}$

$t=\dfrac{1}{4}$ は $-\sqrt{2}\leqq t\leqq\sqrt{2}$ を満たすから，y が最小となるのは $t=\dfrac{1}{4}$ のときで，最小値は $-\dfrac{17}{8}$

y が最大となるのは $t=-\sqrt{2}$ のときで，最大値は
$2\cdot(-\sqrt{2})^2-(-\sqrt{2})-2=2+\sqrt{2}$

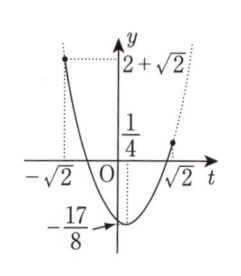

答え 最大値は $2+\sqrt{2}$，最小値は $-\dfrac{17}{8}$

発展問題

2次 ① 一般項 a_n が $a_n = \sin^n\theta + \cos^n\theta$ で与えられる数列 $\{a_n\}$ を考えます。$a_1 = \dfrac{1}{3}$ のとき，次の問いに答えなさい。

(1) a_3，a_4 を求めなさい。

(2) a_{n+2} を a_{n+1}，a_n を用いて表しなさい。

考え方 (2) $(\sin\theta + \cos\theta)(\sin^{n+1}\theta + \cos^{n+1}\theta)$ を展開して整理する。

解き方 (1) $a_1 = \sin\theta + \cos\theta = \dfrac{1}{3}$ だから，

$(\sin\theta + \cos\theta)^2 = \sin^2\theta + 2\sin\theta\cos\theta + \cos^2\theta = 1 + 2\sin\theta\cos\theta = \dfrac{1}{9}$

よって，$\sin\theta\cos\theta = -\dfrac{4}{9}$ だから，

$a_3 = \sin^3\theta + \cos^3\theta = (\sin\theta + \cos\theta)^3 - 3\sin\theta\cos\theta(\sin\theta + \cos\theta)$

$= \left(\dfrac{1}{3}\right)^3 - 3\cdot\left(-\dfrac{4}{9}\right)\cdot\dfrac{1}{3} = \dfrac{13}{27}$

$a_4 = \sin^4\theta + \cos^4\theta = (\sin^2\theta + \cos^2\theta)^2 - 2\sin^2\theta\cos^2\theta$

$= 1^2 - 2\cdot\left(-\dfrac{4}{9}\right)^2 = \dfrac{49}{81}$

答え $a_3 = \dfrac{13}{27}$，$a_4 = \dfrac{49}{81}$

(2) $(\sin\theta + \cos\theta)a_{n+1} = (\sin\theta + \cos\theta)(\sin^{n+1}\theta + \cos^{n+1}\theta)$

$= \sin^{n+2}\theta + \sin\theta\cos^{n+1}\theta + \sin^{n+1}\theta\cos\theta + \cos^{n+2}\theta$

$= \sin^{n+2}\theta + \cos^{n+2}\theta + \sin\theta\cos\theta(\sin^n\theta + \cos^n\theta)$

$= a_{n+2} + (\sin\theta\cos\theta)a_n$

よって，$(\sin\theta + \cos\theta)a_{n+1} = a_{n+2} + (\sin\theta\cos\theta)a_n$ に $\sin\theta + \cos\theta = \dfrac{1}{3}$，$\sin\theta\cos\theta = -\dfrac{4}{9}$ を代入すると，$\dfrac{1}{3}a_{n+1} = a_{n+2} - \dfrac{4}{9}a_n$

したがって，$a_{n+2} = \dfrac{1}{3}a_{n+1} + \dfrac{4}{9}a_n$

答え $a_{n+2} = \dfrac{1}{3}a_{n+1} + \dfrac{4}{9}a_n$

練習問題

答え：別冊 P9〜P12

1次 重要 ① $0 \leqq \theta < 2\pi$ のとき，次の方程式，不等式を解きなさい。

(1) $2\sin^2\theta - 3\cos\theta - 3 > 0$

(2) $2\sin\left(2\theta + \dfrac{\pi}{6}\right) = -1$

第②章 指数・対数関数と三角関数

2 次の問いに答えなさい。

(1) $\tan\alpha = 1$, $\tan\beta = -3$ のとき, $\tan(\alpha+\beta)$, $\tan(\alpha-\beta)$ の値を求めなさい。

(2) $\pi < \alpha < 2\pi$ で $\cos\alpha = \dfrac{3}{5}$ のとき, $\cos\dfrac{\alpha}{2}$ の値を求めなさい。

3 $0 \leq \theta < 2\pi$ のとき, 次の方程式, 不等式を解きなさい。

(1) $\cos 2\theta = \sin\theta$

(2) $3\cos\theta > \sqrt{3}\sin\theta$

4 $0 \leq x < \pi$ のとき, 関数 $y = \sin^2 x + 2\sqrt{3}\sin x \cos x - \cos^2 x$ の最大値と最小値, およびそのときの x の値を求めなさい。

5 次の等式を満たす $\triangle ABC$ はどのような三角形であるかを理由をつけて答えなさい。

$$\cos 2A + \cos 2B + 1 = -\cos 2C$$

6 昔の天文学者は, 地球を完全な球とみなすことによって, 次のような方法で2地点間の距離を計算しました。右の図のような点Oを中心とする半径rの円の弧を $\overparen{PA}$ とし, PからOAに引いた垂線とOAとの交点をH, PHを延長した円Oの弦をPQとすると,

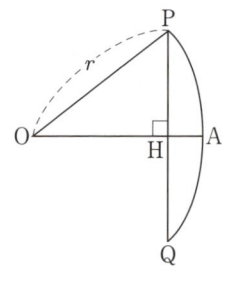

$$\overparen{PA} \fallingdotseq \dfrac{1}{2}\left(PQ + \dfrac{HA^2}{r}\right)$$

と表されます。$\angle POA = \theta$(ラジアン)とするとき, 次の問いに答えなさい。

(1) 上の式を用いると, θ はどのような関数 $f(\theta)$ で近似されることになりますか。$f(\theta)$ を θ の三角関数で表しなさい。

(2) 上の近似式は θ が小さいときには, かなりよい近似値を与えます。$\theta = \dfrac{\pi}{6}$ における $\overparen{PA}$ の誤差は何％ですか。答えは小数第1位を四捨五入して, 正の整数で求めなさい。

第3章

ベクトル・行列・複素数平面

- **3-1** ベクトル ………………………… 54
- **3-2** 行列 ………………………………… 69
- **3-3** 複素数平面 ……………………… 84

3-1 ベクトル

1 ベクトルとその意味

　重力や磁力といったように物体にある力が働くとき，その大きさと向きが重要になります。このように大きさと向きをもつ量のことを**ベクトル**といいます。

● ベクトルの性質

　ベクトルの長さを**大きさ**(**絶対値**)という。たとえば，右の図のように線分 AB に A から B へと向きを定めたベクトル AB に対して，A を**始点**，B を**終点**という。ベクトルとは，位置を問題にしないで，向きと大きさだけに着目したもののことを指し，ベクトル AB を $\overrightarrow{AB}$ とかく。あるいは 1 つの文字を用いて，$\vec{a}$ などとかくこともある。向きが同じで大きさも等しい 2 つのベクトル $\vec{a}$，$\vec{b}$ は等しいといい，$\vec{a} = \vec{b}$ と表す。

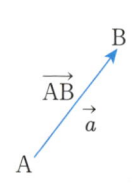

　右の図の平行四辺形 ABCD について，AB = DC かつ AB//DC だから，$\overrightarrow{AB} = \overrightarrow{DC}$ である。

　大きさが 2 のベクトル $\vec{a}$ と大きさが 3 のベクトル $\overrightarrow{AB}$ に対して，絶対値の記号を使って，$|\vec{a}| = 2$，$|\overrightarrow{AB}| = 3$ と表す。

> **テスト** 上の図の平行四辺形について，$\overrightarrow{BC}$ と等しいベクトルを答えなさい。
>
> **答え** $\overrightarrow{AD}$

● 逆ベクトル，零ベクトル，単位ベクトル

　$\vec{a}$ と大きさは等しいが，向きが逆であるベクトルを，$\vec{a}$ の**逆ベクトル**といい，$-\vec{a}$ で表す。$\vec{a} = \overrightarrow{AB}$ とすると，$-\vec{a} = \overrightarrow{BA}$ だから，$\overrightarrow{BA} = -\overrightarrow{AB}$ である。

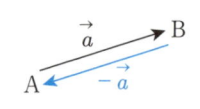

　また，始点と終点が一致したベクトル($\overrightarrow{AA}$ など)は，大きさが 0 のベクトルである。このベクトルを**零ベクトル**といい，$\vec{0}$ で表す。

　また，大きさが 1 であるベクトルを**単位ベクトル**という。

2 ベクトルの加法, 減法, 実数倍

ベクトルの加法を次のように定めることで, 減法, 実数倍も定まります。

● ベクトルの加法

$\overrightarrow{AB}=\vec{a}$, $\overrightarrow{BC}=\vec{b}$ として, この2つのベクトルの和を $\overrightarrow{AC}=\vec{a}+\vec{b}$ と定める。よって, $\overrightarrow{AB}+\overrightarrow{BC}=\overrightarrow{AC}$ である。 ── 終点と始点が一致している ──

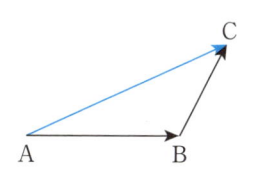

・$\overrightarrow{AB}+\overrightarrow{BC}+\overrightarrow{CA}=\overrightarrow{AC}+\overrightarrow{CA}=\overrightarrow{AA}=\vec{0}$

● ベクトルの減法

2つのベクトル $\vec{a}$, $\vec{b}$ について, $\vec{a}$ から $\vec{b}$ をひいた差を次のように定める。

$\vec{a}-\vec{b}=\vec{a}+(-\vec{b})$ ← $\vec{a}$ と $-\vec{b}$ の和と考える

・$\overrightarrow{AC}-\overrightarrow{BC}=\overrightarrow{AC}+(-\overrightarrow{BC})=\overrightarrow{AC}+\overrightarrow{CB}=\overrightarrow{AB}$

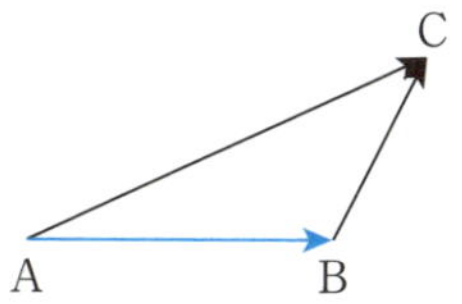

● ベクトルの実数倍

$\vec{0}$ でないベクトル $\vec{a}$ に対して, $\vec{a}+\vec{a}+\vec{a}$ は $\vec{a}$ と同じ向きで大きさが3倍のベクトルになる。これを $3\vec{a}$ と表す。

一般に, 実数 m とベクトル $\vec{a}$ に対して, $m\times\vec{a}=m\vec{a}$ が成り立つ。また, ベクトルの加法, 減法, 実数倍の計算は, 文字式の場合と同様に計算できる。

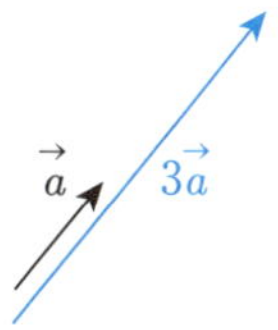

・$(-1)\times\overrightarrow{AB}=-\overrightarrow{AB}=\overrightarrow{BA}$

・$3(2\vec{a}-\vec{b})-2(\vec{a}-\vec{b})$
$=(6-2)\vec{a}+(-3+2)\vec{b}$
$=4\vec{a}-\vec{b}$

Check!
$k(\ell\vec{a})=(k\ell)\vec{a}$
$k\vec{a}+\ell\vec{a}=(k+\ell)\vec{a}$
$k(\vec{a}+\vec{b})=k\vec{a}+k\vec{b}$ (k, ℓ は実数)

テスト $2(3\vec{a}+2\vec{b})+3(\vec{a}-2\vec{b})$ を計算しなさい。 **答え** $9\vec{a}-2\vec{b}$

3 ベクトルの成分と大きさ

これまで使ってきた座標平面上でベクトルを定めます。ベクトルに x 軸方向と y 軸方向の情報を加えることで, 向きと大きさが明確になります。

● ベクトルの成分

O を原点とする座標平面で，x 軸方向に a_1，y 軸方向に a_2 進む向きのベクトルを $\vec{a}=(a_1,\ a_2)$ と表す。これを $\vec{a}$ の **成分表示** といい，a_1 を **x 成分**，a_2 を **y 成分** という。空間におけるベクトルには，これらに **z 成分** が加わる。

右の図で，$\overrightarrow{AB}$ は x 軸方向に $2-6=-4$，y 軸方向に $5-3=2$ 進むベクトルだから，

$$\overrightarrow{AB}=(2-6,\ 5-3)=(-4,\ 2)$$

と表される。このベクトルの大きさは，三平方の定理を応用して，

$$|\overrightarrow{AB}|=\sqrt{(2-6)^2+(5-3)^2}=\sqrt{(-4)^2+2^2}=\sqrt{20}=2\sqrt{5}$$

と求められる。空間におけるベクトル $\vec{a}=(a_1,\ a_2,\ a_3)$ も同様に表される。

Check!

$\vec{a}=(a_1,\ a_2)$ のとき，$|\vec{a}|=\sqrt{a_1{}^2+a_2{}^2}$
$\vec{a}=(a_1,\ a_2,\ a_3)$ のとき，$|\vec{a}|=\sqrt{a_1{}^2+a_2{}^2+a_3{}^2}$

● 成分によるベクトルの加法，減法，実数倍

ベクトルの成分を用いて，ベクトルの加法，減法，実数倍の計算もできる。

Check!

$\vec{a}=(a_1,\ a_2),\ \vec{b}=(b_1,\ b_2)$ について，
$\vec{a}+\vec{b}=(a_1+b_1,\ a_2+b_2)$
$\vec{a}-\vec{b}=(a_1-b_1,\ a_2-b_2)$
$k\vec{a}=(ka_1,\ ka_2)$ （k は実数）

空間におけるベクトルも同様に計算できる。

テスト $\vec{a}=(2,\ 4),\ \vec{b}=(3,\ -2)$ について，$|\vec{a}-\vec{b}|$ を求めなさい。

答え $\sqrt{37}$

4 内積

2つのベクトルを加えたり実数倍することはできますが，ベクトル同士のかけ算はできません。ここで定義する内積とは，ベクトル同士の積でないので注意しましょう。また，2つのベクトルの内積は，ベクトルではなく実数です。

● 内積の定義

$\vec{0}$ でない2つのベクトル $\vec{a}$ と $\vec{b}$ について，O を始点として，$\vec{a}=\overrightarrow{OA}$，$\vec{b}=\overrightarrow{OB}$ となる点 A，B をとる。このとき，∠AOB の大きさを **$\vec{a}$ と $\vec{b}$ のなす角** という。
$\vec{a}$ と $\vec{b}$ のなす角が θ のとき，$|\vec{a}||\vec{b}|\cos\theta$ を $\vec{a}$ と $\vec{b}$ の **内積** といい，**$\vec{a}\cdot\vec{b}$** で表す。なす角は，0°以上180°以下である。

また，成分表示された平面のベクトル $\vec{a}=(a_1,\ a_2)$，$\vec{b}=(b_1,\ b_2)$ に対して，この定義に基づくと，$\vec{a}\cdot\vec{b}=a_1b_1+a_2b_2$ となる。同様に，空間のベクトル $\vec{a}=(a_1,\ a_2,\ a_3)$，$\vec{b}=(b_1,\ b_2,\ b_3)$ に対して，$\vec{a}\cdot\vec{b}=a_1b_1+a_2b_2+a_3b_3$ である。

・$\vec{a}$ と $\vec{b}$ のなす角が 135°で，$|\vec{a}|=3$，$|\vec{b}|=\sqrt{2}$ のとき，
$$\vec{a}\cdot\vec{b}=|\vec{a}||\vec{b}|\cos 135°=3\times\sqrt{2}\times\left(-\frac{1}{\sqrt{2}}\right)=-3$$

・$\vec{a}=(1,\ 2)$，$\vec{b}=(3,\ -4)$ のとき，
$$\vec{a}\cdot\vec{b}=1\times 3+2\times(-4)=3-8=-5$$

Check!

> $\vec{a}$，$\vec{b}$ のなす角を θ とするとき，$\vec{a}\cdot\vec{b}=|\vec{a}||\vec{b}|\cos\theta$
> $\vec{a}=(a_1,\ a_2)$，$\vec{b}=(b_1,\ b_2)$ のとき，$\vec{a}\cdot\vec{b}=a_1b_1+a_2b_2$

テスト $\vec{a}$ と $\vec{b}$ のなす角が 60°で，$|\vec{a}|=3$，$|\vec{b}|=4$ のとき，$\vec{a}$ と $\vec{b}$ の内積 $\vec{a}\cdot\vec{b}$ を求めなさい。

答え 6

● 内積の基本性質

ベクトルの内積は，文字式の乗法と同じように計算することができる。

Check!

> $\vec{a}\cdot\vec{b}=\vec{b}\cdot\vec{a}$　　　$\vec{a}\cdot\vec{a}=|\vec{a}|^2$　　　$\vec{a}\cdot(\vec{b}+\vec{c})=\vec{a}\cdot\vec{b}+\vec{a}\cdot\vec{c}$
> $(\vec{a}+\vec{b})\cdot(\vec{c}+\vec{d})=\vec{a}\cdot\vec{c}+\vec{a}\cdot\vec{d}+\vec{b}\cdot\vec{c}+\vec{b}\cdot\vec{d}$

$|\vec{a}|=5$, $|\vec{b}|=2$, $|\vec{a}+\vec{b}|=5$ のとき，内積 $\vec{a}\cdot\vec{b}$ は次のように求める。
$$|\vec{a}+\vec{b}|^2=(\vec{a}+\vec{b})\cdot(\vec{a}+\vec{b})=|\vec{a}|^2+2\vec{a}\cdot\vec{b}+|\vec{b}|^2$$
だから，$5^2=4^2+2\vec{a}\cdot\vec{b}+2^2$ より，$\vec{a}\cdot\vec{b}=\dfrac{5}{2}$

$(a+b)^2=a^2+2ab+b^2$ と同様に計算する

5 位置ベクトル

終点のみに注目したベクトルを扱うことで，図の位置関係が明確になります。

● 位置ベクトル

平面上で点 O と A が与えられたとき，$\vec{a}=\overrightarrow{OA}$ を点 A の **位置ベクトル** といい，A$(\vec{a})$ で表す。A$(\vec{a})$，B$(\vec{b})$ のとき，$\overrightarrow{OA}+\overrightarrow{AB}=\overrightarrow{OB}$ より $\overrightarrow{AB}=\vec{b}-\vec{a}$ である。O はどこに定めても成り立つが，原点に定めることが多い。

Check!
A$(\vec{a})$，B$(\vec{b})$ に対して，$\overrightarrow{AB}=\vec{b}-\vec{a}$

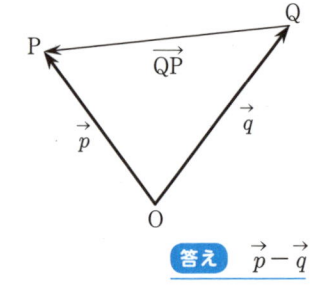

テスト 右の図で，2 点 P，Q の位置ベクトルをそれぞれ $\vec{p}$，$\vec{q}$ とするとき，$\overrightarrow{QP}$ を $\vec{p}$，$\vec{q}$ を用いて表しなさい。

答え $\vec{p}-\vec{q}$

● 3 点が同一直線上，4 点が同一平面上にあるときの位置ベクトル

異なる 2 点 A$(\vec{a})$，B$(\vec{b})$ を通る直線 AB 上に点 P$(\vec{p})$ があるとき，$\overrightarrow{AP}=t\overrightarrow{AB}$ より，$\vec{p}-\vec{a}=t(\vec{b}-\vec{a})$，すなわち $\vec{p}=(1-t)\vec{a}+t\vec{b}$ …① が成り立つ。

また，3 点 A$(\vec{a})$，B$(\vec{b})$，C$(\vec{c})$ を通る平面 ABC 上に点 P$(\vec{p})$ があるとき，$\overrightarrow{CP}=s\overrightarrow{CA}+t\overrightarrow{CB}$ より，$\vec{p}-\vec{c}=s(\vec{a}-\vec{c})+t(\vec{b}-\vec{c})$，すなわち $\vec{p}=s\vec{a}+t\vec{b}+(1-s-t)\vec{c}$ …②が成り立つ。

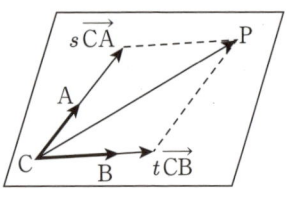

①，②ともに，右辺の各ベクトルの係数の和は 1 となる。

テスト 3 点 A$(\vec{a})$，B$(\vec{b})$，C$(\vec{c})$ を通る平面 ABC 上の点 P の位置ベクトル $\vec{p}$ が，$\vec{p}=2\vec{a}-3\vec{b}+k\vec{c}$ で表されるとき，k の値を求めなさい。

答え 2

● 内分点,外分点,重心の位置ベクトル

$A(\vec{a})$,$B(\vec{b})$ を通る線分 AB を $m:n$ に内分する点 P の位置ベクトル $\vec{p}$ は,$\overrightarrow{AP}=\dfrac{m}{m+n}\overrightarrow{AB}$ より,
$\vec{p}-\vec{a}=\dfrac{m}{m+n}(\vec{b}-\vec{a})$ よって,$\vec{p}=\dfrac{n\vec{a}+m\vec{b}}{m+n}$

となる。同様にして,線分 AB を $m:n$ に外分する点 Q の位置ベクトル $\vec{q}$ は,$\vec{q}=\dfrac{-n\vec{a}+m\vec{b}}{m-n}$ と表される。

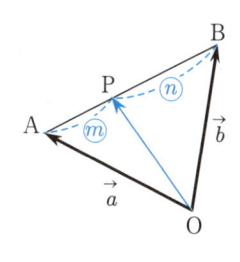

また,3点 $A(\vec{a})$,$B(\vec{b})$,$C(\vec{c})$ を頂点とする△ABC の重心 G の位置ベクトルを $\vec{g}$ とする。辺 BC の中点(辺 BC を 1:1 に内分する点)M の位置ベクトルを $\vec{m}$ とすると,$\vec{m}=\dfrac{\vec{b}+\vec{c}}{2}$ であり,点 G は線分 AM を 2:1 に内分する点だから,$\vec{g}=\dfrac{\vec{a}+2\vec{m}}{2+1}=\dfrac{\vec{a}+\vec{b}+\vec{c}}{3}$ と表される。

Check!

内分点・外分点の位置ベクトル
2点 $A(\vec{a})$,$B(\vec{b})$ について,線分 AB を $m:n$ に内分する点 P の位置ベクトルを $\vec{p}$,$m:n$ に外分する点 Q の位置ベクトルを $\vec{q}$ とすると,
$$\vec{p}=\dfrac{n\vec{a}+m\vec{b}}{m+n},\quad \vec{q}=\dfrac{-n\vec{a}+m\vec{b}}{m-n}$$

重心の位置ベクトル
3点 $A(\vec{a})$,$B(\vec{b})$,$C(\vec{c})$ を頂点とする△ABC の重心 G の位置ベクトルを $\vec{g}$ とすると,$\vec{g}=\dfrac{\vec{a}+\vec{b}+\vec{c}}{3}$

テスト 異なる2点 $A(\vec{a})$,$B(\vec{b})$ を結ぶ線分ABを5:3に内分する点Pの位置ベクトル $\vec{p}$ を求めなさい。 **答え** $\vec{p}=\dfrac{3\vec{a}+5\vec{b}}{8}$

基本問題

1次 ① $2(\vec{a}+3\vec{b}-\vec{c})+3(3\vec{a}-2\vec{b}+\vec{c})$ を計算しなさい。

解き方 $2(\vec{a}+3\vec{b}-\vec{c})+3(3\vec{a}-2\vec{b}+\vec{c})=2\vec{a}+6\vec{b}-2\vec{c}+9\vec{a}-6\vec{b}+3\vec{c}$
$=(2+9)\vec{a}+(6-6)\vec{b}+(-2+3)\vec{c}=11\vec{a}+\vec{c}$ **答え** $11\vec{a}+\vec{c}$

2 2つのベクトル $\vec{a}=(3, 2)$, $\vec{b}=(1, -2)$ について、$\vec{c}=(5, 6)$ を $\vec{a}$, $\vec{b}$ を用いて表しなさい。

> **考え方** 実数 s, t を用いて、$\vec{c}=s\vec{a}+t\vec{b}$ と表し、x 成分同士、y 成分同士で比較する。

解き方 $\vec{c}=s\vec{a}+t\vec{b}$ (s, t は実数) とすると、$s(3, 2)+t(1, -2)=(5, 6)$ より、
$(3s+t, 2s-2t)=(5, 6)$ よって、$3s+t=5$, $2s-2t=6$
これを連立して解くと、$s=2$, $t=-1$
したがって、$\vec{c}=2\vec{a}-\vec{b}$

答え $\vec{c}=2\vec{a}-\vec{b}$

3 2つのベクトル $\vec{a}=(2, 3, 2)$, $\vec{b}=(t, 1, 4)$ について、$2|\vec{a}|=|\vec{b}|$ となるように t の値を定めなさい。

> **ポイント** $\vec{a}=(a_1, a_2, a_3)$ に対して、$|\vec{a}|^2=a_1^2+a_2^2+a_3^2$

解き方 $2|\vec{a}|=|\vec{b}|$ より、$4|\vec{a}|^2=|\vec{b}|^2$
$|\vec{a}|^2=2^2+3^2+2^2=17$, $|\vec{b}|^2=t^2+1^2+4^2=t^2+17$ だから、
$4\times17=t^2+17$ $t^2=51$ $t=\pm\sqrt{51}$

答え $\pm\sqrt{51}$

4 2つのベクトル $\vec{a}=(3, 1)$, $\vec{b}=(2, -1)$ について、次の問いに答えなさい。
(1) $\vec{a}$ と $\vec{b}$ の内積 $\vec{a}\cdot\vec{b}$ を求めなさい。 (2) $\vec{a}$ と $\vec{b}$ のなす角 θ を求めなさい。

> **考え方** (2) (1)とは別の方法で $\vec{a}\cdot\vec{b}$ を表す。

解き方 (1) $\vec{a}\cdot\vec{b}=3\times2+1\times(-1)=5$

答え 5

(2) $|\vec{a}|=\sqrt{3^2+1^2}=\sqrt{10}$, $|\vec{b}|=\sqrt{2^2+(-1)^2}=\sqrt{5}$

$\vec{a}\cdot\vec{b}=|\vec{a}||\vec{b}|\cos\theta$ より、$\cos\theta=\dfrac{\vec{a}\cdot\vec{b}}{|\vec{a}||\vec{b}|}=\dfrac{5}{\sqrt{10}\times\sqrt{5}}=\dfrac{1}{\sqrt{2}}$

$0°\leqq\theta\leqq180°$ より、$\theta=45°$

答え $45°$

5 2つの単位ベクトル $\vec{a}$, $\vec{b}$ が $|\vec{a}-2\vec{b}|=2$ を満たします。$\vec{a}$ と $\vec{b}$ のなす角を θ とするとき、次の値を求めなさい。

(1) $\cos\theta$ (2) $|\vec{a}+4\vec{b}|$

ポイント (1) まず $\vec{a}\cdot\vec{b}$ を求め、$\vec{a}\cdot\vec{b}=|\vec{a}||\vec{b}|\cos\theta$ から $\cos\theta$ の値を求める。

解き方 $\vec{a}$, $\vec{b}$ は単位ベクトルだから、$|\vec{a}|=|\vec{b}|=1$

(1) $|\vec{a}-2\vec{b}|^2=(\vec{a}-2\vec{b})\cdot(\vec{a}-2\vec{b})=|\vec{a}|^2-4\vec{a}\cdot\vec{b}+4|\vec{b}|^2$

$|\vec{a}-2\vec{b}|=2$ より、$1^2-4\vec{a}\cdot\vec{b}+4\times 1^2=4$ よって、$\vec{a}\cdot\vec{b}=\dfrac{1}{4}$

$\vec{a}\cdot\vec{b}=|\vec{a}||\vec{b}|\cos\theta$ より、$\cos\theta=\dfrac{\vec{a}\cdot\vec{b}}{|\vec{a}||\vec{b}|}=\dfrac{1}{4}$

答え $\dfrac{1}{4}$

(2) $|\vec{a}+4\vec{b}|^2=|\vec{a}|^2+8\vec{a}\cdot\vec{b}+16|\vec{b}|^2=1^2+8\times\dfrac{1}{4}+16\times 1^2=19$

$|\vec{a}+4\vec{b}|\geqq 0$ より、$|\vec{a}+4\vec{b}|=\sqrt{19}$

答え $\sqrt{19}$

---

6 1辺の長さが4の正四面体OABCについて、辺ABの中点をMとするとき、次の内積を求めなさい。

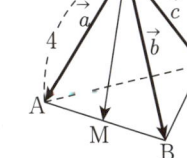

(1) $\overrightarrow{OA}\cdot\overrightarrow{OC}$ (2) $\overrightarrow{BC}\cdot\overrightarrow{OM}$

ポイント $\overrightarrow{OA}=\vec{a}$, $\overrightarrow{OB}=\vec{b}$, $\overrightarrow{OC}=\vec{c}$ とすると、$|\vec{a}|=|\vec{b}|=|\vec{c}|=4$ で、$\vec{a}$, $\vec{b}$, $\vec{c}$ のうち異なる2つのベクトルのなす角はすべて60°である。

解き方 (1) $\overrightarrow{OA}\cdot\overrightarrow{OC}=\vec{a}\cdot\vec{c}=|\vec{a}||\vec{c}|\cos 60°=4^2\times\dfrac{1}{2}=8$

答え 8

(2) $\overrightarrow{BC}=\overrightarrow{OC}-\overrightarrow{OB}=\vec{c}-\vec{b}$

MはABの中点だから、$\overrightarrow{OM}=\dfrac{\overrightarrow{OA}+\overrightarrow{OB}}{2}=\dfrac{\vec{a}+\vec{b}}{2}$

(1)と同様に、$\vec{a}\cdot\vec{b}=\vec{b}\cdot\vec{c}=8$ だから、

$\overrightarrow{BC}\cdot\overrightarrow{OM}=(\vec{c}-\vec{b})\cdot\dfrac{\vec{a}+\vec{b}}{2}=\dfrac{1}{2}(\vec{a}\cdot\vec{c}+\vec{b}\cdot\vec{c}-\vec{a}\cdot\vec{b}-|\vec{b}|^2)$

$=\dfrac{1}{2}(8+8-8-16)=-4$

答え -4

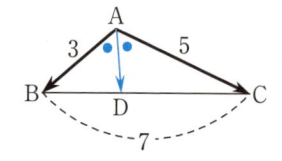

7 AB=3，BC=7，CA=5 の △ABC について，∠A の二等分線と辺 BC との交点を D とするとき，次の問いに答えなさい。

(1) $\vec{AD}$ を $\vec{AB}$ と $\vec{AC}$ を用いて表しなさい。　　(2) $|\vec{AD}|$ を求めなさい。

考え方
(1) 角の二等分線の性質を用いる。
(2) $|\vec{BC}|=7$ を用いて，$\vec{b}\cdot\vec{c}$ を求める。

解き方 $\vec{AB}=\vec{b}$，$\vec{AC}=\vec{c}$ とする。

(1) AD は ∠A の二等分線だから，
BD：CD＝AB：AC＝3：5
よって，$\vec{AD}=\dfrac{5\vec{b}+3\vec{c}}{3+5}=\dfrac{5\vec{b}+3\vec{c}}{8}=\dfrac{5\vec{AB}+3\vec{AC}}{8}$

答え $\dfrac{5\vec{AB}+3\vec{AC}}{8}$

(2) $\vec{BC}=\vec{c}-\vec{b}$ だから，$|\vec{BC}|=7$ より，
$|\vec{c}-\vec{b}|^2=|\vec{c}|^2-2\vec{b}\cdot\vec{c}+|\vec{b}|^2=5^2-2\vec{b}\cdot\vec{c}+3^2=7^2$　　よって，$\vec{b}\cdot\vec{c}=-\dfrac{15}{2}$

したがって，
$|\vec{AD}|^2=\left|\dfrac{5\vec{b}+3\vec{c}}{8}\right|^2=\dfrac{1}{8^2}(25|\vec{b}|^2+30\vec{b}\cdot\vec{c}+9|\vec{c}|^2)$
$=\dfrac{1}{8^2}\left\{25\times3^2+30\times\left(-\dfrac{15}{2}\right)+9\times5^2\right\}=\dfrac{225}{8^2}$

$|\vec{AD}|\geqq 0$ だから，$|\vec{AD}|=\dfrac{15}{8}$

答え $\dfrac{15}{8}$

別解 △ABC について，余弦定理より，$\cos A=\dfrac{3^2+5^2-7^2}{2\times3\times5}=-\dfrac{1}{2}$

よって，$\vec{b}\cdot\vec{c}=|\vec{b}||\vec{c}|\cos A=3\times5\times\left(-\dfrac{1}{2}\right)=-\dfrac{15}{2}$　（以下同様）

8 $\vec{a}=(3,\ 3,\ 0)$，$\vec{b}=(3,\ -1,\ 4)$ の両方に垂直なベクトルで，z 成分が 3 のベクトルを求めなさい。

考え方 $\vec{a}\perp\vec{v}$ かつ $\vec{b}\perp\vec{v}$ のとき，$\vec{a}\cdot\vec{v}=\vec{b}\cdot\vec{v}=0$ であることを用いる。

解き方 求めるベクトルを $\vec{v}=(x, y, 3)$ とする。$\vec{a}\perp\vec{v}$ より，$\vec{a}\cdot\vec{v}=0$，$\vec{b}\perp\vec{v}$ より，$\vec{b}\cdot\vec{v}=0$ だから，$3x+3y=0$ …① 　　$3x-y+4\times 3=0$ …②

①，②より，$x=-3$，$y=3$ である。　**答え** $(-3, 3, 3)$

応用問題

1次 重要 1 2つのベクトル $\vec{a}=(-1, -1, 0)$，$\vec{b}=(1, 2, -2)$ の内積および，なす角 θ を求めなさい。

解き方 $\vec{a}\cdot\vec{b}=(-1)\times 1+(-1)\times 2+0\times(-2)=-3$

$|\vec{a}|=\sqrt{(-1)^2+(-1)^2+0^2}=\sqrt{2}$，$|\vec{b}|=\sqrt{1^2+2^2+(-2)^2}=3$ だから，

$\cos\theta=\dfrac{\vec{a}\cdot\vec{b}}{|\vec{a}||\vec{b}|}=\dfrac{-3}{\sqrt{2}\times 3}=-\dfrac{1}{\sqrt{2}}$ 　$0°\leqq\theta\leqq 180°$ より，$\theta=135°$

答え $\vec{a}\cdot\vec{b}=-3$，$\theta=135°$

2次 2 $\vec{a}=(4, -2)$，$\vec{b}=(1, -3)$ に対して，$\vec{c}=\vec{a}+t\vec{b}$（t は実数）とするとき，次の問いに答えなさい。

(1) $|\vec{c}|^2$ を t の式で表しなさい。

(2) $|\vec{c}|$ の最小値と，そのときの t の値を求めなさい。

ポイント $|\vec{c}|^2$ は t の2次式で表されるから，平方完成をして $|\vec{c}|$ の最小値を求めることができる。$|\vec{c}|^2$ が最小のとき，$|\vec{c}|$ も最小となる。

解き方 (1) $\vec{c}=\vec{a}+t\vec{b}=(4, -2)+t(1, -3)=(4+t, -2-3t)$ だから，

$|\vec{c}|^2=(4+t)^2+(-2-3t)^2=16+8t+t^2+4+12t+9t^2$

$=10t^2+20t+20$ 　**答え** $|\vec{c}|^2=10t^2+20t+20$

(2) $|\vec{c}|^2=10(t^2+2t)+20=10(t+1)^2+10$ と変形できるから，$|\vec{c}|^2$ は $t=-1$ のとき最小値 10 をとる。$|\vec{c}|\geqq 0$ より，$|\vec{c}|^2$ が最小のとき $|\vec{c}|$ も最小となるから，$|\vec{c}|$ は $t=-1$ のとき，最小値 $\sqrt{10}$ をとる。

答え $t=-1$ のとき，最小値 $\sqrt{10}$

第3章 ベクトル・行列・複素数平面

2次 3 平面上に△ABCと点Pがあり，等式 $3\overrightarrow{PA}+5\overrightarrow{PB}=-4\overrightarrow{PC}$ を満たすとき，次の問いに答えなさい。

(1) $\overrightarrow{AP}$ を $\overrightarrow{AB}$, $\overrightarrow{AC}$ を用いて表しなさい。

(2) 点Pはどのような位置にあるか答えなさい。

考え方 (1) 等式を $\overrightarrow{AP}, \overrightarrow{AB}, \overrightarrow{AC}$ だけを用いて表す。

ポイント (2) 内分点の公式を利用する。

解き方 (1) $\overrightarrow{PB}=\overrightarrow{AB}-\overrightarrow{AP}$, $\overrightarrow{PC}=\overrightarrow{AC}-\overrightarrow{AP}$ を等式に代入すると，
$$-3\overrightarrow{AP}+5(\overrightarrow{AB}-\overrightarrow{AP})=-4(\overrightarrow{AC}-\overrightarrow{AP})$$
$$-3\overrightarrow{AP}-5\overrightarrow{AP}-4\overrightarrow{AP}=-5\overrightarrow{AB}-4\overrightarrow{AC}$$
$$12\overrightarrow{AP}=5\overrightarrow{AB}+4\overrightarrow{AC} \quad \text{よって，} \overrightarrow{AP}=\frac{5\overrightarrow{AB}+4\overrightarrow{AC}}{12}$$

答え $\overrightarrow{AP}=\dfrac{5\overrightarrow{AB}+4\overrightarrow{AC}}{12}$

(2) $\overrightarrow{AP}=\dfrac{9}{12}\cdot\dfrac{5\overrightarrow{AB}+4\overrightarrow{AC}}{9}=\dfrac{3}{4}\cdot\dfrac{5\overrightarrow{AB}+4\overrightarrow{AC}}{4+5}$

と変形できる。$\dfrac{5\overrightarrow{AB}+4\overrightarrow{AC}}{4+5}$ は辺BCを4:5に内分する点の位置ベクトルだから，この点をDとすると，$\overrightarrow{AD}=\dfrac{5\overrightarrow{AB}+4\overrightarrow{AC}}{4+5}$ より，$\overrightarrow{AP}=\dfrac{3}{4}\overrightarrow{AD}$

と表すことができるので，AP:AD＝3:4，つまりAP:PD＝3:1が成り立つ。

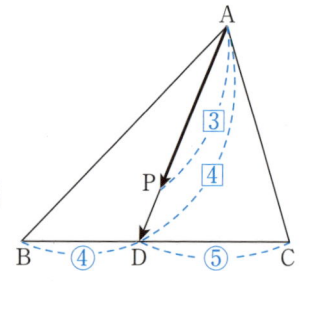

したがって，Pは線分ADを3:1に内分する点である。

答え 辺BCを4:5に内分する点をDとして，Pは線分ADを3:1に内分する点

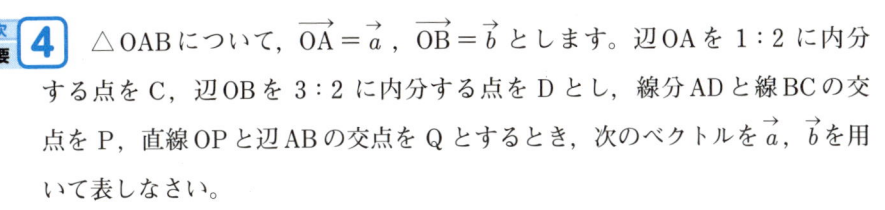

2次 重要 4 △OABについて、$\vec{OA}=\vec{a}$, $\vec{OB}=\vec{b}$ とします。辺OAを $1:2$ に内分する点をC、辺OBを $3:2$ に内分する点をDとし、線分ADと線BCの交点をP、直線OPと辺ABの交点をQとするとき、次のベクトルを $\vec{a}$, $\vec{b}$ を用いて表しなさい。

(1) $\vec{OP}$ 　　　　(2) $\vec{OQ}$

考え方 (1) $AP:PD=s:(1-s)$, $BP:PC=t:(1-t)$ として、$\vec{OP}$ を $\vec{a}$, $\vec{b}$ を用いて2通りに表し、$\vec{a}$ と $\vec{b}$ の係数をそれぞれ等号で結ぶ。

解き方 条件より、$\vec{OC}=\dfrac{1}{3}\vec{OA}=\dfrac{1}{3}\vec{a}$, $\vec{OD}=\dfrac{3}{5}\vec{OB}=\dfrac{3}{5}\vec{b}$

(1) $AP:PD=s:(1-s)$（s は実数）とすると、
$\vec{OP}=(1-s)\vec{OA}+s\vec{OD}=(1-s)\vec{a}+\dfrac{3}{5}s\vec{b}$ …①
$BP:PC=t:(1-t)$（t は実数）とすると、
$\vec{OP}=t\vec{OC}+(1-t)\vec{OB}=\dfrac{1}{3}t\vec{a}+(1-t)\vec{b}$ …②
$\vec{a}$, $\vec{b}$ は1次独立なので、①、②より、$1-s=\dfrac{1}{3}t$, $\dfrac{3}{5}s=1-t$
これを連立して解くと、$s=\dfrac{5}{6}$, $t=\dfrac{1}{2}$
よって、$\vec{OP}=\dfrac{1}{6}\vec{a}+\dfrac{1}{2}\vec{b}$

答え $\vec{OP}=\dfrac{1}{6}\vec{a}+\dfrac{1}{2}\vec{b}$

(2) 点Qは直線OP上にあるから、$\vec{OQ}=k\vec{OP}=\dfrac{1}{6}k\vec{a}+\dfrac{1}{2}k\vec{b}$（$k$ は実数）…①
$AQ:QB=u:(1-u)$（u は実数）とすると、
$\vec{OQ}=(1-u)\vec{OA}+u\vec{OB}=(1-u)\vec{a}+u\vec{b}$ …②
$\vec{a}$, $\vec{b}$ は1次独立だから、①、②より、$\dfrac{1}{6}k=1-u$, $\dfrac{1}{2}k=u$
これを連立して解くと、$k=\dfrac{3}{2}$, $u=\dfrac{3}{4}$
よって、$\vec{OQ}=\dfrac{1}{4}\vec{a}+\dfrac{3}{4}\vec{b}$

答え $\vec{OQ}=\dfrac{1}{4}\vec{a}+\dfrac{3}{4}\vec{b}$

一般に、2つのベクトル $\vec{a}$ と $\vec{b}$ が $\vec{a}\neq\vec{0}$, $\vec{b}\neq\vec{0}$, かつ平行でないとき、$\vec{a}$ と $\vec{b}$ は **1次独立** であるという。このとき、次のことが成り立つ。

$k\vec{a}+\ell\vec{b}=m\vec{a}+n\vec{b}$ ⇔ $k=m$ かつ $\ell=n$

この問題では、$\vec{a}$ と $\vec{b}$ は1次独立だから、$\vec{OP}$, $\vec{OQ}$ はただ1通りで表される。

第3章 ベクトル・行列・複素数平面

2次 重要 5 四面体OABCについて，辺OAを1:2に内分する点をD，△ABCの重心をG，直線OGと平面DBCの交点をPとします。$\vec{OA}=\vec{a}$，$\vec{OB}=\vec{b}$，$\vec{OC}=\vec{c}$とするとき，$\vec{OP}$を$\vec{a}$，$\vec{b}$，$\vec{c}$を用いて表し，OP:PGを求めなさい。

ポイント
点Pが平面DBC上にあるとき，$\vec{OP}=s\vec{OD}+t\vec{OB}+(1-s-t)\vec{OC}$と表される。3つのベクトル$\vec{a}$，$\vec{b}$，$\vec{c}$は$\vec{0}$でなく，同一平面上にないから1次独立である。

解き方 条件より，$\vec{OD}=\frac{1}{3}\vec{OA}=\frac{1}{3}\vec{a}$，
$\vec{OG}=\frac{\vec{OA}+\vec{OB}+\vec{OC}}{3}=\frac{\vec{a}+\vec{b}+\vec{c}}{3}$

Pは平面DBC上の点だから，実数s，tを用いて，
$\vec{OP}=s\vec{OD}+t\vec{OB}+(1-s-t)\vec{OC}$
$=\frac{s}{3}\vec{a}+t\vec{b}+(1-s-t)\vec{c}$ …①

Pは直線OG上の点だから，実数kを用いて，
$\vec{OP}=k\vec{OG}=\frac{k}{3}(\vec{a}+\vec{b}+\vec{c})=\frac{k}{3}\vec{a}+\frac{k}{3}\vec{b}+\frac{k}{3}\vec{c}$ …②

とそれぞれ表される。$\vec{a}$，$\vec{b}$，$\vec{c}$は1次独立だから，①，②より，
$\frac{s}{3}=t=1-s-t=\frac{k}{3}$ これを解いて，$s=\frac{3}{5}$，$t=\frac{1}{5}$，$k=\frac{3}{5}$

よって，$\vec{OP}=\frac{1}{5}\vec{a}+\frac{1}{5}\vec{b}+\frac{1}{5}\vec{c}$ また，$\vec{OP}=\frac{3}{5}\vec{OG}$より，OP:OG=3:5

したがって，OP:PG=3:2

答え $\vec{OP}=\frac{1}{5}\vec{a}+\frac{1}{5}\vec{b}+\frac{1}{5}\vec{c}$，OP:PG=3:2

練習問題

答え:別冊P12～P17

1次 ① $\vec{a}=(4，-3)$について，次の成分表示を求めなさい。
(1) $\vec{a}$と同じ向きの単位ベクトル   (2) $\vec{a}$と垂直な単位ベクトル

2 $\vec{a}=(1, 2, 0)$, $\vec{b}=(3, 0, 1)$, $\vec{c}=(0, -2, -3)$, $\vec{d}=(0, 2, -7)$ について，$\vec{d}=s\vec{a}+t\vec{b}+u\vec{c}$ が成り立つような実数 s, t, u の値を求めなさい。

3 2つのベクトル $\vec{a}=(-4, 5, -3)$ と $\vec{b}=(-2, 2, 1)$ の内積 $\vec{a}\cdot\vec{b}$ および，$\vec{a}$ と $\vec{b}$ のなす角 θ を求めなさい。

4 $|\vec{a}|=2$, $|\vec{b}|=4$, $|\vec{a}+\vec{b}|=2\sqrt{7}$ とするとき，次の問いに答えなさい。
(1) $\vec{a}$ と $\vec{b}$ の内積 $\vec{a}\cdot\vec{b}$ を求めなさい。　(2) $\vec{a}$ と $\vec{b}$ のなす角 θ を求めなさい。

5 $|\vec{a}|=3$, $|\vec{b}|=2$, $\vec{a}\cdot\vec{b}=3$ のとき，$|t\vec{a}+\vec{b}|$ の最小値とそのときの t の値を求めなさい。

6 AB=7，BC=6，CA=5 の△ABC について，∠A の二等分線と辺 BC の交点をD，∠B の二等分線と線分 AD の交点を I とします。$\vec{AB}=\vec{b}$, $\vec{AC}=\vec{c}$ として，次のベクトルを $\vec{b}$, $\vec{c}$ を用いて表しなさい。
(1) $\vec{AD}$　　　　　　　　(2) $\vec{AI}$

7 平行四辺形ABCDについて，辺ABの中点をM，辺ADを1：2に内分する点をNとし，線分CNとDMの交点をP，直線APと対角線BDの交点をQとします。$\vec{AB}=\vec{a}$, $\vec{AD}=\vec{b}$ として，次の問いに答えなさい。
(1) $\vec{AP}$ を $\vec{a}$, $\vec{b}$ を用いて表しなさい。
(2) AP：PQ を求めなさい。

8 OA=5，OB=8，∠AOB=60°の△OABの辺AB上に，OP⊥ABを満たす点Pをとります。$\vec{OA}=\vec{a}$, $\vec{OB}=\vec{b}$ として，次の問いに答えなさい。
(1) $\vec{a}$ と $\vec{b}$ の内積 $\vec{a}\cdot\vec{b}$ を求めなさい。
(2) $\vec{OP}$ を $\vec{a}$, $\vec{b}$ を用いて表しなさい。また，AP：PB を求めなさい。

9 △ABCの外心をO,重心をGとし,$\overrightarrow{OA}=\vec{a}$,$\overrightarrow{OB}=\vec{b}$,$\overrightarrow{OC}=\vec{c}$ とします。線分OGをGの側に延長し,その直線上に OH=3OG を満たす点Hをとるとき,次の問いに答えなさい。

(1) $\overrightarrow{OH}$ を $\vec{a}$, $\vec{b}$, $\vec{c}$ を用いて表しなさい。

(2) Hは△ABCの垂心であることを示しなさい。

10 右の図のように,$\vec{a}$ と平行な直線 ℓ の上に,$\vec{p}$ の影を落としてできるベクトルを,『$\vec{p}$ の $\vec{a}$ 上への正斜影ベクトル』といいます。これについて,次の問いに答えなさい。

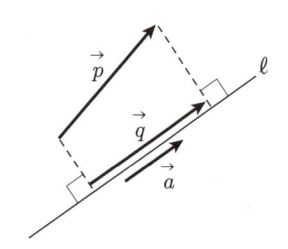

(1) $\vec{p}$ の $\vec{a}$ 上への正斜影ベクトルを $\vec{q}$ とするとき,$\vec{q}$ を $\vec{a}$, $\vec{p}$ を用いて表しなさい。

(2) 内積 $\vec{p}\cdot\vec{q}$ を,$\vec{a}$, $\vec{p}$ を用いて表しなさい。

11 1辺の長さが2の立方体ABCD−EFGHについて,3点C,F,Hを通る平面と対角線AGとの交点をPとします。このとき,次の問いに答えなさい。

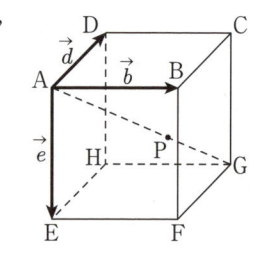

(1) $\overrightarrow{AB}=\vec{b}$,$\overrightarrow{AD}=\vec{d}$,$\overrightarrow{AE}=\vec{e}$ とするとき,$\overrightarrow{AP}$ を $\vec{b}$,$\vec{d}$,$\vec{e}$ を用いて表しなさい。

(2) $\overrightarrow{AG}$ が平面CHFに垂直であることを示しなさい。

(3) 三角錐A−CHFの体積を求めなさい。

12 2点A(0,1,4),B(4,5,0)を通る直線に,原点Oから垂線を引き,直線ABとの交点をHとします。このとき,次の問いに答えなさい。

(1) 点Hの座標を求めなさい。　　(2) 三角形OAHの面積を求めなさい。

3-2 行列

1 行列の演算

ここでは，ベクトルを拡張した行列を学びます。現代社会の多方面に応用されている分野なので，きちんと理解しましょう。

● 行列とその成分

$\begin{pmatrix} 8 & 5 & 6 \\ 9 & 7 & 4 \end{pmatrix}$ のように，いくつかの数を長方形状に書き並べ，両側をかっこで囲んだものを**行列**といい，かっこの中のそれぞれの数を，この行列の**成分**という。数の横の並びを**行**といい，上から順に第1行，第2行，…，という。また，数の縦の並びを**列**といい，左から順に第1列，第2列，…という。そして，第 i 行と第 j 列の交点にある成分を (i, j) **成分**という。

行数が m，列数が n の行列を m 行 n 列の行列または $m \times n$ **行列**といい，とくに行数と列数がともに n の行列を n **次正方行列**という。

Check!

行列とその成分

$A = \begin{pmatrix} 8 & 5 & 6 \\ 9 & 7 & 4 \end{pmatrix}$ ← 第1行　　A は 2 行 3 列の行列
　　　↑第2列　　　　　　　（2×3 行列）
$(1, 2)$ 成分

テスト 行列 $\begin{pmatrix} 8 & 5 & 6 \\ 9 & 7 & 4 \end{pmatrix}$ について，$(1, 2)$ 成分を書きなさい。

答え 5

● 行列の加法，減法，実数倍

行列の加法，減法，実数倍の計算は，対応する成分同士で式の計算と同様に行うことができる。たとえば，行列 $A = \begin{pmatrix} 4 & 1 \\ -3 & 1 \end{pmatrix}$，$B = \begin{pmatrix} 2 & -3 \\ 3 & 1 \end{pmatrix}$ に対して，

$2A - 3B = 2\begin{pmatrix} 4 & 1 \\ -3 & 1 \end{pmatrix} - 3\begin{pmatrix} 2 & -3 \\ 3 & 1 \end{pmatrix} = \begin{pmatrix} 2 \cdot 4 - 3 \cdot 2 & 2 \cdot 1 - 3 \cdot (-3) \\ 2 \cdot (-3) - 3 \cdot 3 & 2 \cdot 1 - 3 \cdot 1 \end{pmatrix}$

$= \begin{pmatrix} 2 & 11 \\ -15 & -1 \end{pmatrix}$

となる。

Check!

加法, 減法　$\begin{pmatrix} a & b \\ c & d \end{pmatrix} \pm \begin{pmatrix} e & f \\ g & h \end{pmatrix} = \begin{pmatrix} a \pm e & b \pm f \\ c \pm g & d \pm h \end{pmatrix}$　（複号同順）

実数倍　$k \begin{pmatrix} a & b \\ c & d \end{pmatrix} = \begin{pmatrix} ka & kb \\ kc & kd \end{pmatrix}$　（k は実数）

テスト　行列 $A = \begin{pmatrix} 4 & 1 \\ -3 & 1 \end{pmatrix}$, $B = \begin{pmatrix} 2 & -3 \\ 3 & 1 \end{pmatrix}$ に対して，$4A + B$ を計算しなさい。

答え　$\begin{pmatrix} 18 & 1 \\ -9 & 5 \end{pmatrix}$

● 行列の積

行ベクトル $(a \ b)$ と列ベクトル $\begin{pmatrix} p \\ r \end{pmatrix}$ の積を，$(a \ b)\begin{pmatrix} p \\ r \end{pmatrix} = ap + br$ と定義する。

行列の積も同様に，$\begin{pmatrix} a & b \\ c & d \end{pmatrix}\begin{pmatrix} p & q \\ r & s \end{pmatrix} = \begin{pmatrix} ap+br & aq+bs \\ cp+dr & cq+ds \end{pmatrix}$ と定義する。

実数の性質とは異なり，行列の積 AB と BA は一般的には等しくならない（交換法則は成り立たない）ほか，零行列 $O = \begin{pmatrix} 0 & 0 \\ 0 & 0 \end{pmatrix}$ に対して $A \neq O$ かつ $B \neq O$ であっても $AB = O$ となることがある。

また，$E = \begin{pmatrix} 1 & 0 \\ 0 & 1 \end{pmatrix}$ を単位行列といい，$AE = EA = A$ はつねに成り立つ。

Check!

$\begin{pmatrix} a & b \\ c & d \end{pmatrix}\begin{pmatrix} p & q \\ r & s \end{pmatrix} = \begin{pmatrix} ap+br & aq+bs \\ cp+dr & cq+ds \end{pmatrix}$

テスト　$\begin{pmatrix} 2 & 3 \\ 1 & -2 \end{pmatrix}\begin{pmatrix} 3 & -2 \\ 2 & 1 \end{pmatrix}$ を計算しなさい。

答え　$\begin{pmatrix} 12 & -1 \\ -1 & -4 \end{pmatrix}$

2　ケーリー・ハミルトンの定理

行列における定理の 1 つを学習します。この定理を使うことで，A^n（n は 2 以上の整数）を，$pA + qE$（p, q は定数）の形で表すことができます。

● ケーリー・ハミルトンの定理

行列 $A = \begin{pmatrix} a & b \\ c & d \end{pmatrix}$ に対して，等式 $A^2 - (a+d)A + (ad-bc)E = O$ が成り立つ。これをケーリー・ハミルトンの定理という。たとえば，$A = \begin{pmatrix} 2 & 5 \\ -1 & -3 \end{pmatrix}$ のとき，

$A^2 - \{2 + (-3)\}A + \{2 \cdot (-3) - 5 \cdot (-1)\}E = A^2 + A - E = O$

より，$A^2=-A+E$ が成り立つ．

この行列 A に対して，A^3 や A^4 は次のように計算できる．

$$A^3=A^2A=(-A+E)A=-A^2+A=-(-A+E)+A=A-E+A$$
$$=2A-E$$
$$A^4=A^3A=(2A-E)A=2A^2-A=2(-A+E)-A=-2A+2E-A$$
$$=-3A+2E$$

このようにして，A^n（n は 2 以上の整数）は，$pA+qE$（p，q は定数）の形で表すことができる．これを応用して，A^n を計算することもできる．

Check!

> ケーリー・ハミルトンの定理
> $A=\begin{pmatrix} a & b \\ c & d \end{pmatrix}$ に対して，$A^2-(a+d)A+(ad-bc)E=O$ が成り立つ．

テスト 行列 $A=\begin{pmatrix} 4 & 3 \\ 1 & 2 \end{pmatrix}$ に対して，A^2 を $pA+qE$（p，q は定数）の形に表しなさい．

答え $A^2=6A-5E$

3 逆行列

実数でいう「逆数」に相当する行列を学習します．しっかり理解しましょう．

● 逆行列の定義

正方行列 A に対して，$AX=XA=E$ を満たす行列 X が定まるとき，これを A の**逆行列**といい，A^{-1} で表す．すなわち，$AA^{-1}=A^{-1}A=E$ である．また，A の逆行列が存在するならば，それはただ 1 通りに決まる．

● 2 次正方行列の逆行列の公式

$A=\begin{pmatrix} a & b \\ c & d \end{pmatrix}$ に対して，$\Delta=ad-bc$ とすると，次のようになる．

・$\Delta \neq 0$ のとき

$A^{-1}=\dfrac{1}{ad-bc}\begin{pmatrix} d & -b \\ -c & a \end{pmatrix}$ と表される．たとえば，$A=\begin{pmatrix} 3 & 2 \\ 5 & 4 \end{pmatrix}$ のとき，

$A^{-1}=\begin{pmatrix} 3 & 2 \\ 5 & 4 \end{pmatrix}^{-1}=\dfrac{1}{3\cdot 4-2\cdot 5}\begin{pmatrix} 4 & -2 \\ -5 & 3 \end{pmatrix}=\dfrac{1}{2}\begin{pmatrix} 4 & -2 \\ -5 & 3 \end{pmatrix}$

のように計算できる．

・$\Delta = 0$ のとき　　A の逆行列は存在しない。

$\Delta \neq 0$ のとき，A の逆行列が $A^{-1} = \dfrac{1}{ad-bc}\begin{pmatrix} d & -b \\ -c & a \end{pmatrix}$ であることは，AA^{-1} と $A^{-1}A$ を計算し，どちらも単位行列 E となることで証明できる。

Check!

逆行列

$A = \begin{pmatrix} a & b \\ c & d \end{pmatrix}$ に対して，

・$ad - bc \neq 0$ のとき，$A^{-1} = \dfrac{1}{ad-bc}\begin{pmatrix} d & -b \\ -c & a \end{pmatrix}$

・$ad - bc = 0$ のとき，A^{-1} は存在しない。

テスト 行列 $A = \begin{pmatrix} 2 & 5 \\ -1 & -3 \end{pmatrix}$ のとき，A^{-1} を求めなさい。　**答え** $\begin{pmatrix} 3 & 5 \\ -1 & -2 \end{pmatrix}$

4 A^n の計算

行列の n 乗の形を求める方法はいくつかあります。どの方法が適用できるのかを見分けられるようにしましょう。

● 数学的帰納法を利用する方法

　行列 A に対し，A^2，A^3，…を計算し，A^n の形を推測する。その後，その推測が正しいことを数学的帰納法で証明する。

● 対角行列を利用する方法

　$B = \begin{pmatrix} a & 0 \\ 0 & b \end{pmatrix}$ の形の正方行列を**対角行列**という。これを n 乗すると，

　$B^n = \begin{pmatrix} a & 0 \\ 0 & b \end{pmatrix}^n = \begin{pmatrix} a^n & 0 \\ 0 & b^n \end{pmatrix}$

となる。この性質を利用すると，対角行列 B を用いて，$B = P^{-1}AP$ と表される行列 A に対して，

$$B^n = P^{-1}AP\ P^{-1}AP\ P^{-1}AP \cdots\cdots P^{-1}AP,\ \text{すなわち}\ B^n = P^{-1}A^n P$$

$$P\ P^{-1} = E$$

が成り立つ。このとき，両辺の左から P を，右から P^{-1} をかければ，

$$PB^n P^{-1} = P(P^{-1}A^n P)P^{-1} = A^n,\ \text{すなわち}\ A^n = PB^n P^{-1}$$

が成り立つことから，A^n が求まる。

● ケーリー・ハミルトンの定理を利用する方法

　p.70～71 を参照（p.83 の練習問題 ❽ でも扱う）。

5　1次変換

　座標平面上の点を，原点やある直線に関して対称な点に移したり，原点を中心として回転させる移動は，行列を用いて表すことができます。

● 1次変換

　座標平面上の点 (x, y) を点 (x', y') に移す移動が，a，b，c，d を定数として，$\begin{cases} x' = ax + by \\ y' = cx + dy \end{cases}$ と表されるとき，この移動を **1次変換** といい，f や g などで表す。

行列を用いると，$\begin{pmatrix} x' \\ y' \end{pmatrix} = \begin{pmatrix} a & b \\ c & d \end{pmatrix} \begin{pmatrix} x \\ y \end{pmatrix}$ と表され，$A = \begin{pmatrix} a & b \\ c & d \end{pmatrix}$ を **1次変換 f を表す行列** という。たとえば，行列 $\begin{pmatrix} 3 & 4 \\ -2 & 1 \end{pmatrix}$ の表す1次変換で点 $(-3, 1)$ は，

$\begin{pmatrix} 3 & 4 \\ -2 & 1 \end{pmatrix} \begin{pmatrix} -3 \\ 1 \end{pmatrix} = \begin{pmatrix} -9+4 \\ 6+1 \end{pmatrix} = \begin{pmatrix} -5 \\ 7 \end{pmatrix}$ より，点 $(-5, 7)$ に移る。

テスト　行列 $\begin{pmatrix} 3 & 4 \\ -2 & 1 \end{pmatrix}$ の表す1次変換によって，点 $(1, 4)$ が移る点の座標を求めなさい。　　**答え** $(19, 2)$

● 対称移動

・x 軸に関する対称移動は，行列 $\begin{pmatrix} 1 & 0 \\ 0 & -1 \end{pmatrix}$ で表される1次変換である。

$\begin{pmatrix} x' \\ y' \end{pmatrix} = \begin{pmatrix} 1 & 0 \\ 0 & -1 \end{pmatrix} \begin{pmatrix} x \\ y \end{pmatrix} = \begin{pmatrix} x \\ -y \end{pmatrix}$

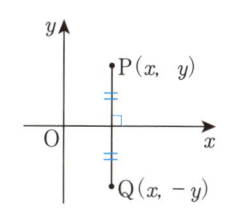

・原点に関する対称移動は，行列 $\begin{pmatrix} -1 & 0 \\ 0 & -1 \end{pmatrix}$ で表される1次変換である。

$\begin{pmatrix} x' \\ y' \end{pmatrix} = \begin{pmatrix} -1 & 0 \\ 0 & -1 \end{pmatrix} \begin{pmatrix} x \\ y \end{pmatrix} = \begin{pmatrix} -x \\ -y \end{pmatrix}$

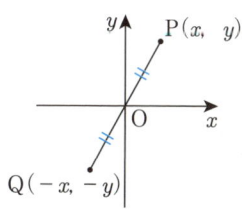

- 直線 $y=x$ に関する対称移動は，行列 $\begin{pmatrix} 0 & 1 \\ 1 & 0 \end{pmatrix}$ で表される1次変換である。

$$\begin{pmatrix} x' \\ y' \end{pmatrix} = \begin{pmatrix} 0 & 1 \\ 1 & 0 \end{pmatrix} \begin{pmatrix} x \\ y \end{pmatrix} = \begin{pmatrix} y \\ x \end{pmatrix}$$

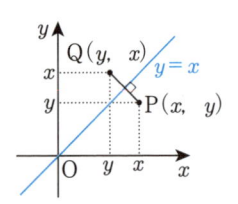

● 回転移動

原点 O を中心として角 θ だけ回転する移動は，行列 $\begin{pmatrix} \cos\theta & -\sin\theta \\ \sin\theta & \cos\theta \end{pmatrix}$ で表される1次変換である。

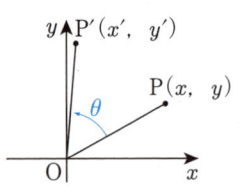

テスト 原点 O を中心として $-\dfrac{\pi}{6}$ だけ回転する移動を表す行列を求めなさい。

答え $\dfrac{1}{2}\begin{pmatrix} \sqrt{3} & 1 \\ -1 & \sqrt{3} \end{pmatrix}$

基本問題

1 行列 $A = \begin{pmatrix} 2 & 1 \\ -3 & 0 \end{pmatrix}$, $B = \begin{pmatrix} 1 & 4 \\ -16 & -3 \end{pmatrix}$ に対して, $3A - X = B$ を満たす行列 X を求めなさい。

考え方 等式を方程式のように変形して，X について解く。

解き方 $3A - X = B$ より，$X = 3A - B$ だから，

$$X = 3\begin{pmatrix} 2 & 1 \\ -3 & 0 \end{pmatrix} - \begin{pmatrix} 1 & 4 \\ -16 & -3 \end{pmatrix} = \begin{pmatrix} 6 & 3 \\ -9 & 0 \end{pmatrix} - \begin{pmatrix} 1 & 4 \\ -16 & -3 \end{pmatrix} = \begin{pmatrix} 5 & -1 \\ 7 & 3 \end{pmatrix}$$

答え $\begin{pmatrix} 5 & -1 \\ 7 & 3 \end{pmatrix}$

2 行列 $A = \begin{pmatrix} 3 & 0 \\ 1 & -2 \end{pmatrix}$ について，次の問いに答えなさい。

(1) A^2 を $pA + qE$ (p, q は定数)の形に表しなさい。ただし，E は単位行列とします。

(2) A^4 を求めなさい。

考え方
(1) ケーリー・ハミルトンの定理を用いる。
(2) (1)の結果を用いて次数を下げる。

解き方
(1) ケーリー・ハミルトンの定理より，$A^2-(3-2)A+\{3(-2)-0\cdot1\}E=O$
$A^2-A-6E=O \quad A^2=A+6E$ 　**答え** $A^2=A+6E$

(2) $A^4=A^2A^2=(A+6E)(A+6E)=A^2+6AE+6EA+36E^2$
$=A^2+12A+36E=(A+6E)+12A+36E=13A+42E$
　　↑ $AE=EA=A$ だから同類項のようにまとめることができる

$=13\begin{pmatrix}3&0\\1&-2\end{pmatrix}+42\begin{pmatrix}1&0\\0&1\end{pmatrix}=\begin{pmatrix}39+42&0\\13&-26+42\end{pmatrix}=\begin{pmatrix}81&0\\13&16\end{pmatrix}$

　答え $\begin{pmatrix}81&0\\13&16\end{pmatrix}$

3 行列 $A=\begin{pmatrix}2&3\\1&2\end{pmatrix}$，$B=\begin{pmatrix}5&1\\-7&2\end{pmatrix}$ について，次の問いに答えなさい。
(1) A^{-1} を求めなさい。　(2) $AC=B$ を満たす C を求めなさい。

考え方 (2) 両辺に A^{-1} を左からかける。

解き方 (1) $A^{-1}=\dfrac{1}{2\cdot2-3\cdot1}\begin{pmatrix}2&-3\\-1&2\end{pmatrix}=\begin{pmatrix}2&-3\\-1&2\end{pmatrix}$　**答え** $\begin{pmatrix}2&-3\\-1&2\end{pmatrix}$

(2) $AC=B$ の両辺に A^{-1} を左からかけると，
$C=A^{-1}B=\begin{pmatrix}2&-3\\-1&2\end{pmatrix}\begin{pmatrix}5&1\\-7&2\end{pmatrix}=\begin{pmatrix}31&-4\\-19&3\end{pmatrix}$　**答え** $\begin{pmatrix}31&-4\\-19&3\end{pmatrix}$

4 行列 $A=\begin{pmatrix}a&b\\c&d\end{pmatrix}$，$P=\begin{pmatrix}1&0\\1&0\end{pmatrix}$ について，$AP=PA$ が成り立つための a，b，c，d の条件を求めなさい。

考え方 AP と PA を成分表示して比較する。

解き方 $AP=\begin{pmatrix}a&b\\c&d\end{pmatrix}\begin{pmatrix}1&0\\1&0\end{pmatrix}=\begin{pmatrix}a+b&0\\c+d&0\end{pmatrix}$，$PA=\begin{pmatrix}1&0\\1&0\end{pmatrix}\begin{pmatrix}a&b\\c&d\end{pmatrix}=\begin{pmatrix}a&b\\a&b\end{pmatrix}$

各成分を比較して，

$a+b=a$ …①, $0=b$ …②, $c+d=a$ …③, $0=b$ …④

②, ④より, $b=0$ これは①をつねに満たす。

③より, $c+d=a$

逆にこのとき, $A=\begin{pmatrix} a & 0 \\ c & a-c \end{pmatrix}$ と表され, $AP=\begin{pmatrix} a & 0 \\ a & 0 \end{pmatrix}$, $PA=\begin{pmatrix} a & 0 \\ a & 0 \end{pmatrix}$ だから, $AP=PA$ が成り立つ。

答え $b=0$, $c+d=a$

---

5 ある1次変換 f によって,点 $(1, 0)$ は点 $(-3, 2)$ に移り,点 $(0, 1)$ は点 $(1, -1)$ に移ります。これについて,次の問いに答えなさい。

(1) f を表す行列を求めなさい。

(2) f によって点 $(5, -3)$ が移る点の座標を求めなさい。

解き方 (1) f を表す行列を $\begin{pmatrix} a & b \\ c & d \end{pmatrix}$ とすると,条件より,

$\begin{pmatrix} a & b \\ c & d \end{pmatrix}\begin{pmatrix} 1 \\ 0 \end{pmatrix}=\begin{pmatrix} a \\ c \end{pmatrix}=\begin{pmatrix} -3 \\ 2 \end{pmatrix}$, $\begin{pmatrix} a & b \\ c & d \end{pmatrix}\begin{pmatrix} 0 \\ 1 \end{pmatrix}=\begin{pmatrix} b \\ d \end{pmatrix}=\begin{pmatrix} 1 \\ -1 \end{pmatrix}$

よって, $\begin{pmatrix} -3 & 1 \\ 2 & -1 \end{pmatrix}$

答え $\begin{pmatrix} -3 & 1 \\ 2 & -1 \end{pmatrix}$

(2) $\begin{pmatrix} -3 & 1 \\ 2 & -1 \end{pmatrix}\begin{pmatrix} 5 \\ -3 \end{pmatrix}=\begin{pmatrix} -18 \\ 13 \end{pmatrix}$ より,移る点の座標は, $(-18, 13)$

答え $(-18, 13)$

---

6 行列 $A=\dfrac{1}{2}\begin{pmatrix} 1 & -\sqrt{3} \\ \sqrt{3} & 1 \end{pmatrix}$ について,次の問いに答えなさい。

(1) A の表す1次変換によって,点 $(2, 2)$ が移る点の座標を求めなさい。

(2) A^8 を求めなさい。

ポイント (2) A^8 は, A で表される1次変換を8回繰り返す変換を表す。

解き方 (1) $\dfrac{1}{2}\begin{pmatrix} 1 & -\sqrt{3} \\ \sqrt{3} & 1 \end{pmatrix}\begin{pmatrix} 2 \\ 2 \end{pmatrix}=\begin{pmatrix} 1 & -\sqrt{3} \\ \sqrt{3} & 1 \end{pmatrix}\begin{pmatrix} 1 \\ 1 \end{pmatrix}=\begin{pmatrix} 1-\sqrt{3} \\ \sqrt{3}+1 \end{pmatrix}$ より,点 $(2, 2)$ が移る点の座標は, $(1-\sqrt{3}, \sqrt{3}+1)$

答え $(1-\sqrt{3}, \sqrt{3}+1)$

(2) $A = \begin{pmatrix} \cos\frac{\pi}{3} & -\sin\frac{\pi}{3} \\ \sin\frac{\pi}{3} & \cos\frac{\pi}{3} \end{pmatrix}$ だから，A は原点を中心とした $\frac{\pi}{3}$ の回転移動を表す。

A を 8 回繰り返すと，$\frac{\pi}{3} \times 8 = \frac{8}{3}\pi$ の回転になるから，

$$A^8 = \begin{pmatrix} \cos\frac{8}{3}\pi & -\sin\frac{8}{3}\pi \\ \sin\frac{8}{3}\pi & \cos\frac{8}{3}\pi \end{pmatrix} = \begin{pmatrix} \cos\frac{2}{3}\pi & -\sin\frac{2}{3}\pi \\ \sin\frac{2}{3}\pi & \cos\frac{2}{3}\pi \end{pmatrix} = \frac{1}{2}\begin{pmatrix} -1 & -\sqrt{3} \\ \sqrt{3} & -1 \end{pmatrix}$$

答え $\frac{1}{2}\begin{pmatrix} -1 & -\sqrt{3} \\ \sqrt{3} & -1 \end{pmatrix}$

応用問題

1次 [1] 行列 $A = \begin{pmatrix} 1 & 1 \\ 2 & 0 \end{pmatrix}$ について，$P = A^3 + 3A^2 - 4A$ を求めなさい。

考え方 ケーリー・ハミルトンの定理を用いて次数を下げる。

解き方 ケーリー・ハミルトンの定理より，

$A^2 - (1+0)A + (1\cdot 0 - 1\cdot 2)E = O$

よって，$A^2 - A - 2E = O$

ここで，$x^3 + 3x^2 - 4x = (x^2 - x - 2)(x + 4) + 2x + 8$

$$\begin{array}{r} x + 4 \\ x^2 - x - 2 \overline{\smash{)}\,x^3 + 3x^2 - 4x} \\ \underline{x^3 - x^2 - 2x} \\ 4x^2 - 2x \\ \underline{4x^2 - 4x - 8} \\ 2x + 8 \end{array}$$

を用いると，

$A^3 + 3A^2 - 4A = (A^2 - A - 2E)(A + 4E) + 2A + 8E = 2A + 8E$

$= 2\begin{pmatrix} 1 & 1 \\ 2 & 0 \end{pmatrix} + 8\begin{pmatrix} 1 & 0 \\ 0 & 1 \end{pmatrix} = \begin{pmatrix} 10 & 2 \\ 4 & 8 \end{pmatrix}$

答え $\begin{pmatrix} 10 & 2 \\ 4 & 8 \end{pmatrix}$

2次 [2] 行列 $A = \begin{pmatrix} a & b \\ c & d \end{pmatrix}$ と 2 次単位行列 E について，$A^2 - 4A + 3E = O$ が成り立つとき，$a + d$，$ad - bc$ の値を求めなさい。

考え方 ケーリー・ハミルトンの定理を用いて，等式を $sA = tE$ の形に変形する。

> **ポイント**
> $A = \begin{pmatrix} a & b \\ c & d \end{pmatrix}$ に対して，$A^2 - pA + qE = O$ が成り立つとき，$p = a+d$，$q = ad - bc$ のみとは限らない。

解き方 ケーリー・ハミルトンの定理より，$A^2 - (a+d)A + (ad-bc)E = O$
すなわち，$A^2 = (a+d)A - (ad-bc)E$

これを等式に代入すると，$(a+d)A - (ad-bc)E - 4A + 3E = O$

だから，$(a+d-4)A = (ad-bc-3)E$

[1] $a+d-4 = 0$ のとき，左辺 $= O$ だから，$E \neq O$ より，$ad-bc-3 = 0$
　よって，$a+d = 4$，$ad-bc = 3$

[2] $a+d-4 \neq 0$ のとき，両辺を $a+d-4$ で割ると，$A = \dfrac{ad-bc-3}{a+d-4}E$
　よって，実数 k を用いて，$A = kE$ と表される。　←単位行列の実数倍
　これを等式に代入すると，$(kE)^2 - 4kE + 3E = O$
　　$(k^2 - 4k + 3)E = O$　よって，$k^2 - 4k + 3 = 0$
　　$(k-1)(k-3) = 0$　　$k = 1, 3$
　・$k = 1$ のとき，$A = E = \begin{pmatrix} 1 & 0 \\ 0 & 1 \end{pmatrix}$ より，$a = d = 1$，$b = c = 0$ だから，
　　$a+d = 2$，$ad-bc = 1$
　・$k = 3$ のとき，$A = 3E = \begin{pmatrix} 3 & 0 \\ 0 & 3 \end{pmatrix}$ より，$a = d = 3$，$b = c = 0$ だから，
　　$a+d = 6$，$ad-bc = 9$

[1]，[2]より，$(a+d, ad-bc) = (4, 3), (2, 1), (6, 9)$

> **答え** $(a+d, ad-bc) = (4, 3), (2, 1), (6, 9)$

3 行列 $A = \begin{pmatrix} 1 & 3 \\ 0 & 1 \end{pmatrix}$ について A^n を推測し，その推測が正しいことを数学的帰納法で証明しなさい。

> **ポイント**
> A^2，A^3，… を実際に求めて A^n を推測する。

解き方 $A^2 = \begin{pmatrix} 1 & 3 \\ 0 & 1 \end{pmatrix}\begin{pmatrix} 1 & 3 \\ 0 & 1 \end{pmatrix} = \begin{pmatrix} 1 & 6 \\ 0 & 1 \end{pmatrix}$, $A^3 = A^2 A = \begin{pmatrix} 1 & 6 \\ 0 & 1 \end{pmatrix}\begin{pmatrix} 1 & 3 \\ 0 & 1 \end{pmatrix} = \begin{pmatrix} 1 & 9 \\ 0 & 1 \end{pmatrix}$

より, $A^n = \begin{pmatrix} 1 & 3n \\ 0 & 1 \end{pmatrix}$ と推測できる。

この推測が正しいことを数学的帰納法で証明する。

・$n=1$ のとき, $A^1 = \begin{pmatrix} 1 & 3 \cdot 1 \\ 0 & 1 \end{pmatrix} = \begin{pmatrix} 1 & 3 \\ 0 & 1 \end{pmatrix}$ より成り立つ。

・$n=k$ のとき, $A^k = \begin{pmatrix} 1 & 3k \\ 0 & 1 \end{pmatrix}$ が成り立つと仮定すると,

$$A^{k+1} = A^k A = \begin{pmatrix} 1 & 3k \\ 0 & 1 \end{pmatrix}\begin{pmatrix} 1 & 3 \\ 0 & 1 \end{pmatrix} = \begin{pmatrix} 1 & 3+3k \\ 0 & 1 \end{pmatrix} = \begin{pmatrix} 1 & 3(k+1) \\ 0 & 1 \end{pmatrix}$$

よって, $n=k+1$ でも成り立つ。

したがって, すべての正の整数 n について成り立つ。

2次重要 4 行列 $A = \begin{pmatrix} 5 & -4 \\ 2 & -1 \end{pmatrix}$, $P = \begin{pmatrix} 2 & 1 \\ 1 & 1 \end{pmatrix}$ について, 次の行列を求めなさい。

(1) P^{-1} (2) $B = P^{-1}AP$ (3) B^n (4) A^n (5) A^5

考え方 (1)から順に計算していき, A^n を求める。

ポイント $B = P^{-1}AP$ から, $A = PBP^{-1}$ なので, $A^n = PB^n P^{-1}$ である。

解き方 (1) $P^{-1} = \dfrac{1}{2 \cdot 1 - 1 \cdot 1}\begin{pmatrix} 1 & -1 \\ -1 & 2 \end{pmatrix} = \begin{pmatrix} 1 & -1 \\ -1 & 2 \end{pmatrix}$

$\begin{pmatrix} a & b \\ c & d \end{pmatrix}^{-1} = \dfrac{1}{ad-bc}\begin{pmatrix} d & -b \\ -c & a \end{pmatrix}$

答え $\begin{pmatrix} 1 & -1 \\ -1 & 2 \end{pmatrix}$

(2) $B = P^{-1}AP = \begin{pmatrix} 1 & -1 \\ -1 & 2 \end{pmatrix}\begin{pmatrix} 5 & -4 \\ 2 & -1 \end{pmatrix}\begin{pmatrix} 2 & 1 \\ 1 & 1 \end{pmatrix} = \begin{pmatrix} 3 & -3 \\ -1 & 2 \end{pmatrix}\begin{pmatrix} 2 & 1 \\ 1 & 1 \end{pmatrix}$

$= \begin{pmatrix} 3 & 0 \\ 0 & 1 \end{pmatrix}$

答え $\begin{pmatrix} 3 & 0 \\ 0 & 1 \end{pmatrix}$

(3) $\begin{pmatrix} \alpha & 0 \\ 0 & \beta \end{pmatrix}^n = \begin{pmatrix} \alpha^n & 0 \\ 0 & \beta^n \end{pmatrix}$ より, $B^n = \begin{pmatrix} 3 & 0 \\ 0 & 1 \end{pmatrix}^n = \begin{pmatrix} 3^n & 0 \\ 0 & 1 \end{pmatrix}$

答え $\begin{pmatrix} 3^n & 0 \\ 0 & 1 \end{pmatrix}$

(4) $A = PBP^{-1}$ より, $A^n = (PBP^{-1})^n = PB^n P^{-1}$ だから,

$A^n = \begin{pmatrix} 2 & 1 \\ 1 & 1 \end{pmatrix}\begin{pmatrix} 3^n & 0 \\ 0 & 1 \end{pmatrix}\begin{pmatrix} 1 & -1 \\ -1 & 2 \end{pmatrix} = \begin{pmatrix} 2 \cdot 3^n & 1 \\ 3^n & 1 \end{pmatrix}\begin{pmatrix} 1 & -1 \\ -1 & 2 \end{pmatrix}$

$= \begin{pmatrix} 2 \cdot 3^n - 1 & -2 \cdot 3^n + 2 \\ 3^n - 1 & -3^n + 2 \end{pmatrix}$

答え $\begin{pmatrix} 2 \cdot 3^n - 1 & -2 \cdot 3^n + 2 \\ 3^n - 1 & -3^n + 2 \end{pmatrix}$

(5) (4)で得た A^n に $n=5$ を代入する。
$$A^5 = \begin{pmatrix} 2\cdot 3^5 - 1 & -2\cdot 3^5 + 2 \\ 3^5 - 1 & -3^5 + 2 \end{pmatrix} = \begin{pmatrix} 485 & -484 \\ 242 & -241 \end{pmatrix}$$

答え $\begin{pmatrix} 485 & -484 \\ 242 & -241 \end{pmatrix}$

2次 重要 5 A を正方行列，E を A と同じ次数の単位行列とするとき，次のことを証明しなさい。

(1) $A^2 = O$ ならば A は逆行列をもたない。

(2) A^2 が逆行列をもつならば A は逆行列をもつ。

(3) $A^2 - 2A + E = O$ のとき，$A - 2E$ は逆行列をもつ。

(4) $A^2 - 2A + E = O$ のとき，$A - E$ は逆行列をもたない。

解き方 (1) A が逆行列 A^{-1} をもつと仮定する。

$A^2 = O$ の両辺に A^{-1} を左からかけて，$A^{-1}A^2 = A^{-1}O$　　零行列 O は逆行列をもたない

よって，$(A^{-1}A)A = O$ より，$EA = O$　すなわち，$A = O$

A が逆行列をもつと仮定したとき，A は零行列になることも示していて，矛盾しているから，A は逆行列をもたない。

(2) A^2 の逆行列を X とすると，$A^2 X = E$　よって，$A(AX) = E$

これは，A の逆行列が AX であることを示している。

したがって，A は逆行列をもつ。

(3) $A^2 - 2A + E = O$ より，$A(A - 2E) = -E$　　$-A(A - 2E) = E$

これは，$A - 2E$ の逆行列が $-A$ であることを示している。

したがって，$A - 2E$ は逆行列をもつ。

(4) $A - E$ が逆行列 $(A - E)^{-1}$ をもつと仮定する。

$A^2 - 2A + E = O$ より，$(A - E)^2 = O$

両辺に $(A - E)^{-1}$ をかけると，$(A - E)^{-1}(A - E)^2 = O$

よって，$A - E = O$ であるが，これは $A - E$ が逆行列をもつと仮定したとき，$A - E$ は零行列になることを示していて，矛盾しているから，$A - E$ は逆行列をもたない。

6 座標平面上の直線 $y=3x$ に関する対称移動を f とするとき，次の問いに答えなさい。

(1) f は1次変換であることを示しなさい。

(2) f を表す行列を求めなさい。

(3) f によって点 $(-2, 7)$ が移る点の座標を求めなさい。

考え方 (1) 点 P を (x, y)，点 P が移る点を Q (x', y') として，対称移動の定義にしたがって等式をつくる。

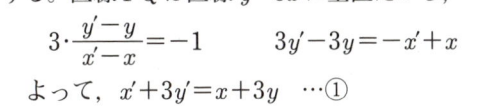

解き方 (1) f によって点 P(x, y) が点 Q(x', y') に移るとする。直線 PQ は直線 $y=3x$ に垂直だから，

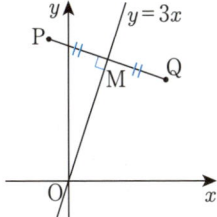

$$3 \cdot \frac{y'-y}{x'-x} = -1 \qquad 3y'-3y = -x'+x$$

よって，$x'+3y' = x+3y$ …①

線分 PQ の中点 M$\left(\dfrac{x+x'}{2}, \dfrac{y+y'}{2}\right)$ は直線 $y=3x$ 上にあるから，

$$\frac{y+y'}{2} = 3 \cdot \frac{x+x'}{2} \qquad -3x'+y' = 3x-y \quad \text{…②}$$

①－②×3 より，$10x' = -8x+6y$ よって，$x' = -\dfrac{4}{5}x + \dfrac{3}{5}y$ …③

また，$y' = \dfrac{3}{5}x + \dfrac{4}{5}y$ …④

③，④より，x', y' がそれぞれ定数項のない x, y の1次式で表されるから，f は1次変換である。

1次変換の定義 $\begin{cases} x' = ax+by \\ y' = cx+dy \end{cases}$

(2) (1)の③，④を，行列を用いてまとめると，$\begin{pmatrix} x' \\ y' \end{pmatrix} = \dfrac{1}{5} \begin{pmatrix} -4 & 3 \\ 3 & 4 \end{pmatrix} \begin{pmatrix} x \\ y \end{pmatrix}$

よって，f を表す行列は，$\dfrac{1}{5} \begin{pmatrix} -4 & 3 \\ 3 & 4 \end{pmatrix}$

答え $\dfrac{1}{5} \begin{pmatrix} -4 & 3 \\ 3 & 4 \end{pmatrix}$

(3) $\dfrac{1}{5} \begin{pmatrix} -4 & 3 \\ 3 & 4 \end{pmatrix} \begin{pmatrix} -2 \\ 7 \end{pmatrix} = \dfrac{1}{5} \begin{pmatrix} 29 \\ 22 \end{pmatrix}$ より，点 $(-2, 7)$ が移る点の座標は，$\left(\dfrac{29}{5}, \dfrac{22}{5}\right)$

答え $\left(\dfrac{29}{5}, \dfrac{22}{5}\right)$

練習問題

答え：別冊 P17～P22

1 行列 $A=\begin{pmatrix} 2 & -3 \\ 1 & 5 \end{pmatrix}$, $B=\begin{pmatrix} 1 & 2 \\ -3 & 1 \end{pmatrix}$ について，$2(A+4B)-3(2A-B)$ を計算しなさい。

2 行列 $A=\begin{pmatrix} 1 & 2 \\ x & y \end{pmatrix}$, $B=\begin{pmatrix} 2 & 1 \\ 3 & -2 \end{pmatrix}$ について，$AB=BA$ を満たすような x, y の値を求めなさい。

3 行列 $A=\begin{pmatrix} 3 & x \\ 2 & y \end{pmatrix}$ の逆行列が $-A$ であるとき，x, y の値を求めなさい。

4 2次正方行列 $A=\begin{pmatrix} a & 1 \\ c & d \end{pmatrix}$ に対して，$AX=O$ を満たす零行列でない行列 X が存在するための必要十分条件を，a, c, d を用いた式で表しなさい。ただし，O は零行列を表します。

5 座標平面上の点 $(1, 2)$ が点 $(3, 1)$ に移り，点 $(0, 5)$ が点 $(-1, -3)$ に移る1次変換 f について，次の問いに答えなさい。
(1) f を表す行列を求めなさい。
(2) f によって点 $(3, 1)$ が移る点の座標を求めなさい。

6 座標平面上の点 P を原点 O のまわりに $\dfrac{\pi}{4}$ 回転した点を Q とし，さらに点 Q を直線 $y=x$ について対称移動した点を R とします。
　このとき，点 P から点 R に移る1次変換を表す行列を求めなさい。

7 座標平面上で，原点 O を中心とする $\dfrac{7}{12}\pi$ （105°）の回転移動を f とします。これについて，次の問いに答えなさい。
(1) f を表す行列 A を求めなさい。
(2) f によって点 $(0, 8)$ が移る点の座標を求めなさい。

8 行列 $A=\begin{pmatrix} -1 & 2 \\ 3 & 0 \end{pmatrix}$, $E=\begin{pmatrix} 1 & 0 \\ 0 & 1 \end{pmatrix}$ について,次の問いに答えなさい。

(1) A^2 を $pA+qE$ (p, q は定数)の形に表しなさい。

(2) $A^n=p_nA+q_nE$ の形に表すとき,p_n, q_n を求めなさい。

(3) A^n を求めなさい。

9 行列 $A=\begin{pmatrix} 1 & 0 \\ -2 & 1 \end{pmatrix}$ について,次の問いに答えなさい。

(1) A^2, A^3 を求めなさい。

(2) A^n を推測し,その推測が正しいことを数学的帰納法で証明しなさい。

10 行列 $A=\begin{pmatrix} 1 & 4 \\ 2 & -1 \end{pmatrix}$, $P=\begin{pmatrix} 2 & -1 \\ 1 & 1 \end{pmatrix}$ について,次の行列を求めなさい。

(1) P^{-1} (2) $B=P^{-1}AP$ (3) A^n

11 行列 $A=\begin{pmatrix} a & b \\ c & d \end{pmatrix}$ について,次の問いに答えなさい。

(1) A が逆行列をもたないとき,$A^3=O$ ならば $A^2=O$ であることを証明しなさい。

(2) A^3 が逆行列をもつならば,A は逆行列をもつことを証明しなさい。

12 座標平面上の点Pから直線 $y=2x$ に垂線を引き,その直線との交点をHとします。点Pから点Hに移る変換 f について,次の問いに答えなさい。ただし,点Pは直線 $y=2x$ 上にない点とします。

(1) f は1次変換であることを示しなさい。

(2) f を表す行列 A を求めなさい。

(3) (2)の結果を用いて,f によって点 $(3, 6)$ に移る点全体の集合を求めなさい。

3-3 複素数平面

1 複素数とその四則計算

2乗して -1 になる数は実数の範囲にはありません。そこで新たに, $i^2=-1$ ($i=\sqrt{-1}$) を満たす数 i(**虚数単位**)を考えます。

● 複素数

2つの実数 a, b を用いて, $a+bi$ と表される数を**複素数**という。a を**実部**, b を**虚部**といい, $b \neq 0$ のとき, 実数でない複素数 $a+bi$ を**虚数**という。「2つ

Check!

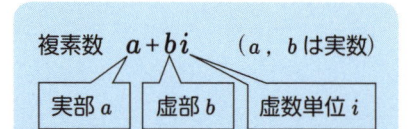

複素数 $a+bi$ （a, b は実数）
実部 a ／ 虚部 b ／ 虚数単位 i

の複素数 $\alpha=a+bi$ と $\beta=c+di$ が等しい」とは, 実部 a と c, および虚部 b と d がともに等しいことを表す。$\alpha=a+bi$ に対し, 虚部の b を $-b$ に置き換えた $a-bi$ を**共役な複素数**といい, $\overline{\alpha}$ と表す。

● 複素数の加法, 減法, 乗法

複素数の計算は, "文字 i を含む実数の文字式" と同じように考えて計算することができる。ただし, i^2 は -1 として計算する。

Check!

複素数の加法, 減法, 乗法
$(a+bi) \pm (c+di) = (a \pm c) + (b \pm d)i$ （複号同順）
$(a+bi)(c+di) = (ac-bd) + (ad+bc)i$
互いに共役な複素数の和と積は, ともに実数となる。
$(a+bi)+(a-bi)=2a$ $(a+bi)(a-bi)=a^2-b^2i^2=a^2+b^2$

● 複素数の除法(分数)

複素数の除法(分母が虚数の分数)は, 分母の共役な複素数を分母と分子にかけて, 分母を実数にする。ただし, 分母が純虚数 bi (実部が0の虚数)のときは, その共役な複素数 $-bi$ よりも, $\dfrac{1}{bi}=\dfrac{i}{bi \cdot i}=-\dfrac{i}{b}$ のように分母と分子に i をかけるとよい。

テスト $\dfrac{5-i}{3+2i}$ を $a+bi$（a, b は実数）の形にしなさい。ただし i は虚数単位を表します。　　**答え** $1-i$

2　2次方程式の複素数の解

実数 a, b, c を係数とする2次方程式 $ax^2+bx+c=0(a\neq 0)$ の解は，判別式 $D=b^2-4ac$ の値が負のときは実数解をもちませんでしたが，複素数の範囲まで拡張すれば，必ず解をもちます。虚数解でも求められるようにしましょう。

● 2次方程式の解

　2次方程式が実数解でなく虚数解をもつときは，その2つの解は互いに共役な複素数となる。

● 2次方程式の解と係数の関係

　2次方程式 $ax^2+bx+c=0(a\neq 0$, b, c は実数$)$ について，2つの複素数解を $\alpha=\dfrac{-b+\sqrt{b^2-4ac}}{2a}$, $\beta=\dfrac{-b-\sqrt{b^2-4ac}}{2a}$ とすると，それらの和および積は，

$$\alpha+\beta=\dfrac{-b+\sqrt{b^2-4ac}}{2a}+\dfrac{-b-\sqrt{b^2-4ac}}{2a}=\dfrac{-2b}{2a}=-\dfrac{b}{a}$$

$$\alpha\beta=\left(\dfrac{-b+\sqrt{b^2-4ac}}{2a}\right)\left(\dfrac{-b-\sqrt{b^2-4ac}}{2a}\right)=\dfrac{(-b)^2-(\sqrt{b^2-4ac})^2}{(2a)^2}$$

$$=\dfrac{b^2-(b^2-4ac)}{4a^2}=\dfrac{4ac}{4a^2}=\dfrac{c}{a}$$

$(a+b)(a-b)=a^2-b^2$ より

となり，和と積は係数を用いて表すことができる。これは α, β が虚数のときも成り立つので，問題によっては比較的簡単に計算を行うことができる。

テスト 2次方程式 $3x^2+3x+1=0$ の2つの複素数解を α, β として，$\alpha+\beta$ と $\alpha\beta$ の値を求めなさい。　　**答え** $\alpha+\beta=-1$, $\alpha\beta=\dfrac{1}{3}$

3　複素数平面

複素数平面とは，座標平面上の点 (a, b) が複素数 $z=a+bi$ に対応している平面のことで，これを**複素平面**または**ガウス平面**ということもあります。座標平面で考えるよりも簡単になることがあります。

● 複素数が表す点

　複素数平面上で，点 A(3, −2) は $3-2i$ を表す。x 軸を**実軸**，y 軸を**虚軸**といい，複素数 z に対応する点を，点 z または A(z) のように表す。点 z と点 $-z$ は原点 O，点 z と $\bar{z}$ は実軸に関して対称である。

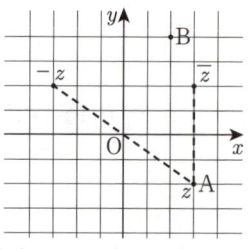

● 複素数の絶対値

　$|z|$ は原点 O から点 z までの距離を表す。上の図で，$|z|=\text{OA}=|3-2i|=\sqrt{13}$ となる。また 2 点 A(α)，B(β) 間の距離 AB は，AB$=|\beta-\alpha|$ で表される。

Check!

複素数の絶対値の性質
Ⅰ　$|z|\geqq 0$　　とくに，$|z|=0 \iff z=0$
Ⅱ　$|z|=|-z|$，$|z|=|\bar{z}|$　　　Ⅲ　$|z|^2=z\bar{z}$

テスト　上の図で，点 B を表す複素数 z' および，$|z'|$ を求めなさい。

答え　$z'=2+4i$，$|z'|=2\sqrt{5}$

4 複素数の極形式

これまで複素数を $a+bi$ と表してきましたが，これを $r(\cos\theta+i\sin\theta)$ の形で表すことを考えます。これによって，回転移動の計算が容易になります。

● 極形式

　複素数平面上で，0 でない複素数 $z=a+bi$ が表す点 P(z) に対し，OP$=r$ とし，実軸の正の部分と線分 OP とのなす角を θ とすると，$z=r(\cos\theta+i\sin\theta)$ と表される。この表し方を**極形式**，θ を z の**偏角**といい，$\theta=\arg z$ で表す。θ はふつう，$0\leqq\theta<2\pi$ の範囲で考える。

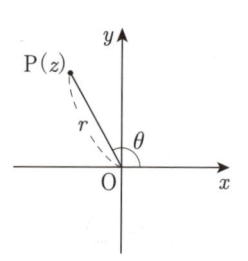

　たとえば，$\alpha=-1+\sqrt{3}\,i$ を極形式で表すと，$r=\sqrt{(-1)^2+(\sqrt{3})^2}=2$，$\theta=\dfrac{2}{3}\pi$ より，$\alpha=2\left(\cos\dfrac{2}{3}\pi+i\sin\dfrac{2}{3}\pi\right)$ となる。

テスト 複素数 $\beta = 2-2i$ の偏角 $\arg\beta$ を求めなさい。ただし，$0 \leq \arg\beta < 2\pi$ とします。

答え $\dfrac{7}{4}\pi$

● 複素数の積，商とド・モアブルの定理

0でない2つの複素数 $z_1 = r_1(\cos\theta_1 + i\sin\theta_1)$，$z_2 = r_2(\cos\theta_2 + i\sin\theta_2)$ について，積 $z_1 z_2$ は，三角関数の加法定理を使って次のように表される。

$$z_1 z_2 = r_1 r_2 \{\cos\theta_1\cos\theta_2 - \sin\theta_1\sin\theta_2 + i(\sin\theta_1\cos\theta_2 + \cos\theta_1\sin\theta_2)\}$$
$$= r_1 r_2 \{\cos(\theta_1 + \theta_2) + i\sin(\theta_1 + \theta_2)\}$$ ← 加法定理(p.41 参照)

また，$\overline{z_1} = r_1(\cos\theta_1 - i\sin\theta_1) = r_1\{\cos(-\theta_1) + i\sin(-\theta_1)\}$，

$$\dfrac{1}{z_2} = \dfrac{\overline{z_2}}{z_2 \overline{z_2}} = \dfrac{\overline{z_2}}{|z_2|^2} = \dfrac{r_2\{\cos(-\theta_2) + i\sin(-\theta_2)\}}{r_2^2} = \dfrac{\cos(-\theta_2) + i\sin(-\theta_2)}{r_2}$$

であることから，商 $\dfrac{z_1}{z_2}$ は，$\dfrac{z_1}{z_2} = \dfrac{r_1}{r_2}\{\cos(\theta_1 - \theta_2) + i\sin(\theta_1 - \theta_2)\}$ となる。

また，絶対値が1である複素数 $z = \cos\theta + i\sin\theta$ について，z^2 は，

$$z^2 = z \times z = \cos(\theta + \theta) + i\sin(\theta + \theta) = \cos 2\theta + i\sin 2\theta$$

と表される。同様にして，$z^3 = \cos 3\theta + i\sin 3\theta$，$z^4 = \cos 4\theta + i\sin 4\theta$，……と計算でき，また逆に，$z^{-2} = \cos(-2\theta) + i\sin(-2\theta)$，$z^{-3} = \cos(-3\theta) + i\sin(-3\theta)$，……も成り立つので，一般に整数 n に対して，$z^n = \cos n\theta + i\sin n\theta$ が成り立つ。これを ド・モアブルの定理 という。

Check!

・複素数の極形式
　$z = a + bi = r(\cos\theta + i\sin\theta)$ （ただし，$r = |z| = \sqrt{a^2 + b^2}$，$\theta = \arg z$）

・複素数の積と商　　$z_1 = r_1(\cos\theta_1 + i\sin\theta_1)$，$z_2 = r_2(\cos\theta_2 + i\sin\theta_2)$

　$z_1 z_2 = r_1 r_2\{\cos(\theta_1 + \theta_2) + i\sin(\theta_1 + \theta_2)\}$

　　$|z_1 z_2| = |z_1||z_2|$，　$\arg(z_1 z_2) = \arg z_1 + \arg z_2$

　$\dfrac{z_1}{z_2} = \dfrac{r_1}{r_2}\{\cos(\theta_1 - \theta_2) + i\sin(\theta_1 - \theta_2)\}$

　　$\left|\dfrac{z_1}{z_2}\right| = \dfrac{|z_1|}{|z_2|}$，　$\arg\dfrac{z_1}{z_2} = \arg z_1 - \arg z_2$

・ド・モアブルの定理　　$(\cos\theta + i\sin\theta)^n = \cos n\theta + i\sin n\theta$　（n は整数）

第3章 ベクトル・行列・複素数平面

> **テスト** $z=\cos\dfrac{2}{3}\pi+i\sin\dfrac{2}{3}\pi$ のとき，z^3 を求めなさい。　　**答え** 1

5 複素数の図形への応用

　実数の範囲で，等式の表す図形や不等式の表す領域を座標平面上に図示することができますが，複素数の範囲でも同様に複素数平面に図示することができます。複素数の等式や不等式が表す図形を学習しましょう。

● 等式の表す図形，不等式の表す領域

・$|z-\alpha|=r$ の表す図形

　複素数平面上の定点 $C(\alpha)$ に対し，等式 $|z-\alpha|=r$ (r は正の実数)を満たす点 $P(z)$ の全体は，$|z-\alpha|=CP$ より，$CP=r$ だから，点 C を中心とした半径 r の円となる。

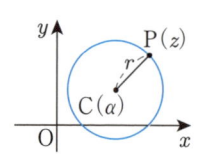

　このことは，次のように考えて求めることもできる。

　$z=x+yi$，$\alpha=a+bi$ として，$|z-\alpha|=r$ に代入すると，

　　$|x-a+(y-b)i|=r$　　$\sqrt{(x-a)^2+(y-b)^2}=r$　　$(x-a)^2+(y-b)^2=r^2$

よって，点 P の表す図形は，点 C を中心とした半径 r の円である。

　このように考えると，不等式 $|z-\alpha|<r$ を満たす点 z の領域は，点 C を中心とした半径 r の円の内部となり，$|z-\alpha|>r$ を満たす点 z の領域は，点 C を中心とした半径 r の円の外部となる。ただし，境界は含まない。

・$|z-\alpha|=|z-\beta|$ の表す図形

　複素数平面上の 2 定点 $A(\alpha)$，$B(\beta)$ に対し，等式 $|z-\alpha|=|z-\beta|$ を満たす点 $P(z)$ の全体は，$|z-\alpha|=AP$，$|z-\beta|=BP$ より，$AP=BP$ だから，線分 AB の垂直二等分線となる。

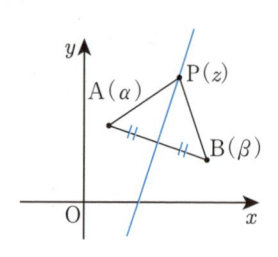

> **テスト** 複素数平面上で，$|z-i|=2$ を満たす点 z の全体はどのような図形を表しますか。
> **答え** 点 i を中心とした半径 2 の円

● 平行移動

複素数 α に複素数 β を加えた和を γ とすると，複素数平面上で γ の表す点は，右の図のように，原点 O と点 β を結んだ線分を O が点 α に重なるように平行移動したときの点 β の位置である。

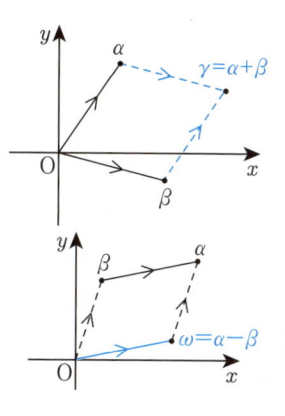

また，α から β をひいた差を w とすると，w の表す点は，点 α と β を結んだ線分を，点 β が原点 O に重なるように平行移動したときの点 α の位置である。

● 回転移動

p.87で，複素数 $z_1 = r_1(\cos\theta_1 + i\sin\theta_1)$ と $z_2 = r_2(\cos\theta_2 + i\sin\theta_2)$ の積が，$z_1 z_2 = r_1 r_2 \{\cos(\theta_1+\theta_2) + i\sin(\theta_1+\theta_2)\}$ となることを学んだ。このことから，z_1 に z_2 をかけると，原点 O と点 z_1 を結んだ線分（長さが r_1 で偏角が θ_1）が，原点 O を中心に θ_2 だけ回転し，長さが r_2 倍されることになる。たとえば原点を中心として $\dfrac{\pi}{2}$ (90°) だけ回転させるには，$\cos\dfrac{\pi}{2} + i\sin\dfrac{\pi}{2} = i$ をかければよい。

原点でない点 α を中心として，点 β を θ だけ回転した点 z を α，β を用いて表すと，次のようになる。

点 β と z をともに $-\alpha$ だけ平行移動した点をそれぞれ β'，z' とすると，$\beta' = \beta - \alpha$，$z' = z - \alpha$ となり，点 β' を原点 O を中心として θ だけ回転させると点 z' と一致するから，$z' = \beta'(\cos\theta + i\sin\theta)$ となる。

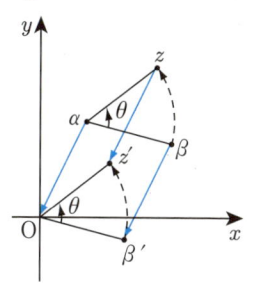

したがって，$z - \alpha = (\beta - \alpha)(\cos\theta + i\sin\theta)$ が成り立つ。

Check!

> 点 α を中心にして，点 β を θ だけ回転した点を z とすると，
> $z = (\beta - \alpha)(\cos\theta + i\sin\theta) + \alpha$

テスト 複素数平面上の点 $2 - 3i$ を，原点を中心に $\dfrac{\pi}{2}$ だけ回転した点を求めなさい。

答え $3 + 2i$

第 ③ 章 ベクトル・行列・複素数平面

● 3点の位置関係

異なる3点 $A(\alpha)$, $B(\beta)$, $C(\gamma)$ を結んだとき，これらが一直線上にないならば，∠BAC の大きさは $\arg\dfrac{\gamma-\alpha}{\beta-\alpha}$ である。これは回転移動の考えからわかる。もし，3点 A, B, C が一直線上にあるならば，この ∠BAC の大きさは 0 または π だから，$\dfrac{\gamma-\alpha}{\beta-\alpha}$ は実数となる。また，2直線 AB と AC が垂直であるならば，∠BAC の大きさは $\dfrac{\pi}{2}$ だから，$\dfrac{\gamma-\alpha}{\beta-\alpha}$ は純虚数となる。

基本問題

1 次の問いに答えなさい。ただし，i は虚数単位を表します。

(1) $\dfrac{(1+i)(1+2i)}{1+3i}$ を $a+bi$ (a, b は実数) の形に表しなさい。

(2) $z=1+i$ のとき，$\left|z-\dfrac{1}{z}\right|$ を求めなさい。

解き方 (1) $\dfrac{(1+i)(1+2i)}{1+3i}=\dfrac{(1+i)(1+2i)(1-3i)}{(1+3i)(1-3i)}=\dfrac{(1+3i+2i^2)(1-3i)}{1-9i^2}$

$=\dfrac{(-1+3i)(1-3i)}{10}=\dfrac{-1+3i+3i-9i^2}{10}=\dfrac{8+6i}{10}=\dfrac{4}{5}+\dfrac{3}{5}i$

答え $\dfrac{4}{5}+\dfrac{3}{5}i$

(2) $\dfrac{1}{z}=\dfrac{1}{1+i}=\dfrac{1-i}{(1+i)(1-i)}=\dfrac{1-i}{1^2-i^2}=\dfrac{1-i}{2}$ より，$z-\dfrac{1}{z}=1+i-\dfrac{1-i}{2}=\dfrac{1+3i}{2}$

よって，$\left|z-\dfrac{1}{z}\right|=\sqrt{\left(\dfrac{1}{2}\right)^2+\left(\dfrac{3}{2}\right)^2}=\sqrt{\dfrac{10}{2^2}}=\dfrac{\sqrt{10}}{2}$ **答え** $\dfrac{\sqrt{10}}{2}$

$\left|\dfrac{\beta}{\alpha}\right|=\dfrac{|\beta|}{|\alpha|}$ を用いると，$\left|\dfrac{1+3i}{2}\right|=\dfrac{|1+3i|}{2}=\dfrac{\sqrt{1^2+3^2}}{2}=\dfrac{\sqrt{10}}{2}$

2 2次方程式 $4x^2+2x+3=0$ の2つの複素数解を α, β とするとき，次の問いに答えなさい。

(1) $\alpha^3+\beta^3$ の値を求めなさい。

(2) $\alpha-1$, $\beta-1$ を解にもつ2次方程式で，x^2 の係数が1の式を求めなさい。

考え方 解と係数の関係を用いる。

解き方 (1) 解と係数の関係より，$\alpha+\beta=-\dfrac{2}{4}=-\dfrac{1}{2}$，$\alpha\beta=\dfrac{3}{4}$ だから，

$$\alpha^3+\beta^3=(\alpha+\beta)^3-3\alpha\beta(\alpha+\beta)=\left(-\dfrac{1}{2}\right)^3-3\cdot\dfrac{3}{4}\left(-\dfrac{1}{2}\right)=1$$

答え 1

(2) 解と係数の関係より，

$$(\alpha-1)+(\beta-1)=(\alpha+\beta)-2=-\dfrac{1}{2}-2=-\dfrac{5}{2}$$

$$(\alpha-1)(\beta-1)=\alpha\beta-(\alpha+\beta)+1=\dfrac{3}{4}-\left(-\dfrac{1}{2}\right)+1=\dfrac{9}{4}$$

よって，求める方程式は，$x^2-\left(-\dfrac{5}{2}\right)x+\dfrac{9}{4}=0$ **答え** $x^2+\dfrac{5}{2}x+\dfrac{9}{4}=0$

3 複素数平面上で，O を原点とし，$\alpha=1-i$，$\beta=5+2i$ の表す点をそれぞれ P，Q とします。これについて，次の問いに答えなさい。

(1) OP の長さを求めなさい。　　(2) PQ の長さを求めなさい。

(3) α を極形式で表しなさい。ただし，$0\leqq\arg\alpha<2\pi$ とします。

解き方 (1) $\text{OP}=|\alpha|=\sqrt{1^2+(-1)^2}=\sqrt{2}$ **答え** $\sqrt{2}$

(2) $\text{PQ}=|\beta-\alpha|=|4+3i|=\sqrt{4^2+3^2}=5$ **答え** 5

(3) (1)より，$\alpha=\sqrt{2}\left(\dfrac{1}{\sqrt{2}}-\dfrac{1}{\sqrt{2}}i\right)=\sqrt{2}\left(\cos\dfrac{7}{4}\pi+i\sin\dfrac{7}{4}\pi\right)$

答え $\sqrt{2}\left(\cos\dfrac{7}{4}\pi+i\sin\dfrac{7}{4}\pi\right)$

4 点 z に対して，点 $(3+\sqrt{3}i)z$ はどのような点ですか。

考え方 $3+\sqrt{3}i$ を極形式で表し，複素数の積の性質から考える。

解き方 $|3+\sqrt{3}i|=\sqrt{3^2+(\sqrt{3})^2}=2\sqrt{3}$ より、

$$3+\sqrt{3}i=2\sqrt{3}\left(\frac{\sqrt{3}}{2}+\frac{1}{2}i\right)=2\sqrt{3}\left(\cos\frac{\pi}{6}+i\sin\frac{\pi}{6}\right)$$

よって、点$(3+\sqrt{3}i)z$は点zを原点を中心に$\frac{\pi}{6}$回転し、原点からの距離を$2\sqrt{3}$倍に伸ばした点である。

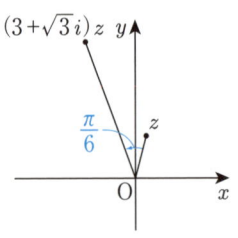

答え 点zを原点を中心に$\frac{\pi}{6}$回転し、原点からの距離を$2\sqrt{3}$倍に伸ばした点

1次 5 $z=\frac{\sqrt{3}}{2}+\frac{3}{2}i$ について、z^9を計算しなさい。

ポイント (2) ド・モアブルの定理を用いる。

解き方 $|z|=\sqrt{\left(\frac{\sqrt{3}}{2}\right)^2+\left(\frac{3}{2}\right)^2}=\sqrt{\frac{3+9}{2^2}}=\sqrt{3}$ より、

$$z=\sqrt{3}\left(\frac{1}{2}+\frac{\sqrt{3}}{2}i\right)=\sqrt{3}\left(\cos\frac{\pi}{3}+i\sin\frac{\pi}{3}\right)$$

ド・モアブルの定理を用いて、

$$z^9=(\sqrt{3})^9\left(\cos\frac{\pi}{3}+i\sin\frac{\pi}{3}\right)^9=81\sqrt{3}\left(\cos\frac{9}{3}\pi+i\sin\frac{9}{3}\pi\right)$$
$$=81\sqrt{3}(\cos3\pi+i\sin3\pi)=81\sqrt{3}(\cos\pi+i\sin\pi)$$
$$=-81\sqrt{3}$$

nが整数のとき
$\cos(\theta+2n\pi)=\cos\theta$
$\sin(\theta+2n\pi)=\sin\theta$

答え $-81\sqrt{3}$

1次 6 複素数平面上で、次の条件を満たす点$P(z)$はどのような図形を表しますか。

(1) $|z-1+3i|=4$　　　(2) $|3z+4i|=5$

解き方 (1) $|z-1+3i|=|z-(1-3i)|=4$ より、点$P(z)$は点$1-3i$を中心とした半径4の円を表す。

答え 点$1-3i$を中心とした半径4の円

(2) $\frac{|3z+4i|}{3}=\left|\frac{3z+4i}{3}\right|=\left|z+\frac{4}{3}i\right|=\frac{5}{3}$、すなわち$\left|z-\left(-\frac{4}{3}i\right)\right|=\frac{5}{3}$と変形できるから、点$P(z)$は点$-\frac{4}{3}i$を中心とした半径$\frac{5}{3}$の円を表す。

答え 点$-\frac{4}{3}i$を中心とした半径$\frac{5}{3}$の円

応用問題

1 次の等式を満たす実数 a, b の値を求めなさい。ただし，i は虚数単位を表します。

$$\frac{1}{1+2i}+\frac{2}{1-2i}+\frac{4}{1+3i}+\frac{8}{1-3i}=a+bi$$

解き方
$$\frac{1}{1+2i}+\frac{2}{1-2i}=\frac{1-2i+2(1+2i)}{(1+2i)(1-2i)}=\frac{1-2i+2+4i}{1^2+4i^2}=\frac{3+2i}{5}$$

$$\frac{4}{1+3i}+\frac{8}{1-3i}=\frac{4(1-3i)+8(1+3i)}{(1+3i)(1-3i)}=\frac{4-12i+8+24i}{1^2+9i^2}=\frac{12+12i}{10}=\frac{6+6i}{5}$$

よって，(左辺)$=\frac{3+2i}{5}+\frac{6+6i}{5}=\frac{9}{5}+\frac{8}{5}i$ より，$a=\frac{9}{5}$, $b=\frac{8}{5}$

答え $a=\frac{9}{5}$, $b=\frac{8}{5}$

2 等式 $|z|=5$, $|z-3|=4$ を満たす複素数 z について，次の値を求めなさい。

(1) $z\bar{z}$ (2) $z+\bar{z}$ (3) z, $\bar{z}$

考え方 (3) z, $\bar{z}$ を解にもつ2次方程式をつくる。

ポイント (1) 複素数 z の絶対値について，$|z|^2=z\bar{z}$ が成り立つ。

解き方 (1) $|z|=5$ より，$z\bar{z}=|z|^2=5^2=25$ **答え** 25

(2) $|z-3|=4$ より，$(z-3)\overline{(z-3)}=4^2$
$\overline{z-3}=\bar{z}-\bar{3}=\bar{z}-3$ だから，$(z-3)(\bar{z}-3)=16$ $z\bar{z}-3(z+\bar{z})+9=16$
$25-3(z+\bar{z})+9=16$ よって，$z+\bar{z}=6$ **答え** 6

(3) (1), (2)より，z と $\bar{z}$ は2次方程式 $x^2-(z+\bar{z})x+z\bar{z}=0$，すなわち
$x^2-6x+25=0$ の解である。この2次方程式を解くと，$x=3\pm 4i$
よって，$(z, \bar{z})=(3+4i, 3-4i), (3-4i, 3+4i)$

答え $(z, \bar{z})=(3+4i, 3-4i), (3-4i, 3+4i)$

3 点 $P(1-i)$，点 $Q(3+i)$，点 $R(z)$ があります。$\triangle PQR$ が正三角形であるとき，z を求めなさい。

考え方 $PQ=PR$，$\angle QPR=\dfrac{\pi}{3}$ であることを利用する。

解き方 R は，点 P を中心として点 Q を $\dfrac{\pi}{3}$ または $-\dfrac{\pi}{3}$ だけ回転した点である。

$\dfrac{\pi}{3}$ 回転した場合，z について，$\dfrac{z-(1-i)}{(3+i)-(1-i)}=\cos\dfrac{\pi}{3}+i\sin\dfrac{\pi}{3}$ だから，

$$\dfrac{z-(1-i)}{2+2i}=\dfrac{1+\sqrt{3}i}{2}$$ これを z について解くと，

$$z=\dfrac{(1+\sqrt{3}i)(2+2i)}{2}+1-i=2-\sqrt{3}+\sqrt{3}i$$

$-\dfrac{\pi}{3}$ 回転した場合も同様に，$\dfrac{z-(1-i)}{(3+i)-(1-i)}=\cos\left(-\dfrac{\pi}{3}\right)+i\sin\left(-\dfrac{\pi}{3}\right)$ より，

$$z=2+\sqrt{3}-\sqrt{3}i$$

以上から，$z=(2\pm\sqrt{3})\mp\sqrt{3}i$

答え $z=(2\pm\sqrt{3})\mp\sqrt{3}i$（複号同順）

4 複素数平面上で，$\left|\dfrac{z-3i}{z}\right|=2$ を満たす点 $P(z)$ の表す図形を求めなさい。

考え方 $\left|\dfrac{\beta}{\alpha}\right|=\dfrac{|\beta|}{|\alpha|}$，$|\alpha|^2=\alpha\overline{\alpha}$ を用いて，等式を変形する。

解き方 等式を変形すると，$|z-3i|=2|z|$ だから，$|z-3i|^2=4|z|^2$

よって，$(z-3i)(\overline{z-3i})=4z\overline{z}$　　$(z-3i)(\overline{z}+3i)=4z\overline{z}$

$z\overline{z}+3iz-3i\overline{z}-9i^2=4z\overline{z}$　　$z\overline{z}-iz+i\overline{z}=3$　　$(z+i)(\overline{z}-i)=2^2$

$\overline{z}-i=\overline{z+i}$ だから，$(z+i)(\overline{z+i})=4$ より，$|z-(-i)|=2$

よって，求める図形は，点 $-i$ を中心とした半径 2 の円である。

答え 点 $-i$ を中心とした半径 2 の円

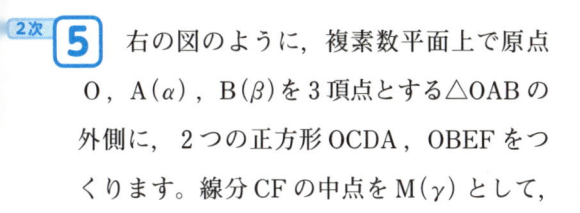

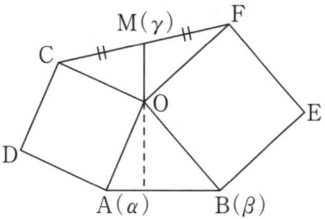

5 右の図のように，複素数平面上で原点 O，A(α)，B(β)を3項点とする△OABの外側に，2つの正方形 OCDA，OBEF をつくります。線分 CF の中点を M(γ) として，次の問いに答えなさい。

(1) 2直線 OM，AB は垂直であることを示しなさい。

(2) 線分比 OM：AB をもっとも簡単な整数の比で求めなさい。

> **考え方** γ を α，β を用いて表す。

> **ポイント** (1) OM⊥AB $\iff$ $\dfrac{\gamma}{\beta-\alpha}$ が純虚数

解き方 (1) C は，原点 O を中心として点 A を $-\dfrac{\pi}{2}$ 回転した点だから，点 C を表す複素数は，$\alpha\left\{\cos\left(-\dfrac{\pi}{2}\right)+i\sin\left(-\dfrac{\pi}{2}\right)\right\}=-i\alpha$

同様に，F は，原点 O を中心として点 B を $\dfrac{\pi}{2}$ 回転した点だから，点 F を表す複素数は，$\beta\left(\cos\dfrac{\pi}{2}+i\sin\dfrac{\pi}{2}\right)=i\beta$

M は線分 CF の中点だから，$\gamma=\dfrac{-i\alpha+i\beta}{2}=\dfrac{i}{2}(\beta-\alpha)$

したがって，$\dfrac{\gamma}{\beta-\alpha}=\dfrac{i}{2}$ だから，$\arg\dfrac{\gamma}{\beta-\alpha}=\dfrac{\pi}{2}$

このことは，$\overrightarrow{\mathrm{OM}}$ が $\overrightarrow{\mathrm{AB}}$ を $\dfrac{\pi}{2}$ 回転したベクトルと同じ向きであることを示している。したがって，2直線 OM，AB は垂直である。

(2) (1)より，$\dfrac{\gamma}{\beta-\alpha}=\dfrac{i}{2}$ だから，

$$\dfrac{|\gamma|}{|\beta-\alpha|}=\left|\dfrac{i}{2}\right|=\dfrac{1}{2} \quad よって，|\gamma|=\dfrac{1}{2}|\beta-\alpha|$$

このことから，OM$=\dfrac{1}{2}$AB であり，OM：AB$=1:2$

> **答え** OM：AB$=1:2$

発展問題

2次 ① 複素数平面上の点 $P(z)$, $Q(\omega)$ について，次の問いに答えなさい。

(1) $|z|=2$, $\omega=\dfrac{z-4i}{z-2}$ が成り立つとき，点 Q の表す図形を求めなさい。

(2) $\omega=\dfrac{z-2}{iz}$ が実数であるとき，点 P の表す図形を求めなさい。

解き方 (1) $\omega=\dfrac{z-4i}{z-2}$ より，$z\neq 2$ だから，

$(z-2)\omega=z-4i$ $(\omega-1)z=2\omega-4i$

$\omega=1$ のときは等式を満たさないから，$\omega\neq 1$ で，$z=\dfrac{2\omega-4i}{\omega-1}$

$|z|=2$ より，$\left|\dfrac{2\omega-4i}{\omega-1}\right|=2$ よって，$|2\omega-4i|=2|\omega-1|$

$\dfrac{|2\omega-4i|}{2}=\left|\dfrac{2\omega-4i}{2}\right|=|\omega-2i|$ だから，$|\omega-2i|=|\omega-1|$

$2i$, 1 を表す点をそれぞれ A, B とすると，$|\omega-2i|=$ AQ，$|\omega-1|=$ BQ より，AQ=BQ である。

よって，点 Q の表す図形は，2 点 $2i$, 1 を結ぶ線分の垂直二等分線である。

答え 2 点 $2i$, 1 を結ぶ線分の垂直二等分線

(2) $\omega=\dfrac{z-2}{iz}$ より，$z\neq 0$ に注意する。

ω が実数のとき，$\omega=\overline{\omega}$ より，$\dfrac{z-2}{iz}=\overline{\left(\dfrac{z-2}{iz}\right)}$

$\overline{\left(\dfrac{z-2}{iz}\right)}=\dfrac{\overline{z-2}}{\overline{iz}}=\dfrac{\overline{z}-\overline{2}}{\overline{i}\cdot\overline{z}}=\dfrac{\overline{z}-2}{-i\overline{z}}$ だから，$\dfrac{z-2}{iz}=\dfrac{\overline{z}-2}{-i\overline{z}}$

$-i\overline{z}(z-2)=iz(\overline{z}-2)$ $-iz\overline{z}+2i\overline{z}=iz\overline{z}-2iz$ $2iz\overline{z}-2iz-2i\overline{z}=0$

よって，$z\overline{z}-z-\overline{z}=0$ $z(\overline{z}-1)-(\overline{z}-1)=1$ $(z-1)(\overline{z}-1)=1^2$

$\overline{z}-1=\overline{z}-\overline{1}=\overline{z-1}$ だから，$|z-1|=1$

以上から，点 P の表す図形は，点 1 を中心とした半径 1 の円から原点 O を除いた図形である。

答え 点 1 を中心とした半径 1 の円（ただし，原点 O を除く）

練習問題

答え：別冊 P22〜P27

1 1の3乗根のうち虚数であるものの1つを ω とするとき，次の式の値を求めなさい。

(1) $\omega^8 + \omega^6 + \omega^4$ 　　(2) $\dfrac{1}{\omega} + \dfrac{1}{\overline{\omega}}$ 　　(3) $\dfrac{\omega^5 + 4\omega + 1}{\omega^2 + 1}$

2 3次方程式 $x^3 + ax^2 + bx + 26 = 0$（a，b は実数）の虚数解の1つが $x = 5+i$ のとき，この方程式の実数解を求めなさい。

3 2次方程式 $x^2 + mx + 1 = 0$（m は実数）の2つの複素数解を α，β として，次の問いに答えなさい。

(1) $\alpha - 2$，$\beta - 2$ を解にもつ2次方程式で，x^2 の係数が1の式を求めなさい。

(2) α，β がともに2より小さい実数となる m の値の範囲を求めなさい。

4 次の複素数 z を極形式で表しなさい。また，z^8 を計算しなさい。ただし，$0 \leqq \arg z < 2\pi$ とします。

(1) $z = \dfrac{3 - \sqrt{3}\,i}{2}$ 　　(2) $z = \dfrac{2 + 2i}{\sqrt{3} + i}$

5 O を原点とする複素数平面上に，異なる3点 A(α)，B(β)，C(γ) があります。これについて，次の問いに答えなさい。

(1) O，A，B，C がこの順に反時計回りに正方形の各頂点になっているとき，β を α を用いて表しなさい。

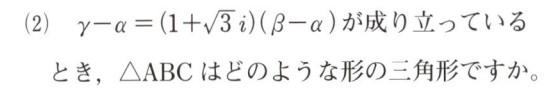

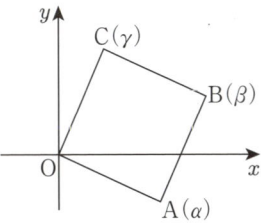

(2) $\gamma - \alpha = (1 + \sqrt{3}\,i)(\beta - \alpha)$ が成り立っているとき，△ABC はどのような形の三角形ですか。

6 Oを原点とする複素数平面上に,Oと異なる2点A(α),B(β)があります。α,βが等式 $4\alpha^2-2\alpha\beta+\beta^2=0$ を満たすとき,次の問いに答えなさい。

(1) $\dfrac{\alpha}{\beta}$ を極形式で表しなさい。ただし,$0\leqq\arg\dfrac{\alpha}{\beta}<2\pi$ とします。

(2) △OABの3つの角のうち,もっとも小さいのはどの角ですか。また,その角の大きさも求めなさい。

7 方程式 $x^5=-1$ の解を,$x=r(\cos\theta+i\sin\theta)$ $(r>0,\ 0°\leqq\theta<360°)$ として,次の問いに答えなさい。

(1) 方程式の解を極形式で表しなさい。

(2) 方程式の解のうち,もっとも偏角の小さい解を α とします。α を三角関数を使わずに表しなさい。

8 複素数平面上で,次の条件を満たす点P(z)の全体はどのような図形を表しますか。

(1) $|z+i|=|z+3-2i|$ 　　　(2) $|2z+3|=|z-3|$

9 複素数平面上の点P(z)が原点Oを中心とする半径1の円上を動くとき,次の等式を満たす点Q(ω)はどのような図形を表しますか。

(1) $\omega=\dfrac{z-3i}{2}$ 　　　(2) $\omega=\dfrac{4}{iz+2}$

10 複素数平面上の点P(z)は,点2を通って実軸に垂直な直線ℓ上全体を動くものとします。$\omega=\dfrac{i}{z}$ が成り立つとき,点Q(ω)はどのような図形を表しますか。

第4章

いろいろな式や曲線

- **4-1** 等式・不等式の証明 ……………… 100
- **4-2** 高次方程式 ………………………… 105
- **4-3** 2次曲線 …………………………… 109
- **4-4** 媒介変数 ………………………… 119

4-1 等式・不等式の証明

1 等式，不等式の証明

証明は数学の特徴の1つですが，いろいろな方法があります。

● 等式の証明

等式 $A=B$ の証明では，A か B の一方を変形して他方を導く，両方を変形して同じ形を導くなどの方法が用いられる。

また，比例式 $\dfrac{a}{b}=\dfrac{c}{d}$ の値を k として，$a=bk$，$c=dk$ を代入して証明する方法もある。

テスト $\dfrac{a}{3}=\dfrac{b}{2}=k$ のとき，a，b をそれぞれ k を用いて表しなさい。

答え $a=3k$，$b=2k$

● 不等式の証明

不等式 $A>B$ の証明には，$A-B$ を計算し，その値が正であることを示す方法がある。等号がある場合 ($A \geqq B$) は，等号が成り立つための条件 (等号成立条件) も求める。

よく使う証明の仕方として，実数の性質 $a^2 \geqq 0$ (等号成立は $a=0$ のとき)，$a^2+b^2 \geqq 0$ (等号成立は $a=b=0$ のとき) を使う方法がある。

また，$a>0$，$b>0$ のときに，$\dfrac{a+b}{2} \geqq \sqrt{ab}$ (等号成立は $a=b$ のとき) が成り立つ。この左辺を**相加平均**，右辺を**相乗平均**といい，相加平均と相乗平均の関係は，$a+b \geqq 2\sqrt{ab}$ の形で用いられることも多い。

Check!

・実数の性質　$a^2 \geqq 0$ (等号成立は $a=0$ のとき)
　　　　　　$a^2+b^2 \geqq 0$　(等号成立は $a=b=0$ のとき)
・相加平均と相乗平均の関係
　$a>0$，$b>0$ のとき　$a+b \geqq 2\sqrt{ab}$　(等号成立は $a=b$ のとき)

テスト 不等式 $(x-2)^2+(y+5)^2 \geqq 0$ について，等号が成り立つための条件を求めなさい。

答え $x=2$ かつ $y=-5$

基本問題

1 a, b, c, d を実数とするとき，次の問いに答えなさい。

(1) $a+b+c=0$ のとき，$ab+2c^2=(a-c)(b-c)$ を証明しなさい。

(2) $\dfrac{a}{b}=\dfrac{c}{d} \neq 2$ のとき，$\dfrac{a+2b}{a-2b}=\dfrac{c+2d}{c-2d}$ を証明しなさい。

考え方 (1) $a+b+c=0$ を a について解き，a を消去する。

解き方 (1) $a+b+c=0$ より，$a=-(b+c)$

右辺と左辺にそれぞれ代入して，

(左辺)$=-b(b+c)+2c^2=-b^2-bc+2c^2$

(右辺)$=\{-(b+c)-c\}(b-c)=(-b-2c)(b-c)=-b^2-bc+2c^2$

よって，$ab+2c^2=(a-c)(b-c)$

(2) $\dfrac{a}{b}=\dfrac{c}{d}=k$ とすると，$a=bk, \ c=dk$

右辺と左辺にそれぞれ代入して，

(左辺)$=\dfrac{bk+2b}{bk-2b}=\dfrac{b(k+2)}{b(k-2)}=\dfrac{k+2}{k-2}$

(右辺)$=\dfrac{dk+2d}{dk-2d}=\dfrac{d(k+2)}{d(k-2)}=\dfrac{k+2}{k-2}$

よって，$\dfrac{a+2b}{a-2b}=\dfrac{c+2d}{c-2d}$

2 a, b を実数とするとき，次の不等式を証明しなさい。また，等号が成り立つときの条件を求めなさい。

(1) $a^2+3b^2 \geqq 2ab$

(2) $a+\dfrac{9}{a} \geqq 6 \ (a>0)$

考え方 (1) (左辺)$-$(右辺)$=A^2+B^2$ の形に変形する。

(2) 相加平均と相乗平均の関係を用いる。

解き方 (1) (左辺)$-$(右辺)$=a^2+3b^2-2ab=\underline{a^2-2ab+b^2}+\underline{2b^2}=(a-b)^2+2b^2 \geqq 0$

よって，$a^2+3b^2 \geqq 2ab$

等号が成り立つのは，$a-b=0$ かつ $b=0$ より，$a=b=0$ のときである。

第4章 いろいろな式や曲線

(2) $a>0$ より $\dfrac{1}{a}>0$ だから，相加平均と相乗平均の関係より，

$$a+\dfrac{9}{a} \geqq 2\sqrt{a \cdot \dfrac{9}{a}}=6 \qquad \text{よって，} a+\dfrac{9}{a} \geqq 6$$

等号が成り立つのは，$a>0$ かつ $a=\dfrac{9}{a}$ より，$a=3$ のときである。

応用問題

1 0でない実数 x，y，z が $\dfrac{x+y}{3}=\dfrac{y+z}{4}=\dfrac{z+x}{5}$ を満たすとき，$\dfrac{x^2+y^2+z^2}{xy+yz+zx}$ の値を求めなさい。

解き方 $\dfrac{x+y}{3}=\dfrac{y+z}{4}=\dfrac{z+x}{5}=k$ とすると，

$x+y=3k$ …①，$y+z=4k$ …②，$z+x=5k$ …③

①+②+③より，$2(x+y+z)=12k \qquad x+y+z=6k$

これと①，②，③より，

$x=6k-4k=2k \qquad y=6k-5k=k \qquad z=6k-3k=3k$

よって，$\dfrac{x^2+y^2+z^2}{xy+yz+zx}=\dfrac{4k^2+k^2+9k^2}{2k^2+3k^2+6k^2}=\dfrac{14k^2}{11k^2}=\dfrac{14}{11}$

答え $\dfrac{14}{11}$

2 $x>0$ のとき，$x+\dfrac{16}{x+2}$ の最小値と，そのときの x の値を求めなさい。

考え方 相加平均と相乗平均の関係を用いる。

解き方 $t=x+2$ とすると，$x=t-2$ より，$x+\dfrac{16}{x+2}=t-2+\dfrac{16}{t}$

$x>0$ より $t>2$，よって $\dfrac{16}{t}>0$ だから，相加平均と相乗平均の関係より，

$$x+\dfrac{16}{x+2}=t+\dfrac{16}{t}-2 \geqq 2\sqrt{t \cdot \dfrac{16}{t}}-2=8-2=6 \qquad \leftarrow t+\dfrac{16}{t} \geqq 2\sqrt{t \cdot \dfrac{16}{t}}$$

等号が成り立つのは，$t>2$ かつ $t=\dfrac{16}{t}$ より，$t=4$ のときである。

よって，$x=t-2=4-2=2$ のとき，$x+\dfrac{16}{x+2}$ は最小値 6 をとる。

答え $x=2$ のとき，最小値 6

発展問題

1 $x+y=1$ を満たす実数 x, y について, $a=x^3+y^3$, $b=x^4+y^4$, $t=xy$ とするとき, 次の問いに答えなさい。

(1) t のとりうる値の範囲を求めなさい。

(2) a, b をそれぞれ t を用いて表しなさい。

(3) a, b の大小関係を求めなさい。

解き方 (1) $y=1-x$ だから, $t=x(1-x)=-x^2+x=-\left(x-\dfrac{1}{2}\right)^2+\dfrac{1}{4}$

よって, $t\leqq\dfrac{1}{4}$

答え $t\leqq\dfrac{1}{4}$

別解 x, y は u の2次方程式 $u^2-u+t=0$ の2つの実数解であることから, 判別式 D について, $D=1^2-4t\geqq 0$ よって, $t\leqq\dfrac{1}{4}$

(2) $a=(x+y)^3-3xy(x+y)=-3t+1$

また, $x^2+y^2=(x+y)^2-2xy=1-2t$ だから,

$b=(x^2+y^2)^2-2x^2y^2=(1-2t)^2-2t^2=2t^2-4t+1$

答え $a=-3t+1$, $b=2t^2-4t+1$

(3) $b-a=(2t^2-4t+1)-(-3t+1)=2t^2-t=t(2t-1)$

(1)より $t\leqq\dfrac{1}{4}$ なので, $2t-1<0$ だから, $b-a$ の符号は t の符号で定まる。

・$t=xy<0$ のとき, $b-a>0$, すなわち $a<b$

・$t=xy=0$ のとき, $b-a=0$, すなわち $a=b$

・$t=xy>0$ のとき, $b-a<0$, すなわち $a>b$

したがって,

　x, y が異符号のとき, $a<b$

　$(x, y)=(0, 1)$ または $(1, 0)$ のとき, $a=b$

　x, y が同符号のとき, $a>b$

答え
x, y が異符号のとき, $a<b$
$(x, y)=(0, 1)$ または $(1, 0)$ のとき, $a=b$
x, y が同符号のとき, $a>b$

練習問題

1 実数 x, y, z について,$x+y+z=1$,$\dfrac{1}{x}+\dfrac{1}{y}+\dfrac{1}{z}=1$ が成り立つとき,x,y,z のうち少なくとも1つは1であることを証明しなさい。

2 a,b,c を実数とするとき,下の不等式について,次の問いに答えなさい。

$$a^2+b^2+c^2 \geqq ab+bc+ca$$

(1) 上の不等式が成り立つことを証明しなさい。

(2) 等号が成り立つ条件を求めなさい。

3 $a>0$,$b>0$ のとき,下の不等式について,次の問いに答えなさい。

$$\left(a+\dfrac{2}{b}\right)\left(b+\dfrac{18}{a}\right) \geqq 32$$

(1) 上の不等式が成り立つことを証明しなさい。

(2) 等号が成り立つ条件を求めなさい。

4 $a \leqq b$,$x \leqq y$ のとき,下の不等式について,次の問いに答えなさい。

$$2(ax+by) \geqq (a+b)(x+y)$$

(1) 上の不等式が成り立つことを証明しなさい。

(2) 等号が成り立つ条件を求めなさい。

4-2 高次方程式

1 剰余の定理と因数定理

ここではおもに3次以上の整式について学習します。

● 剰余の定理

x の整式 $P(x)$ を1次式 $x-a$ で割ったときの商を $Q(x)$，余りを R とすると，$P(x)=(x-a)Q(x)+R$ が成り立つ。このとき，$P(a)=R$ が成り立つので，$P(a)$ は整式 $P(x)$ を $x-a$ で割ったときの余りを表す。これを **剰余の定理** という。

● 因数定理

剰余の定理の中でも，とくに $P(a)=0$ のときは，$P(x)$ は $x-a$ で割り切れる。これを **因数定理** という。

たとえば，$P(x)=x^3-2x^2-3x+4$ のとき，$P(1)=0$ が成り立つことから，$P(x)$ は $x-1$ で割り切れ，$P(x)=(x-1)(x^2-x-4)$ と因数分解される。

$$\begin{array}{r} x^2-x-4 \\ x-1\overline{\smash{\big)}\,x^3-2x^2-3x+4} \\ \underline{x^3-x^2} \\ -x^2-3x \\ \underline{-x^2+x} \\ -4x+4 \\ \underline{-4x+4} \\ 0 \end{array}$$

Check!

・剰余の定理
 $P(x)$ を $x-a$ で割ったときの余りは $P(a)$
・因数定理
 $P(a)=0 \iff P(x)$ が $x-a$ で割り切れる

テスト x^3+3x^2+3x+2 を係数が整数の範囲で因数分解しなさい。

答え $(x+2)(x^2+x+1)$

2 高次方程式

高次方程式を解くには，因数分解の公式 $a^3+b^3=(a+b)(a^2-ab+b^2)$ などを用いる，文字式を置き換える，因数定理を用いるなどの方法があります。

● 因数定理を用いた解法

たとえば，方程式 $x^3-2x^2-3x+4=0$ を解くには，左辺に $x=1$ を代入して成り立つことから，左辺を $(x-1)(x^2-x-4)$ と因数分解すると，$x-1=0$ または $x^2-x-4=0$ となる。$x^2-x-4=0$ の解は，解の公式から $x=\dfrac{1\pm\sqrt{17}}{2}$ と求められるので，方程式 $x^3-2x^2-3x+4=0$ の解は，$x=1,\ \dfrac{1\pm\sqrt{17}}{2}$ となる。

テスト $x^3+3x^2+3x+2=0$ の複素数解を求めなさい。

答え $x=-2,\ \dfrac{-1\pm\sqrt{3}i}{2}$（$i$ は虚数単位）

基本問題

1 次の方程式の複素数解を求めなさい。

(1) $x^3+8=0$　　(2) $x^4+3x^2-4=0$　　(3) $x^3-x^2-8x+12=0$

考え方 (3) 解の1つを探して，因数定理を利用する。

解き方 (1) $x^3+8=0$ より，$(x+2)(x^2-2x+4)=0$
よって，$x=-2,\ 1\pm\sqrt{3}\,i$　　**答え** $x=-2,\ 1\pm\sqrt{3}\,i$（i は虚数単位）

(2) $x^4+3x^2-4=0$ より，$(x^2-1)(x^2+4)=0$
よって，$x^2=1,\ -4$
$x^2=1$ のとき $x=\pm 1$，$x^2=-4$ のとき $x=\pm 2i$

答え $x=\pm 1,\ \pm 2i$（i は虚数単位）

$$\begin{array}{r} x^2+\ x\ -6 \\ x-2\ \overline{\smash{)}\ x^3-\ x^2-8x+12} \\ \underline{x^3-2x^2} \\ x^2-8x \\ \underline{x^2-2x} \\ -6x+12 \\ \underline{-6x+12} \\ 0 \end{array}$$

(3) $x=2$ は解の1つだから，$(x-2)(x^2+x-6)=0$
$(x-2)^2(x+3)=0$　　よって，$x=2,\ -3$

答え $x=2,\ -3$

2 $x=1+2i$ が方程式 $x^3+ax+b=0$ の解の1つであるとき，実数 a，b の値と他の解を求めなさい。ただし，i は虚数単位を表します。

考え方 $x=1+2i$ を方程式に代入し，実部と虚部に分けて整理する。

解き方 $x=1+2i$ を方程式に代入すると，$(1+2i)^3+a(1+2i)+b=0$
$(1+2i)^3=1+6i+12i^2+8i^3=-11-2i$ より，
$(-11+a+b)+(-2+2a)i=0$

よって，$\begin{cases} -11+a+b=0 \\ -2+2a=0 \end{cases}$ より，$a=1$，$b=10$

このとき，方程式は $x^3+x+10=0$ である。
$x=-2$ は解の1つだから，因数定理より，
$(x+2)(x^2-2x+5)=0$
$x^2-2x+5=0$ の解は，$x=1\pm 2i$ である。

$$\begin{array}{r} x^2+2x+5 \\ x+2\overline{)x^3+x+10} \\ \underline{x^3+2x^2} \\ -2x^2+x \\ \underline{-2x^2-4x} \\ 5x+10 \\ \underline{5x+10} \\ 0 \end{array}$$

答え $a=-1$，$b=10$，他の解は $x=-2$，$1-2i$

応用問題

2次 ① 整式 $P(x)$ を $x+2$ で割ると1余り，$x-3$ で割ると -4 余ります。整式 $P(x)$ を $(x+2)(x-3)$ で割ったときの余りを求めなさい。

考え方 $P(x)$ を2次式 $(x+2)(x-3)$ で割ったときの商を $Q(x)$，余りを1次以下の式 $ax+b$（a，b は定数）として，剰余の定理を用いる。

解き方 $P(x)=(x+2)(x-3)Q(x)+ax+b$（a，b は定数）とすると，剰余の定理より，
$P(-2)=-2a+b=1$ …①，$P(3)=3a+b=-4$ …②
である。①，②を連立して解くと，$a=-1$，$b=-1$ だから，余りは $-x-1$ である。

答え $-x-1$

2次 重要 ② 3次方程式 $x^3-x^2-3x-2=0$ の3つの複素数解を α，β，γ とするとき，次の値を求めなさい。

(1) $\alpha^2+\beta^2+\gamma^2$ (2) $\alpha^3+\beta^3+\gamma^3$ (3) $(2-\alpha)(2-\beta)(2-\gamma)$

ポイント 以下の3次方程式 $ax^3+bx^2+cx+d=0$ の解と係数の関係を用いる。
$\alpha+\beta+\gamma=-\dfrac{b}{a}$，$\alpha\beta+\beta\gamma+\gamma\alpha=\dfrac{c}{a}$，$\alpha\beta\gamma=-\dfrac{d}{a}$

第4章 いろいろな式や曲線

解き方 $x^3-x^2-3x-2=0$ の解と係数の関係より,

$$\alpha+\beta+\gamma=-\frac{-1}{1}=1, \quad \alpha\beta+\beta\gamma+\gamma\alpha=\frac{-3}{1}=-3, \quad \alpha\beta\gamma=-\frac{-2}{1}=2$$

(1) $(\alpha+\beta+\gamma)^2=\alpha^2+\beta^2+\gamma^2+2\alpha\beta+2\beta\gamma+2\gamma\alpha$ だから,

$\alpha^2+\beta^2+\gamma^2=(\alpha+\beta+\gamma)^2-2(\alpha\beta+\beta\gamma+\gamma\alpha)=1^2-2\cdot(-3)=7$

答え 7

(2) $\alpha^3+\beta^3+\gamma^3-3\alpha\beta\gamma=(\alpha+\beta+\gamma)(\alpha^2+\beta^2+\gamma^2-\alpha\beta-\beta\gamma-\gamma\alpha)$ だから,

$\alpha^3+\beta^3+\gamma^3=(\alpha+\beta+\gamma)\{\alpha^2+\beta^2+\gamma^2-(\alpha\beta+\beta\gamma+\gamma\alpha)\}+3\alpha\beta\gamma$

$=1\cdot\{7-(-3)\}+3\cdot 2=16$

答え 16

(3) 方程式の左辺は, $x^3-x^2-3x-2=(x-\alpha)(x-\beta)(x-\gamma)$ と因数分解されるから, $x=2$ を代入すると,

$(2-\alpha)(2-\beta)(2-\gamma)=2^3-2^2-3\cdot 2-2=-4$

答え -4

練習問題

答え：別冊 p.28〜p.29

1 次の方程式の複素数解を求めなさい。

(1) $x^3=-27$ (2) $x^4+5x^2-36=0$ (3) $x^3+5x+6=0$

2 $x=2+i$ が方程式 $x^3+ax^2+bx-5=0$ の解であるとき, 実数 a, b の値と他の解を求めなさい。ただし, i は虚数単位を表します。

3 3次方程式 $x^3-4x^2-2x+7=0$ の3つの複素数解を α, β, γ とするとき, 次の値を求めなさい。

(1) $\dfrac{1}{\alpha}+\dfrac{1}{\beta}+\dfrac{1}{\gamma}$ (2) $\alpha^3+\beta^3+\gamma^3$ (3) $(\alpha+\beta)(\beta+\gamma)(\gamma+\alpha)$

4-3 2次曲線

1 放物線

投げられた物体のえがく曲線の概形は放物線になります。

● 放物線の定義

平面上で，定点 F と F を通らない定直線 ℓ からの距離が等しい点 P の軌跡を **放物線** といい，点 F をその **焦点**，直線 ℓ を **準線** という。

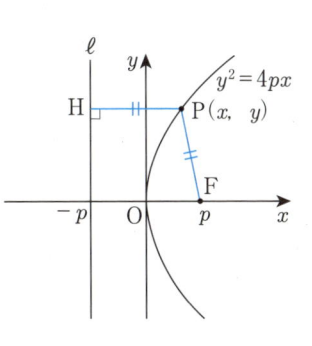

● 放物線の方程式

$p \neq 0$ として，$F(p, 0)$，ℓ を $x = -p$ とする。$P(x, y)$ とすると，$PF = PH$ より $PF^2 = PH^2$ で，

$PF^2 = (x-p)^2 + y^2 = x^2 - 2px + p^2 + y^2$， $PH^2 = (x+p)^2 = x^2 + 2px + p^2$

だから，放物線の方程式は $y^2 = 4px$ で与えられる。これを放物線の方程式の **標準形** という。頂点は原点，軸は x 軸で，放物線は軸に関して対称である。

たとえば放物線 $y^2 = x$ は，上記の $p = \dfrac{1}{4}$ の場合だから，焦点は $\left(\dfrac{1}{4}, 0\right)$，準線は $x = -\dfrac{1}{4}$ となる。

また，放物線 $y^2 = 4px$ 上の点 (x_1, y_1) における接線の方程式は，$y_1 y = 2p(x + x_1)$ で表される。

Check!

放物線の方程式が標準形 $y^2 = 4px (p \neq 0)$ の形で表されるとき，
- 頂点は原点，焦点は $(p, 0)$，準線は $x = -p$，軸は x 軸
- 放物線上の点 (x_1, y_1) における接線の方程式は，$y_1 y = 2p(x + x_1)$

テスト 放物線 $y^2 = -8x$ の焦点と準線を求めなさい。

答え 焦点 $(-2, 0)$，準線 $x = 2$

● $y=ax^2$ の放物線

$y^2=4px$ の x と y を入れかえた $x^2=4py$ のグラフは，y 軸を軸とした放物線を表し，頂点は原点，焦点は $(0, p)$，準線は $y=-p$ である。

とくに，2次関数 $y=ax^2 (a \neq 0)$ のグラフは，$x^2 = 4 \cdot \dfrac{1}{4a} y$ と変形されるから，焦点が $\left(0, \dfrac{1}{4a}\right)$，準線が $y=-\dfrac{1}{4a}$ の放物線である。

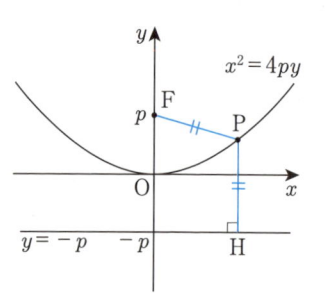

2 楕円

恒星のまわりを回る惑星の軌道は楕円になります。

● 楕円の定義

平面上で，異なる2定点 F，F′ からの距離の和が一定である点 P の軌跡を **楕円** といい，この2定点 F，F′ を楕円の **焦点** という。

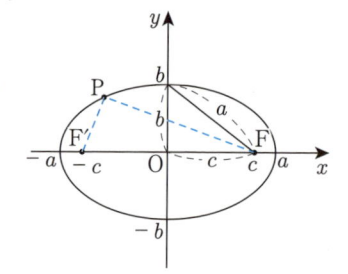

● 楕円の方程式

2点 F$(c, 0)$，F′$(-c, 0)$ を焦点とし，この2点からの距離の和が $2a$ (PF+PF′=$2a$) であるような楕円の方程式は，PF=$2a$−PF′ より，$\sqrt{(x-c)^2+y^2}=2a-\sqrt{(x+c)^2+y^2}$

この両辺を2乗して整理すると，$a\sqrt{(x+c)^2+y^2}=a^2+cx$

さらに両辺を2乗して整理すると，$(a^2-c^2)x^2+a^2y^2=a^2(a^2-c^2)$

ここで，$b^2=a^2-c^2$，$b>0$ とすると，$\dfrac{x^2}{a^2}+\dfrac{y^2}{b^2}=1$ が導かれる。これを楕円の方程式の **標準形** という。$a>b>0$ のとき，焦点の座標を a，b を用いて表すと，F$(\sqrt{a^2-b^2}, 0)$，F′$(-\sqrt{a^2-b^2}, 0)$ となる。長軸の長さは $2a$，短軸の長さは $2b$ で，楕円は長軸，短軸に関して対称である。

たとえば楕円 $\dfrac{x^2}{9}+\dfrac{y^2}{4}=1$ は，上記において $a=3$，$b=2$ の場合だから，$c=\sqrt{9-4}=\sqrt{5}$ で，焦点は $(\sqrt{5}, 0)$，$(-\sqrt{5}, 0)$，長軸の長さは 6，短軸の長さは 4 となる。

また，楕円 $\dfrac{x^2}{a^2}+\dfrac{y^2}{b^2}=1$ 上の点 (x_1, y_1) における接線の方程式は，$\dfrac{x_1 x}{a^2}+\dfrac{y_1 y}{b^2}=1$ で表される。

Check!

> 楕円の方程式が標準形 $\dfrac{x^2}{a^2}+\dfrac{y^2}{b^2}=1\,(a>b>0)$ の形で表されるとき，
> ・長軸の長さは $2a$，短軸の長さは $2b$，
> ・焦点は $(\sqrt{a^2-b^2},\ 0)$，$(-\sqrt{a^2-b^2},\ 0)$
> ・楕円は長軸，短軸それぞれに関して対称
> ・楕円上の点から2つの焦点までの距離の和は $2a$
> ・楕円上の点 (x_1, y_1) における接線の方程式は，$\dfrac{x_1 x}{a^2}+\dfrac{y_1 y}{b^2}=1$

$b>a>0$ のとき，方程式 $\dfrac{x^2}{a^2}+\dfrac{y^2}{b^2}=1$ が表す曲線は，焦点が y 軸上の2点 $(0,\ \sqrt{b^2-a^2})$，$(0,\ -\sqrt{b^2-a^2})$ の楕円で，長軸の長さは $2b$，短軸の長さは $2a$，楕円上の点から2つの焦点までの距離の和は $2b$ である。

テスト 楕円 $\dfrac{x^2}{25}+\dfrac{y^2}{9}=1$ の長軸と短軸の長さ，焦点の座標を求めなさい。

答え 長軸の長さは10，短軸の長さは6，焦点は $(4, 0)$，$(-4, 0)$

③ 双曲線

彗星の軌道は，太陽を焦点の1つとする放物線，楕円，あるいは双曲線になります。

● 双曲線の定義

平面上で，異なる2定点 F，F′ からの距離の差が0でない一定値をとる点 P の軌跡を**双曲線**といい，2点 F，F′ を双曲線の**焦点**という。

● 双曲線の方程式

2点 $F(c, 0)$，$F'(-c, 0)$ を焦点とし，F，F′ からの距離の差が $2a$（$|PF-PF'|=2a$）であるような双曲線の方程式は，$PF=\pm 2a+PF'$ より，

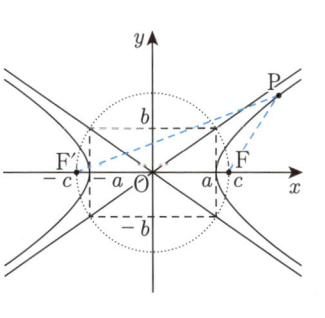

$$\sqrt{(x-c)^2+y^2}=\pm 2a+\sqrt{(x+c)^2+y^2}$$

この両辺を2乗して整理すると,

$$-a^2-cx=\pm a\sqrt{(x+c)^2+y^2}$$

さらに両辺を2乗して整理すると,

$$(c^2-a^2)x^2-a^2y^2=a^2(c^2-a^2)$$

ここで, $b^2=c^2-a^2$, $b>0$ とすると, $\dfrac{x^2}{a^2}-\dfrac{y^2}{b^2}=1$ が導かれる。これを双曲線の方程式の 標準形 という。

焦点の座標を a, b を用いて表すと, $F(\sqrt{a^2+b^2},\ 0)$, $F'(-\sqrt{a^2+b^2},\ 0)$ となる。また, 双曲線は原点から遠ざかるにつれて, 直線 $y=\dfrac{b}{a}x$ と $y=-\dfrac{b}{a}x$ に限りなく近づく。この2直線を, 双曲線の 漸近線 という。

たとえば双曲線 $\dfrac{x^2}{9}-\dfrac{y^2}{4}=1$ は, 上記において $a=3$, $b=2$ の場合だから, $c=\sqrt{9+4}=\sqrt{13}$ で, 焦点は $(\sqrt{13},\ 0)$, $(-\sqrt{13},\ 0)$, 漸近線の方程式は, $y=\dfrac{2}{3}x$, $y=-\dfrac{2}{3}x$ となる。

また, 双曲線 $\dfrac{x^2}{a^2}-\dfrac{y^2}{b^2}=1$ 上の点 $(x_1,\ y_1)$ における接線の方程式は, $\dfrac{x_1 x}{a^2}-\dfrac{y_1 y}{b^2}=1$ で表される。

Check!

双曲線の方程式が標準形 $\dfrac{x^2}{a^2}-\dfrac{y^2}{b^2}=1$ ($a>0$, $b>0$) の形で表されるとき,

- 焦点は $(\sqrt{a^2+b^2},\ 0)$, $(-\sqrt{a^2+b^2},\ 0)$, 漸近線は $y=\dfrac{b}{a}x$, $y=-\dfrac{b}{a}x$
- 双曲線上の点から2つの焦点までの距離の差は $2a$
- 双曲線上の点 $(x_1,\ y_1)$ における接線の方程式は, $\dfrac{x_1 x}{a^2}-\dfrac{y_1 y}{b^2}=1$

また, 方程式 $\dfrac{x^2}{a^2}-\dfrac{y^2}{b^2}=-1$ ($a>0$, $b>0$) が表す曲線は, 焦点が y 軸上の2点 $(0,\ \sqrt{a^2+b^2})$, $(0,\ -\sqrt{a^2+b^2})$ である双曲線を表し, 双曲線上の点から2つの焦点までの距離の差は $2b$ となる。

テスト 双曲線 $\dfrac{x^2}{16}-\dfrac{y^2}{9}=1$ の焦点と漸近線をそれぞれ求めなさい。

答え 焦点は $(5,\ 0)$ と $(-5,\ 0)$, 漸近線は直線 $y=\dfrac{3}{4}x$, $y=-\dfrac{3}{4}x$

双曲線の方程式 $\dfrac{x^2}{a^2}-\dfrac{y^2}{b^2}=1$ において，$a=b$ のとき $x^2-y^2=a^2$ となり，漸近線は直線 $y=x$，$y=-x$ で，互いに直交する。このように，直交する漸近線をもつ双曲線を **直角双曲線** という。たとえば，焦点が $(\sqrt{2},\ 0)$，$(-\sqrt{2},\ 0)$ の直角双曲線の方程式を求めるには，上記において $\sqrt{a^2+a^2}=\sqrt{2}$ より，$a=1$ だから，その方程式は $x^2-y^2=1$ となる。

また，反比例 $y=\dfrac{c}{x}$ ($c\neq 0$) のグラフを原点のまわりに $\pm\dfrac{\pi}{4}$ 回転させると，x 軸上または y 軸上に 2 つの焦点をもつ直角双曲線になる。

テスト 2点 $(0,\ 4)$，$(0,\ -4)$ を焦点とする直角双曲線の方程式を求めなさい。

答え $x^2-y^2=-8$

4 2次曲線の平行移動

x，y を含む関数を，$F(x,\ y)$ のように表します。

● 平行移動

曲線 $F(x,\ y)=0$ を x 軸方向に p，y 軸方向に q だけ平行移動した曲線は $F(x-p,\ y-q)=0$ と表される。たとえば，放物線 $y^2=8x$ を C とし，これを x 軸方向に 3，y 軸方向に 4 だけ平行移動した放物線 C' は $(y-4)^2=8(x-3)$ と表される。C の焦点は $(2,\ 0)$，準線は $x=-2$ だから，C' の焦点は $(5,\ 4)$，準線は $x=1$ である。

Check!
> 曲線 $F(x,\ y)=0$ を x 軸方向に p，y 軸方向に q だけ平行移動した曲線は，
> $F(x-p,\ y-q)=0$

テスト 楕円 $\dfrac{x^2}{4}+y^2=1$ を x 軸方向に -2，y 軸方向に 1 だけ平行移動した楕円の方程式を求めなさい。また，その焦点の座標を求めなさい。

答え 方程式は $\dfrac{(x+2)^2}{4}+(y-1)^2=1$，焦点は $(\sqrt{3}-2,\ 1)$，$(-\sqrt{3}-2,\ 1)$

第4章 いろいろな式や曲線

基本問題

1 次の問いに答えなさい。

(1) 座標平面において，焦点が$(0, 3)$で，準線が$y=-3$である放物線の方程式を求めなさい。

(2) 楕円$\dfrac{x^2}{4}+\dfrac{y^2}{3}=1$の焦点を求めなさい。

(3) 座標平面上で，2点$(1, 0)$，$(-1, 0)$を焦点とし，点$(0, 3)$を通る楕円の方程式を求めなさい。

(4) 座標平面上で，2点$(5, 0)$，$(-5, 0)$からの距離の差が6であるような点Pの軌跡を求めなさい。

解き方 (1) 条件より，この放物線の頂点は原点で，焦点はy軸上にあるから，その方程式は$x^2=4py$と表すことができ，さらに$p=3$だから，求める方程式は$x^2=12y$，すなわち$y=\dfrac{1}{12}x^2$である。

答え $y=\dfrac{1}{12}x^2$

(2) 焦点は$(\sqrt{4-3}, 0)$，$(-\sqrt{4-3}, 0)$，すなわち$(1, 0)$，$(-1, 0)$である。

答え $(1, 0)$，$(-1, 0)$

(3) 条件より，方程式を$\dfrac{x^2}{a^2}+\dfrac{y^2}{b^2}=1\ (a>b>0)$とする。

$\sqrt{a^2-b^2}=1$，$\dfrac{0^2}{a^2}+\dfrac{3^2}{b^2}=1$より，$a=\sqrt{10}$，$b=3$だから，求める方程式は$\dfrac{x^2}{10}+\dfrac{y^2}{9}=1$である。

答え $\dfrac{x^2}{10}+\dfrac{y^2}{9}=1$

(4) 条件より，点Pの軌跡は双曲線で，中心は原点，焦点はx軸上にあるから，その方程式を$\dfrac{x^2}{a^2}-\dfrac{y^2}{b^2}=1\ (a>0, b>0)$とする。

$\sqrt{a^2+b^2}=5$，$2a=6$より，$a=3$，$b=4$だから，求める軌跡は双曲線$\dfrac{x^2}{9}-\dfrac{y^2}{16}=1$である。

答え 双曲線$\dfrac{x^2}{9}-\dfrac{y^2}{16}=1$

応用問題

1 座標平面上の点 $(-4, 0)$ から楕円 $\dfrac{x^2}{4}+\dfrac{y^2}{9}=1$ に引いた接線の方程式を求めなさい。

考え方 接線の式を $y=m(x+4)$ として楕円の方程式に代入し，その2次方程式の判別式 $D=0$ から求める。

解き方 直線 $x=-4$ は接線ではないから，傾きを m として，接線の方程式を，
$y=m(x+4)$ …（※）　とする。これを楕円の方程式に代入すると，
$\dfrac{x^2}{4}+\dfrac{m^2(x+4)^2}{9}=1$　　整理して，$(4m^2+9)x^2+32m^2x+64m^2-36=0$
この楕円と直線 $y=m(x+4)$ は接するから，この判別式を D とすると，
$\dfrac{D}{4}=(16m^2)^2-(4m^2+9)(64m^2-36)=0$

これを解くと，$m=\pm\dfrac{\sqrt{3}}{2}$ だから，求める方程式は，

$y=\pm\dfrac{\sqrt{3}}{2}(x+4)$，すなわち $y=\dfrac{\sqrt{3}}{2}x+2\sqrt{3}$，$y=-\dfrac{\sqrt{3}}{2}x-2\sqrt{3}$

答え $y=\dfrac{\sqrt{3}}{2}x+2\sqrt{3}$，$y=-\dfrac{\sqrt{3}}{2}x-2\sqrt{3}$

別解 接点を (x_1, y_1) とすると，この点における接線の方程式は，
$\dfrac{x_1x}{4}+\dfrac{y_1y}{9}=1$ で，これが点 $(-4, 0)$ を通ると考えて求める方法もある。

2 方程式 $4x^2+9y^2-8x+36y+4=0$ はどのような曲線を表しますか。

解き方 方程式を変形すると，$4(x^2-2x+1)+9(y^2+4y+4)=36$
$4(x-1)^2+9(y+2)^2=36$　　よって，$\dfrac{(x-1)^2}{9}+\dfrac{(y+2)^2}{4}=1$
この曲線は，楕円 $\dfrac{x^2}{9}+\dfrac{y^2}{4}=1$ を x 軸方向に 1，y 軸方向に -2 だけ平行移動した曲線である。

答え 楕円 $\dfrac{(x-1)^2}{9}+\dfrac{(y+2)^2}{4}=1$

2次 重要 3 座標平面上の2点 A(0, 0), B(8, 0)について, 次の問いに答えなさい。

(1) 2点 A, B からの距離の和が 10 であるような点 P の軌跡を求めなさい。

(2) 2点 A, B からの距離の差が 6 であるような点 Q の軌跡を求めなさい。

考え方 点 P, Q の軌跡はともに2次曲線で, A, B はその焦点だから, 線分 AB の中点が原点となるように平行移動したものを考える。

別の考え方として, P(x, y)として, PA+PB=10 を満たす軌跡を求めてもよい。

解き方 (1) 点 P の軌跡は楕円であり, A, B はその焦点である。

線分 AB の中点 M の座標は $(4, 0)$ で, これが原点と一致するように x 軸方向に -4 だけ平行移動すると, A は A′$(-4, 0)$ に, B は B′$(4, 0)$ に移されるから, 楕円の方程式は, $\frac{x^2}{a^2}+\frac{y^2}{b^2}=1$ $(a>b>0)$ と表される。

2点 A′, B′ からの距離の和が 10 であることから, $2a=10$ より, $a=5$

焦点の x 座標から $\sqrt{a^2-b^2}=4$ より, $b=3$

よって, この楕円の方程式は $\frac{x^2}{5^2}+\frac{y^2}{3^2}=1$, すなわち $\frac{x^2}{25}+\frac{y^2}{9}=1$

求める軌跡は, この楕円を x 軸方向に 4 だけ平行移動した楕円だから, その方程式は, $\frac{(x-4)^2}{25}+\frac{y^2}{9}=1$ である。

答え 楕円 $\frac{(x-4)^2}{25}+\frac{y^2}{9}=1$

(2) 点 Q の軌跡は双曲線であり, A, B はその焦点である。

(1)と同様に, 点 Q の軌跡を x 軸方向に -4 だけ平行移動した双曲線を考えると, その方程式は, $\frac{x^2}{c^2}-\frac{y^2}{d^2}=1$ $(c>0, d>0)$ と表される。

2点 A′, B′ からの距離の差が 6 であることから, $2c=6$ より, $c=3$

焦点の x 座標から $\sqrt{c^2+d^2}=4$ より, $d=\sqrt{7}$

よって, この双曲線の方程式は, $\frac{x^2}{3^2}-\frac{y^2}{(\sqrt{7})^2}=1$, すなわち $\frac{x^2}{9}-\frac{y^2}{7}=1$

求める軌跡は, この双曲線を x 軸方向に 4 だけ平行移動した双曲線だから, その方程式は, $\frac{(x-4)^2}{9}-\frac{y^2}{7}=1$

答え 双曲線 $\frac{(x-4)^2}{9}-\frac{y^2}{7}=1$

発展問題

2次 1 座標平面上に，$x^2+\dfrac{y^2}{4}=1$ で表される楕円があります。この外部の点Pから楕円に引いた2本の接線が直交するような点Pの軌跡を求めなさい。

解き方 点Pの座標を (a, b) とする。

(ⅰ) $a=1$ のとき

　　直交する2本の接線は，$x=1$，$y=2$

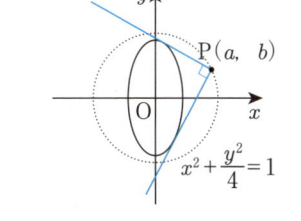

　　または $x=1$，$y=-2$ だから，$b=\pm 2$

(ⅱ) $a=-1$ のとき

　　(ⅰ)と同様にして，$b=\pm 2$

(ⅲ) $a \neq \pm 1$ のとき

　　傾きを m とすると，接線の方程式は，$y=m(x-a)+b$ と表される。
　　楕円の方程式に代入すると，$x^2+\dfrac{\{m(x-a)+b\}^2}{4}=1$
　　これを整理して，$(m^2+4)x^2-2m(ma-b)x+(ma-b)^2-4=0$ …①
　　①の判別式を D_1 とすると，接線となるための条件は $D_1=0$ より，
　　$\dfrac{D_1}{4}=m^2(ma-b)^2-(m^2+4)\{(ma-b)^2-4\}$
　　　　$=-4(ma-b)^2+4(m^2+4)=0$　　よって，$(ma-b)^2-(m^2+4)=0$
　　これを整理すると，$(a^2-1)m^2-2abm+b^2-4=0$ …②

　　ここで $a \neq \pm 1$ より，$a^2-1 \neq 0$ であることに注意すると，②は m の2次方程式とみることができる。②の2解を α，β とすると，2本の接線が直交するとき，$\alpha\beta=-1$ が成り立つから，解と係数の関係より，
　　$\dfrac{b^2-4}{a^2-1}=-1$　　　$b^2-4=-(a^2-1)$　　　よって，$a^2+b^2=5$ …③

　　なお，②の判別式 D_2 について，
　　$\dfrac{D_2}{4}=a^2b^2-(a^2-1)(b^2-4)=(ab)^2+(b^2-4)^2 \geq 0$　　$-(a^2-1)=b^2-4$ より

　　が成り立つが，$(a, b)=(0, \pm 2)$ は③上の点ではないから，②はつねに異なる2つの実数解をもつ。

　　(ⅰ)，(ⅱ)から得られた a，b の組も③を満たすから，求める a，b の条件は $a^2+b^2=5$ より，求める軌跡は円 $x^2+y^2=5$ である。　　**答え** 円 $x^2+y^2=5$

練習問題

答え:別冊P30~P31

1 次の問いに答えなさい。

(1) 放物線 $y=-x^2$ の焦点および準線を求めなさい。

(2) 放物線 $y^2=2x$ 上の点 $(8,-4)$ における接線の方程式を求めなさい。

(3) 焦点が2点 $(3,0)$，$(-3,0)$ で，短軸の長さが4である楕円の方程式を求めなさい。

(4) 双曲線 $\dfrac{x^2}{4}-\dfrac{y^2}{20}=-1$ の焦点および漸近線を求めなさい。

2 楕円 $\dfrac{x^2}{9}+\dfrac{y^2}{4}=1$ について，次の問いに答えなさい。

(1) この楕円を x 軸を基準として，y 軸方向に $\dfrac{3}{2}$ 倍すると，どのような曲線になりますか。

(2) この楕円の面積を求めなさい。ただし，円周率を π とします。

3 方程式 $9x^2-7y^2-18x+42y-117=0$ はどのような曲線を表しますか。

4 双曲線 $x^2-\dfrac{y^2}{4}=1$ 上の任意の点Pから2本の漸近線にそれぞれ垂線を引き，その交点をQ，Rとします。このとき，線分の長さの積 PQ・PR は一定であることを証明しなさい。

4-4 媒介変数

1 媒介変数と媒介変数表示

　これまで座標平面上の関数は，x，yを使った1つの式で表されましたが，xとyを切り離して考えて，xの関数，yの関数と別々に表示するとわかりやすくなることがあります。

● 変数を用いた媒介変数表示

　座標平面上の点$P(x, y)$について，x，yが変数tの関数として$x=f(t)$，$y=g(t)$の形に表されたとき，点Pはある曲線をえがく。これをその曲線の**媒介変数表示**(パラメータ表示)といい，変数tを**媒介変数**(パラメータ)という。たとえば，pを0でない定数として，$x=pt^2$，$y=2pt$と媒介変数表示される曲線は，tを消去すると$y^2=4px$となるので，放物線を表す。

　また$x=f(t)$，$y=g(t)$と表された曲線Cをx軸方向にp，y軸方向にqだけ平行移動した曲線C'の媒介変数表示は，$x=f(t)+p$，$y=g(t)+q$となる。

● 一般角θを用いた媒介変数表示

　一般角θを媒介変数とした，いろいろな曲線の媒介変数表示がある。

　原点Oを中心とする半径rの円$x^2+y^2=r^2$上の任意の点を$P(x, y)$とすると，動径OPがx軸の正の部分となす角をθとして，$x=r\cos\theta$，$y=r\sin\theta$と表すことができ，これが円の媒介変数表示となる。また，楕円$\dfrac{x^2}{a^2}+\dfrac{y^2}{b^2}=1$は，上の円の$y$座標を$\dfrac{b}{a}$倍した曲線だから，楕円の媒介変数表示は，$x=a\cos\theta$，$y=b\sin\theta$となる。

　$1+\tan^2\theta=\dfrac{1}{\cos^2\theta}$より，$\dfrac{1}{\cos^2\theta}-\tan^2\theta=1$だから，これを用いて双曲線$\dfrac{x^2}{a^2}-\dfrac{y^2}{b^2}=1\,(a>0,\ b>0)$を媒介変数表示すると，$x=\dfrac{a}{\cos\theta}$，$y=b\tan\theta$となる。

> **Check!**
> 円 $x^2+y^2=r^2$ の媒介変数表示は，$x=r\cos\theta$，$y=r\sin\theta$
> 楕円 $\dfrac{x^2}{a^2}+\dfrac{y^2}{b^2}=1$ の媒介変数表示は，$x=a\cos\theta$，$y=b\sin\theta$

テスト $x=\sqrt{3}\cos\theta$, $y=\sqrt{3}\sin\theta$ から媒介変数 θ を消去して，x と y を用いた等式をつくりなさい。　　**答え** $x^2+y^2=3$

基本問題

1 θ，t を媒介変数とするとき，次の式はどのような曲線を表しますか。

(1) $x=\sqrt{5}\cos\theta$, $y=2\sin\theta$

(2) $x=2\cos\theta-1$, $y=3\sin\theta+2$

(3) $x=\dfrac{8}{t^2}$, $y=\dfrac{8}{t}$

考え方 (1)，(2) 三角関数の相互関係を用いて θ を消去する。

解き方 (1) $x=\sqrt{5}\cos\theta$ より，$\cos\theta=\dfrac{x}{\sqrt{5}}$, $y=2\sin\theta$ より，$\sin\theta=\dfrac{y}{2}$

だから，$\sin^2\theta+\cos^2\theta=1$ に代入すると，$\dfrac{x^2}{(\sqrt{5})^2}+\dfrac{y^2}{2^2}=1$

よって，この曲線は楕円 $\dfrac{x^2}{5}+\dfrac{y^2}{4}=1$ である。　　**答え** 楕円 $\dfrac{x^2}{5}+\dfrac{y^2}{4}=1$

(2) $x=2\cos\theta-1$ より，$\cos\theta=\dfrac{x+1}{2}$, $y=3\sin\theta+2$ より，$\sin\theta=\dfrac{y-2}{3}$

だから，$\sin^2\theta+\cos^2\theta=1$ に代入すると，$\dfrac{(x+1)^2}{2^2}+\dfrac{(y-2)^2}{3^2}=1$

よって，この曲線は楕円 $\dfrac{x^2}{4}+\dfrac{y^2}{9}=1$ を x 軸方向に -1，y 軸方向に 2 だけ平行移動した曲線である。　　**答え** 楕円 $\dfrac{(x+1)^2}{4}+\dfrac{(y-2)^2}{9}=1$

(3) $x=\dfrac{8}{t^2}$, $y=\dfrac{8}{t}$ から，$t\neq 0$, $x\neq 0$, $y\neq 0$ が成り立つ。

$x=\dfrac{8}{t^2}$ より，$\dfrac{1}{t^2}=\dfrac{x}{8}$, $y=\dfrac{8}{t}$ より，$\dfrac{1}{t}=\dfrac{y}{8}$

だから，$\dfrac{1}{t^2}=\left(\dfrac{1}{t}\right)^2$ より，$\dfrac{x}{8}=\left(\dfrac{y}{8}\right)^2$　　$y^2=8x$

よって，この曲線は放物線 $y^2=8x$ から点 $(0, 0)$ を除いた曲線である。

答え 放物線 $y^2=8x$ から点 $(0, 0)$ を除いた曲線

応用問題

2次 重要 ① 楕円 $\dfrac{x^2}{4}+y^2=1$ と，2点 A$(0, 2)$，B$(2, 1)$ があります。点 P が楕円上を動くとき，△PAB の面積の最大値とそのときの点 P の座標を求めなさい。

考え方 媒介変数 θ を用いて点 P の座標を表し，△PAB の面積を θ で表す。

ポイント 点 P と直線 AB との距離が最大のとき，△PAB の面積も最大となる。

解き方 AB$=\sqrt{2^2+(2-1)^2}=\sqrt{5}$

直線 AB の方程式は，$y=-\dfrac{1}{2}x+2$

よって，$x+2y-4=0$

一方，楕円上の点 P(x, y) を媒介変数表示すると，$x=2\cos\theta$，$y=\sin\theta$ であり，AB を底辺としたときの高さを d とすると，

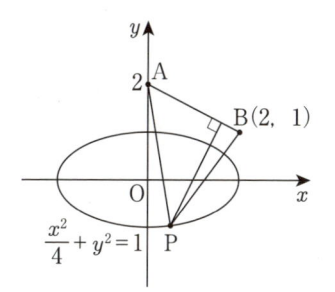

$$d=\dfrac{|2\cos\theta+2\sin\theta-4|}{\sqrt{1^2+2^2}}=\dfrac{2|\sin\theta+\cos\theta-2|}{\sqrt{5}}$$

だから，△PAB の面積 S は，

$$S=\dfrac{1}{2}\text{AB}\cdot d=\dfrac{1}{2}\cdot\sqrt{5}\cdot\dfrac{2|\sin\theta+\cos\theta-2|}{\sqrt{5}}=|\sin\theta+\cos\theta-2|$$

ここで，三角関数の合成を用いると，$\sin\theta+\cos\theta=\sqrt{2}\sin\left(\theta+\dfrac{\pi}{4}\right)$ だから，

$-\sqrt{2}\leqq\sin\theta+\cos\theta\leqq\sqrt{2}$

したがって，$\sin\theta+\cos\theta=-\sqrt{2}$ となるとき S は最大となり，最大値は，

$|-\sqrt{2}-2|=\sqrt{2}+2$

また，$0\leqq\theta<2\pi$ で最大値をとるときの θ の値は $\theta=\dfrac{5}{4}\pi$ で，このとき，

$x=2\cos\dfrac{5}{4}\pi=-\sqrt{2}$，$y=\sin\dfrac{5}{4}\pi=-\dfrac{1}{\sqrt{2}}$

よって，S が最大値をとるときの P の座標は，$\left(-\sqrt{2}, -\dfrac{1}{\sqrt{2}}\right)$

答え P$\left(-\sqrt{2}, -\dfrac{1}{\sqrt{2}}\right)$ のとき，面積は最大値 $\sqrt{2}+2$ をとる。

練習問題

答え：別冊P31～P32

1 θ を媒介変数とするとき，次の式はどのような曲線を表しますか。

(1) $x=\dfrac{\sqrt{3}}{\cos\theta}$, $y=2\tan\theta$ （ただし，$\theta=\left(n+\dfrac{1}{2}\right)\pi$（$n$は整数）を除く）

(2) $x=3\cos\theta+2$, $y=4\sin\theta+1$

(3) $x=\sin\theta$, $y=\cos 2\theta$

2 θ を媒介変数とするとき，$x=\cos\theta+2\sin\theta$, $y=2\cos\theta-\sin\theta$ はどのような曲線を表しますか。

3 放物線 $y=x^2-2(t-1)x+2t^2$ を C として，次の問いに答えなさい。

(1) C の頂点の座標を t を用いて表しなさい。

(2) t が正の実数値をとりながら変化するとき，C の頂点はどのような曲線上を動きますか。

4 t を媒介変数として，$x=2t^2$, $y=4t$ と表される曲線について，次の問いに答えなさい。

(1) どのような曲線を表しますか。

(2) 点Pが曲線上を動くとき，定点A$(a, 0)$とPの距離PAの最小値を，aを用いて表しなさい。ただし，aは正の実数とします。

第5章

微分法・積分法

- 5-1 極限 …………………………… 124
- 5-2 微分と導関数 ………………… 136
- 5-3 微分法の応用 ………………… 149
- 5-4 不定積分と定積分 …………… 157
- 5-5 積分法の応用 ………………… 168

5-1 極限

1 数列の極限

　第1章で学んだ数列の項数は有限でしたが，ここでは項数が無限にある数列について学びます。

● 無限数列の収束・発散

　無限数列 $\{a_n\}$ について，n が限りなく大きくなるにつれて a_n が一定の値 α に限りなく近づくとき，$\{a_n\}$ は α に **収束する** という。このときの α を **極限値** といい，$\lim_{n\to\infty} a_n = \alpha$ と表す。たとえば，$\lim_{n\to\infty} \dfrac{1}{n} = 0$ である。

　$\{a_n\}$ が収束しないとき，$\{a_n\}$ は **発散する** という。n が限りなく大きくなるにつれて a_n が限りなく大きくなるとき，$\{a_n\}$ は正の無限大に発散するといい，$\lim_{n\to\infty} a_n = \infty$ と表す。同様に，a_n が限りなく小さくなるとき，$\{a_n\}$ は負の無限大に発散するといい，$\lim_{n\to\infty} a_n = -\infty$ と表す。このいずれでもないとき，$\{a_n\}$ は振動する（極限はない）という。

Check!

数列の収束・発散

$\begin{cases} \text{収束} \cdots \lim_{n\to\infty} a_n = \alpha & \text{（一定の値 } \alpha \text{ に収束）} \\ \text{発散} \begin{cases} \lim_{n\to\infty} a_n = \infty & \text{（正の無限大に発散）} \\ \lim_{n\to\infty} a_n = -\infty & \text{（負の無限大に発散）} \\ \text{振動} & \text{（極限はない）} \end{cases} \end{cases}$

テスト 一般項 a_n が $a_n = 3n - 4$ で表される数列 $\{a_n\}$ の収束・発散を調べなさい。

答え 正の無限大に発散

● はさみうちの原理

　数列 $\{a_n\}$，$\{b_n\}$，$\{c_n\}$ について，$a_n \leqq b_n \leqq c_n$（$n=1, 2, 3, \cdots\cdots$）のとき，$\{a_n\}$，$\{c_n\}$ がともに α に収束する，すなわち $\lim_{n\to\infty} a_n = \alpha$，$\lim_{n\to\infty} c_n = \alpha$ ならば $\lim_{n\to\infty} b_n = \alpha$ が成り立つ。この性質を **はさみうちの原理** という。たとえば，$\lim_{n\to\infty} \dfrac{\cos n\theta}{n}$ の値は，$-1 \leqq \cos n\theta \leqq 1$ より，$-\dfrac{1}{n} \leqq \dfrac{\cos n\theta}{n} \leqq \dfrac{1}{n}$ だから，

$$\lim_{n\to\infty}\frac{1}{n}=\lim_{n\to\infty}\left(-\frac{1}{n}\right)=0 \quad \text{より,} \quad \lim_{n\to\infty}\frac{\cos n\theta}{n}=0$$

となる。

同様に，$a_n \leq b_n (n=1, 2, 3, \cdots\cdots)$
のとき，$\lim_{n\to\infty} a_n = \infty$ ならば $\lim_{n\to\infty} b_n = \infty$
が成り立つ。

> **Check!**
> はさみうちの原理
> 数列 $\{a_n\}$, $\{b_n\}$, $\{c_n\}$ について，
> $a_n \leq b_n \leq c_n (n=1, 2, 3, \cdots\cdots)$ かつ
> $\lim_{n\to\infty} a_n = \lim_{n\to\infty} c_n = \alpha$ ならば $\lim_{n\to\infty} b_n = \alpha$

テスト $\lim_{n\to\infty}\dfrac{\sin^2 n\theta}{n}$ を求めなさい。　　　**答え** 0

数列 $\{a_n\}$, $\{b_n\}$ がそれぞれ α, β に収束するとき，次が成り立つ。

・c が定数ならば，$\lim_{n\to\infty} c a_n = c \lim_{n\to\infty} a_n = c\alpha$
・$\lim_{n\to\infty}(a_n \pm b_n) = \lim_{n\to\infty} a_n \pm \lim_{n\to\infty} b_n = \alpha \pm \beta$ 　（複号同順）
・$\lim_{n\to\infty} a_n b_n = \left(\lim_{n\to\infty} a_n\right)\cdot\left(\lim_{n\to\infty} b_n\right) = \alpha\beta$
・$b_n \neq 0 (n=1, 2, 3, \cdots\cdots)$，$\beta \neq 0$ ならば，$\lim_{n\to\infty}\dfrac{a_n}{b_n} = \dfrac{\lim_{n\to\infty} a_n}{\lim_{n\to\infty} b_n} = \dfrac{\alpha}{\beta}$

2 無限等比級数

項数が無限にある等比数列について学びます。

● 無限等比数列

　数列 a, ar, ar^2, $\cdots\cdots$, ar^{n-1}, $\cdots\cdots$ を初項 a, 公比 r の**無限等比数列**といい，$\{a_n\}$ で表す。$a=r$ のとき無限等比数列 $\{r^n\}$ の極限は次のようになる。

・$r>1$ のとき，正の無限大に発散
・$r=1$ のとき，項がすべて 1 だから 1 に収束
・$|r|<1$ のとき，0 に収束
・$r \leq -1$ のとき，振動

たとえば，$\lim_{n\to\infty} 3^n = \infty$ となる。

> **Check!**
> 数列 $\{r^n\}$ の極限
> $r>1$ のとき　　$\lim_{n\to\infty} r^n = \infty$
> $r=1$ のとき　　$\lim_{n\to\infty} r^n = 1$
> $|r|<1$ のとき　$\lim_{n\to\infty} r^n = 0$
> $r \leq -1$ のとき　極限はない

テスト 一般項 a_n が $a_n = \left(\dfrac{3}{4}\right)^n$ で表される数列 $\{a_n\}$ の極限値を求めなさい。

答え 0

第5章 微分法・積分法

- ●無限級数

　　無限数列 $\{a_n\}$ に対して，$\sum_{n=1}^{\infty} a_n = a_1 + a_2 + a_3 + \cdots\cdots + a_n + \cdots\cdots$ を**無限級数**という。無限級数 $\sum_{n=1}^{\infty} a_n$ の収束・発散は，部分和 $S_n = \sum_{k=1}^{n} a_k$ の極限 $\lim_{n \to \infty} S_n$ で考え，$\lim_{n \to \infty} S_n$ が S に収束するとき，S を**無限級数の和**という。

　　とくに，$\sum_{n=1}^{\infty} ar^{n-1} = a + ar + ar^2 + \cdots\cdots + ar^{n-1} + \cdots\cdots$ を初項 a，公比 r の**無限等比級数**という。$a \neq 0$ のとき，$\sum_{n=1}^{\infty} ar^{n-1}$ は $|r| < 1$ ならば収束し，その和は $\dfrac{a}{1-r}$ である。$|r| \geqq 1$ ならば発散する。

> **Check!**
>
> 無限等比級数　$\sum_{n=1}^{\infty} ar^{n-1} = a + ar + ar^2 + \cdots\cdots + ar^{n-1} + \cdots\cdots$ の収束・発散
> ・$a \neq 0$ のとき，$|r| < 1$ ならば収束し，和は $\dfrac{a}{1-r}$
> 　　　　　　　　　$|r| \geqq 1$ ならば発散する
> ・$a = 0$ のとき，収束してその和は 0

テスト　無限等比級数 $1 - \dfrac{1}{3} + \dfrac{1}{9} - \dfrac{1}{27} + \cdots\cdots$ の収束・発散を調べ，収束するときはその和を求めなさい。

答え　収束して和は $\dfrac{3}{4}$

- ●部分和を利用した無限級数の和

　　第1章の p.17 で紹介したが，$\dfrac{1}{n(n+1)}$ は，$\dfrac{1}{n} - \dfrac{1}{n+1}$ の形に部分分数分解できる。これを利用すると，$\dfrac{1}{1 \cdot 2} + \dfrac{1}{2 \cdot 3} + \dfrac{1}{3 \cdot 4} + \cdots\cdots + \dfrac{1}{n(n+1)} = \dfrac{n}{n+1}$ だから，無限級数の和

$$\dfrac{1}{1 \cdot 2} + \dfrac{1}{2 \cdot 3} + \dfrac{1}{3 \cdot 4} + \cdots\cdots + \dfrac{1}{n(n+1)} + \cdots\cdots$$

は，$\lim_{n \to \infty} \dfrac{n}{n+1}$ と等しく，1 と求められる。

　　このように部分和の極限を考えると，無限級数の和が求められることがある。

- ●漸化式が与えられた数列の無限級数の和

　　漸化式（第1章のp.23参照）が与えられた数列の無限級数の和を求めるときは，一般項を求めてから極限をとる。

たとえば，漸化式 $a_1=1$, $a_{n+1}=\dfrac{1}{2}a_n$ で与えられる数列 $\{a_n\}$ は初項1，公比 $\dfrac{1}{2}$ の等比数列だから，$a_n=1\cdot\left(\dfrac{1}{2}\right)^{n-1}$ より，$\lim\limits_{n\to\infty}a_n=0$ である。また $\left|\dfrac{1}{2}\right|<1$ より $\sum\limits_{n=1}^{\infty}a_n$ は収束して，$\sum\limits_{n=1}^{\infty}a_n=\dfrac{1}{1-\dfrac{1}{2}}=2$ である。

3 関数の極限値

関数の極限を定義することで，曲線上の点における接線が求められるだけでなく，グラフが連続かどうかを調べることもできます。

● 関数の極限値

関数 $f(x)$ について，x が a と異なる値をとりながら限りなく a に近づくとき，それを $x\to a$ で表す。このとき，関数 $f(x)$ の値が一定の値 α に限りなく近づくならば，$f(x)$ は α に **収束する** といい，α を $x\to a$ のときの $f(x)$ の **極限** または **極限値** という。このことを次のように表す。

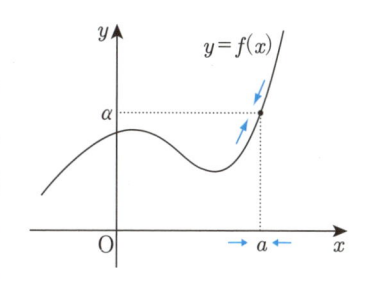

$$\lim_{x\to a}f(x)=\alpha \quad \text{または} \quad x\to a \text{ のとき } f(x)\to\alpha$$

$f(a)$ が定義されていなくても，極限値 $\lim\limits_{x\to a}f(x)$ が存在する場合がある。たとえば，$\lim\limits_{x\to 2}\dfrac{x^2-4}{x-2}=\lim\limits_{x\to 2}\dfrac{(x+2)(x-2)}{x-2}=\lim\limits_{x\to 2}(x+2)=4$ のように存在する。また，数列の場合と同様に，正の無限大や負の無限大に発散することもある。

テスト $\lim\limits_{x\to -1}\dfrac{x^2-2x-3}{x+1}$ を求めなさい。　　　　　**答え** -4

● 片側からの極限

関数 $f(x)$ について，x が a より大きい値をとりながら限りなく a に近づくときの極限を，$f(x)$ の **右側からの極限** といい，$\lim\limits_{x\to a+0}f(x)$ と表す。同様に，x が a より小さい値をとりながら限りなく a に近づくときの極限を，$f(x)$ の **左側からの極限** といい，$\lim\limits_{x\to a-0}f(x)$ と表す。たとえば，

$$\lim_{x\to +0}\dfrac{x}{|x|}=\lim_{x\to +0}\dfrac{x}{x}=1, \quad \lim_{x\to -0}\dfrac{x}{|x|}=\lim_{x\to -0}\dfrac{x}{-x}=-1$$

——— $a=0$ のときは a を省略

である。このように，右側からの極限と左側からの極限は異なる場合があるが，極限値がともに α で一致するとき，$\lim\limits_{x \to a} f(x) = \alpha$ と表す。また，$\lim\limits_{x \to a} f(x) = f(a)$ が成り立つとき，関数 $f(x)$ は $x = a$ において**連続である**という。

Check!

$$\lim_{x \to a} f(x) = \alpha \iff \lim_{x \to a+0} f(x) = \lim_{x \to a-0} f(x) = \alpha$$

テスト $f(x) = \dfrac{1}{x-1}$ のとき，$\lim\limits_{x \to 1+0} f(x)$ と $\lim\limits_{x \to 1-0} f(x)$ を求めなさい。

答え $\lim\limits_{x \to 1+0} f(x) = \infty$，$\lim\limits_{x \to 1-0} f(x) = -\infty$

数列の極限と同じようにして，$x \to \infty$，$x \to -\infty$ のときについても，$f(x)$ の極限を求めることができる。

・$\lim\limits_{x \to \infty} \dfrac{2x-1}{x+3} = \lim\limits_{x \to \infty} \dfrac{2-\dfrac{1}{x}}{1+\dfrac{3}{x}} = \dfrac{2}{1} = 2$

テスト $\lim\limits_{x \to -\infty} \dfrac{x^2-2}{3x^2+4}$ を求めなさい。

答え $\dfrac{1}{3}$

4 指数関数・対数関数と三角関数の極限

指数関数・対数関数の極限は，底 a の値によって異なります。グラフを使うとわかりやすくなります。

● 指数関数・対数関数の極限

下のグラフから，$a > 1$ のときは $\lim\limits_{x \to \infty} a^x = \infty$，$\lim\limits_{x \to \infty} \log_a x = \infty$，$0 < a < 1$ のときは $\lim\limits_{x \to \infty} a^x = 0$，$\lim\limits_{x \to \infty} \log_a x = -\infty$ となる。

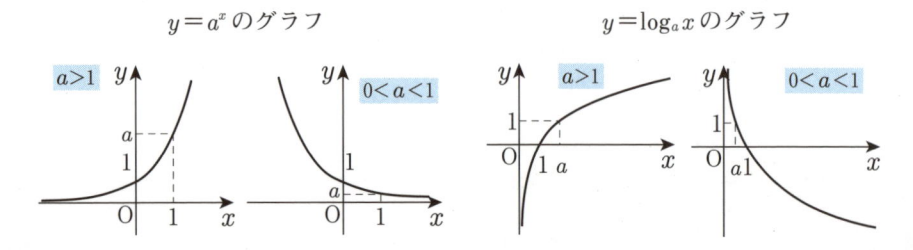

$y = a^x$ のグラフ　　　　　　　　　$y = \log_a x$ のグラフ

● 三角関数の極限

グラフから，$\sin x$ や $\cos x$ などの $x \to \infty$ のときの極限は存在しないことがわかるが，$\dfrac{\sin x}{x}$ や $\dfrac{\cos x}{x}$ などの $x \to \infty$ のときの極限は，はさみうちの原理を用いることで，ともに0に収束することがわかる。

とくに重要な極限の公式として，$\displaystyle\lim_{\theta \to 0}\dfrac{\sin \theta}{\theta} = 1$ がある。

・$\displaystyle\lim_{x \to 0}\dfrac{\sin 2x}{3x} = \lim_{x \to 0}\dfrac{2}{3}\left(\dfrac{\sin 2x}{2x}\right) = \lim_{\theta \to 0}\dfrac{2}{3} \cdot \dfrac{\sin \theta}{\theta} = \dfrac{2}{3} \cdot 1 = \dfrac{2}{3}$

　　　　　　　　　　　　　　　$2x = \theta$ とすると，$x \to 0$ のとき $\theta \to 0$

Check!

・指数関数，対数関数の極限

$a > 1$ のとき　　$\displaystyle\lim_{x \to \infty} a^x = \infty,\ \lim_{x \to -\infty} a^x = 0,\ \lim_{x \to \infty} \log_a x = \infty,\ \lim_{x \to +0} \log_a x = -\infty$

$0 < a < 1$ のとき　$\displaystyle\lim_{x \to \infty} a^x = 0,\ \lim_{x \to -\infty} a^x = \infty,\ \lim_{x \to \infty} \log_a x = -\infty,\ \lim_{x \to +0} \log_a x = \infty$

・三角関数の極限　　$\displaystyle\lim_{\theta \to 0}\dfrac{\sin \theta}{\theta} = 1$

テスト　$\displaystyle\lim_{x \to 0}\dfrac{\sin 4x}{x}$ を求めなさい。　　　　　　　　　**答え**　4

● 自然対数の底（ネイピア数）

第2章の p.34 で紹介したが，自然対数の底（ネイピア数）は，$e = 2.718\cdots$ で，それは次の極限から得られた値である。

$$\lim_{t \to 0}(1+t)^{\frac{1}{t}} = e \quad \text{または，} \quad \lim_{t \to \infty}\left(1 + \dfrac{1}{t}\right)^t = e$$

・$\displaystyle\lim_{t \to 0}\dfrac{\log_e(1+t)}{t} = \lim_{t \to 0}\dfrac{1}{t}\log_e(1+t) = \lim_{t \to 0}\log_e(1+t)^{\frac{1}{t}} = \log_e e = 1$

　　　　　　　　　　　　　　　　　　　　　$\displaystyle\lim_{t \to 0}(1+t)^{\frac{1}{t}} = e$

・$\displaystyle\lim_{t \to 0}(1-t)^{\frac{1}{t}} = \lim_{t' \to 0}(1+t')^{-\frac{1}{t'}} = \lim_{t' \to 0}\left\{(1+t')^{\frac{1}{t'}}\right\}^{-1} = e^{-1} = \dfrac{1}{e}$

　　　　　　　　　$-t = t'$ とすると，$t \to 0$ のとき $t' \to 0$

Check!

自然対数の底（ネイピア数）

$\displaystyle\lim_{t \to 0}(1+t)^{\frac{1}{t}} = e \quad$ または，$\quad \displaystyle\lim_{t \to \infty}\left(1 + \dfrac{1}{t}\right)^t = e$

$\displaystyle\lim_{t \to 0}\dfrac{\log_e(1+t)}{t} = 1$

第⑤章　微分法・積分法

基本問題

1 次の極限を求めなさい。

(1) $\displaystyle\lim_{n\to\infty}\dfrac{2n^2+5n}{3n^2+n-1}$ (2) $\displaystyle\lim_{n\to\infty}(\sqrt{n+3}-\sqrt{n})$ (3) $\displaystyle\lim_{n\to\infty}(3n^3-10n)$

考え方
(1) 分母と分子を n^2 で割る。
(2) 分母と分子に $\sqrt{n+3}+\sqrt{n}$ をかける。
(3) n^3 でくくる。

解き方

(1) $\displaystyle\lim_{n\to\infty}\dfrac{2n^2+5n}{3n^2+n-1}=\lim_{n\to\infty}\dfrac{2+\dfrac{5}{n}}{3+\dfrac{1}{n}-\dfrac{1}{n^2}}=\dfrac{2+0}{3+0-0}=\dfrac{2}{3}$ **答え** $\dfrac{2}{3}$

(2) $\displaystyle\lim_{n\to\infty}(\sqrt{n+3}-\sqrt{n})=\lim_{n\to\infty}\dfrac{(\sqrt{n+3}-\sqrt{n})(\sqrt{n+3}+\sqrt{n})}{\sqrt{n+3}+\sqrt{n}}$

$\displaystyle =\lim_{n\to\infty}\dfrac{n+3-n}{\sqrt{n+3}+\sqrt{n}}=\lim_{n\to\infty}\dfrac{3}{\sqrt{n+3}+\sqrt{n}}=0$ **答え** 0

(3) $\displaystyle\lim_{n\to\infty}(3n^3-10n)=\lim_{n\to\infty}n^3\left(3-\dfrac{10}{n^2}\right)=\infty\times 3=\infty$ **答え** ∞

重要 2 $\displaystyle\lim_{n\to\infty}\dfrac{(-2)^n+4^{n+1}}{3^n+4^n}$ を求めなさい。

考え方 分母と分子を 4^n で割る。

解き方 $\displaystyle\lim_{n\to\infty}\dfrac{(-2)^n+4^{n+1}}{3^n+4^n}=\lim_{n\to\infty}\dfrac{\left(-\dfrac{1}{2}\right)^n+4}{\left(\dfrac{3}{4}\right)^n+1}=\dfrac{0+4}{0+1}=4$ **答え** 4

3 次の無限級数の収束，発散を調べ，収束するときはその和を求めなさい。ただし，(3)は無限等比級数です。

(1) $\dfrac{1}{2\cdot 3}+\dfrac{1}{3\cdot 4}+\cdots\cdots+\dfrac{1}{(n+1)(n+2)}+\cdots\cdots$

(2) $\dfrac{1}{\sqrt{2}+1}+\dfrac{1}{\sqrt{3}+\sqrt{2}}+\cdots\cdots+\dfrac{1}{\sqrt{n+1}+\sqrt{n}}+\cdots\cdots$

(3) $1-\dfrac{2}{3}+\dfrac{4}{9}-\dfrac{8}{27}+\cdots\cdots$

考え方 (1)(2) 部分和の極限を考える。

ポイント (1)(2) 各項を差の形で表し，部分和を求める。

解き方 (1) $\dfrac{1}{(n+1)(n+2)}=\dfrac{1}{n+1}-\dfrac{1}{n+2}$ だから，第 n 項までの部分和 S_n は，

$$S_n=\left(\dfrac{1}{2}-\dfrac{1}{3}\right)+\left(\dfrac{1}{3}+\dfrac{1}{4}\right)+\cdots\cdots+\left(\dfrac{1}{n+1}-\dfrac{1}{n+2}\right)=\dfrac{1}{2}-\dfrac{1}{n+2}$$

よって，$\displaystyle\lim_{n\to\infty}S_n=\lim_{n\to\infty}\left(\dfrac{1}{2}-\dfrac{1}{n+2}\right)=\dfrac{1}{2}-0=\dfrac{1}{2}$　**答え** 収束して和は $\dfrac{1}{2}$

(2) $\dfrac{1}{\sqrt{n+1}+\sqrt{n}}=\dfrac{\sqrt{n+1}-\sqrt{n}}{(\sqrt{n+1}+\sqrt{n})(\sqrt{n+1}-\sqrt{n})}=\sqrt{n+1}-\sqrt{n}$ だから，第 n 項までの部分和 S_n は，

$$S_n=(\sqrt{2}-1)+(\sqrt{3}-\sqrt{2})+\cdots\cdots+(\sqrt{n+1}-\sqrt{n})=\sqrt{n+1}-1$$

よって，$\displaystyle\lim_{n\to\infty}S_n=\lim_{n\to\infty}(\sqrt{n+1}-1)=\infty$　**答え** 発散する

(3) この無限等比級数の初項を a，公比を r とすると，$a=1$，$r=-\dfrac{2}{3}$ である。$|r|<1$ だからこの無限等比級数は収束して，その和 S は，

$$S=\dfrac{1}{1-\left(-\dfrac{2}{3}\right)}=\dfrac{1}{1+\dfrac{2}{3}}=\dfrac{3}{3+2}=\dfrac{3}{5}$$

答え 収束して和は $\dfrac{3}{5}$

1次 4 次の極限値を求めなさい。

(1) $\displaystyle\lim_{x\to 2}\frac{x^3-8}{x^2-4}$

(2) $\displaystyle\lim_{x\to 3}\frac{\sqrt{x+6}-3}{x-3}$

(3) $\displaystyle\lim_{x\to -\infty}\frac{2^x-2^{-x}}{2^x+2^{-x}}$

(4) $\displaystyle\lim_{x\to 0}\frac{1-\cos 3x}{x^2}$

考え方
(1) 分母と分子を因数分解して，約分する。
(2) 分母と分子に $\sqrt{x+6}+3$ をかける。
(3) 分母と分子に 2^x をかける。
(4) $\displaystyle\lim_{x\to 0}\frac{\sin x}{x}$ の形をつくる。

解き方

(1) $\displaystyle\lim_{x\to 2}\frac{x^3-8}{x^2-4}=\lim_{x\to 2}\frac{(x-2)(x^2+2x+4)}{(x-2)(x+2)}=\lim_{x\to 2}\frac{x^2+2x+4}{x+2}$

$\displaystyle =\frac{2^2+2\cdot 2+4}{2+2}=3$

答え 3

(2) $\displaystyle\lim_{x\to 3}\frac{\sqrt{x+6}-3}{x-3}=\lim_{x\to 3}\frac{(\sqrt{x+6}-3)(\sqrt{x+6}+3)}{(x-3)(\sqrt{x+6}+3)}=\lim_{x\to 3}\frac{x-3}{(x-3)(\sqrt{x+6}+3)}$

$\displaystyle =\lim_{x\to 3}\frac{1}{\sqrt{x+6}+3}=\frac{1}{\sqrt{9}+3}=\frac{1}{6}$

答え $\dfrac{1}{6}$

(3) $\displaystyle\lim_{x\to -\infty}\frac{2^x-2^{-x}}{2^x+2^{-x}}=\lim_{x\to -\infty}\frac{(2^x)^2-1}{(2^x)^2+1}=\frac{0-1}{0+1}=-1$

答え -1

(4) $\displaystyle\lim_{x\to 0}\frac{1-\cos 3x}{x^2}=\lim_{x\to 0}\frac{(1-\cos 3x)(1+\cos 3x)}{x^2(1+\cos 3x)}=\lim_{x\to 0}\frac{1-\cos^2 3x}{x^2(1+\cos 3x)}$

$\displaystyle =\lim_{x\to 0}\frac{\sin^2 3x}{x^2(1+\cos 3x)}=\lim_{x\to 0}3^2\cdot\left(\frac{\sin 3x}{3x}\right)^2\cdot\frac{1}{1+\cos 3x}$

$\displaystyle =3^2\cdot 1^2\cdot\frac{1}{1+1}=\frac{9}{2}$

答え $\dfrac{9}{2}$

応用問題

1 $a_1=3$, $a_{n+1}=\dfrac{1}{3}a_n-2$ ($n=1, 2, 3, \cdots\cdots$)で定められる数列 $\{a_n\}$ について，$\displaystyle\lim_{n\to\infty}a_n$ を求めなさい。

考え方 $\alpha=\dfrac{1}{3}\alpha-2$ の解を用いて，漸化式を $a_{n+1}-\alpha=\dfrac{1}{3}(a_n-\alpha)$ の形に変形し，一般項 a_n を求める(p.23 参照)。

解き方 漸化式を $a_{n+1}+3=\dfrac{1}{3}(a_n+3)$ と変形すると，数列 $\{a_n+3\}$ は等比数列で，　　←$\alpha=-3$ を用いる

初項は $a_1+3=3+3=6$，公比は $\dfrac{1}{3}$ だから，

$$a_n+3=6\cdot\left(\dfrac{1}{3}\right)^{n-1} \quad \text{よって，} \quad a_n=6\cdot\left(\dfrac{1}{3}\right)^{n-1}-3$$

$\displaystyle\lim_{n\to\infty}\left(\dfrac{1}{3}\right)^{n-1}=0$ だから，$\displaystyle\lim_{n\to\infty}a_n=-3$ である。

答え -3

2 x を実数とするとき，無限等比級数 $4+2(1-x)+(1-x)^2+\cdots\cdots$ について，次の問いに答えなさい。

(1) この無限等比級数が収束するような x の値の範囲を求めなさい。

(2) この無限等比級数が収束するときの和を，x を用いて表しなさい。

ポイント (1) 収束するための条件は，公比 r に対して，$|r|<1$ である。

解き方 (1) この無限等比級数の初項を a，公比を r とすると，$a=4$，$r=\dfrac{1-x}{2}$

収束するための条件は，$|r|<1$　よって，$-1<\dfrac{1-x}{2}<1$

これを解いて，$-1<x<3$

答え $-1<x<3$

(2) (1)より，$-1<x<3$ のとき $|r|<1$ だから，求める和 S は，

$$S=\dfrac{a}{1-r}=\dfrac{4}{1-\dfrac{1-x}{2}}=\dfrac{8}{x+1}$$

答え $\dfrac{8}{x+1}$

第5章 微分法・積分法

133

1次 重要 3 $\lim_{x\to 1}\dfrac{\sqrt{ax+1}-2}{x-1}$ が極限値をもつように，定数 a の値を定めなさい。また，そのときの極限値を求めなさい。

ポイント

$\lim_{x\to c}\dfrac{f(x)}{g(x)}=\alpha$（$\alpha$ は極限値）かつ $\lim_{x\to c}g(x)=0$ ならば
$\lim_{x\to c}f(x)=\lim_{x\to c}\alpha g(x)=0$ であることを利用する。

解き方 $\lim_{x\to 1}(x-1)=0$ だから，$\lim_{x\to 1}(\sqrt{ax+1}-2)=0$

よって，$\sqrt{a+1}=2$ より $a=3$ だから，極限値は，

$$\lim_{x\to 1}\dfrac{\sqrt{3x+1}-2}{x-1}=\lim_{x\to 1}\dfrac{(\sqrt{3x+1}-2)(\sqrt{3x+1}+2)}{(x-1)(\sqrt{3x+1}+2)}$$
$$=\lim_{x\to 1}\dfrac{3x+1-2^2}{(x-1)(\sqrt{3x+1}+2)}=\lim_{x\to 1}\dfrac{3(x-1)}{(x-1)(\sqrt{3x+1}+2)}$$
$$=\lim_{x\to 1}\dfrac{3}{\sqrt{3x+1}+2}=\dfrac{3}{\sqrt{3+1}+2}=\dfrac{3}{4}$$

答え $a=3$，極限値は $\dfrac{3}{4}$

2次 4 $f(x)=\lim_{n\to\infty}\dfrac{x^{2n-1}}{1+x^{2n}}$ とするとき，$y=f(x)$ のグラフをかきなさい。

考え方 $|x|>1$ のとき，$|x|<1$ のとき，$x=\pm 1$ のときで場合分けをする。

解き方 $|x|>1$ のとき，$\left|\dfrac{1}{x}\right|<1$ より $\lim_{n\to\infty}\dfrac{1}{x^{2n-1}}=0$ だから，$f(x)=\lim_{n\to\infty}\dfrac{1}{\dfrac{1}{x^{2n-1}}+x}=\dfrac{1}{x}$

$|x|<1$ のとき，$\lim_{n\to\infty}x^{2n}=0$ より，$f(x)=\dfrac{0}{1+0}=0$

$x=-1$ のとき，$\lim_{n\to\infty}x^{2n}=1$，$\lim_{n\to\infty}x^{2n-1}=-1$

$x=1$ のとき，$\lim_{n\to\infty}x^{2n}=\lim_{n\to\infty}x^{2n-1}=1$

だから，

$f(-1)=\dfrac{-1}{1+1}=-\dfrac{1}{2}$

$f(1)=\dfrac{1}{1+1}=\dfrac{1}{2}$，

よって，グラフは右の図のようになる。

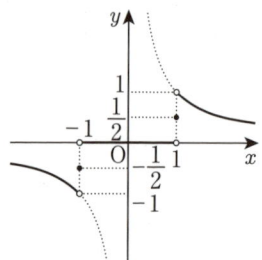

練習問題

答え：別冊P33～P35

1 次の極限値を求めなさい。

(1) $\displaystyle\lim_{n\to\infty}\frac{(1-2n)(1+2n)}{3n^2+4n-5}$
(2) $\displaystyle\lim_{n\to\infty}\frac{1}{n^2}\sin\frac{n}{3}\pi$
(3) $\displaystyle\lim_{n\to\infty}\frac{2^n-(-3)^n}{(-3)^n+1}$

2 次の無限級数の収束，発散を調べ，収束するときはその和を求めなさい。

(1) $\dfrac{2}{1\cdot 3}+\dfrac{2}{3\cdot 5}+\cdots\cdots+\dfrac{2}{(2n-1)(2n+1)}+\cdots\cdots$

(2) $\displaystyle\sum_{n=1}^{\infty}\frac{2^n+4^n}{8^n}$

3 $a_1=4$，$a_{n+1}=-\dfrac{1}{2}a_n+1$ $(n=1,\ 2,\ 3,\ \cdots\cdots)$ で定められる数列 $\{a_n\}$ について，次の問いに答えなさい。

(1) 一般項 a_n を求めなさい。
(2) $\displaystyle\lim_{n\to\infty}a_n$ を求めなさい。

4 次の極限値を求めなさい。

(1) $\displaystyle\lim_{x\to 1}\frac{x^3-3x^2+4x-2}{x-1}$
(2) $\displaystyle\lim_{x\to -2}\frac{\sqrt{x+3}-1}{x+2}$
(3) $\displaystyle\lim_{x\to 0}\frac{\sin 2x}{\sin 3x}$

5 次の極限値を求めなさい。

(1) $\displaystyle\lim_{x\to -\infty}(\sqrt{x^2+x}+x)$
(2) $\displaystyle\lim_{x\to -\infty}x^2\left(1-\cos\frac{1}{x}\right)$

6 $\displaystyle\lim_{x\to 2}\frac{a\sqrt{x+2}+b}{x-2}=2$ となるような定数 a，b の値を求めなさい。

7 関数 $f(x)=\displaystyle\lim_{n\to\infty}\frac{x^{2n-1}+ax+b}{x^{2n}+1}$ がすべての実数 x について連続となるように，定数 a，b の値を定めなさい。

（すべての実数 x について関数 $f(x)$ が連続であるとは，任意の実数 a に対して極限値 $\displaystyle\lim_{x\to a}f(x)$ が存在して，$\displaystyle\lim_{x\to a}f(x)=f(a)$ が成り立つことをいいます。）

第5章 微分法・積分法

5-2 微分と導関数

1 微分係数と導関数

物体が運動しているとき，その位置と関数のグラフを対応させると，瞬間速度はグラフの接線の傾きで表されます。

● 微分係数

関数 $y=f(x)$ において，極限値
$$f'(a)=\lim_{h\to 0}\frac{f(a+h)-f(a)}{h} \quad \begin{array}{l}\leftarrow y \text{の変化量}\\ \leftarrow x \text{の変化量}\end{array}$$
が存在するとき，これを $f(x)$ の $x=a$ における**微分係数**といい，$f(x)$ は $x=a$ で**微分可能**であるという。また，関数 $f(x)$ がある区間のすべての点で微分可能であるとき，$f(x)$ はこの区間で微分可能という。$f'(a)$ は $\lim_{x\to a}\dfrac{f(x)-f(a)}{x-a}$ とも表され，点 $(a, f(a))$ における接線の傾きを表す。

● 微分法

$f'(a)$ の a を x に置き換えて得られる関数 $f'(x)$ を $f(x)$ の**導関数**という。導関数を表す記号は，$f'(x)$ のほかに，y', $\dfrac{dy}{dx}$, $\dfrac{d}{dx}f(x)$ などがある。

$f(x)$ の導関数を求めることを，$f(x)$ を**微分する**という。

> **Check!**
>
> 微分係数　　$f'(a)=\lim_{h\to 0}\dfrac{f(a+h)-f(a)}{h}=\lim_{x\to a}\dfrac{f(x)-f(a)}{x-a}$
>
> 導関数　　　$f'(x)=\lim_{h\to 0}\dfrac{f(x+h)-f(x)}{h}$

たとえば，$f(x)=x^2$ のときは，
$$f'(a)=\lim_{h\to 0}\frac{(a+h)^2-a^2}{h}=\lim_{h\to 0}\frac{2ah+h^2}{h}=\lim_{h\to 0}(2a+h)=2a+0=2a$$
となり，$f'(x)=2x$ となる。

● x^a の導関数

正の整数 n について，二項定理より，
$$(x+h)^n=x^n+{}_nC_1 x^{n-1}h+{}_nC_2 x^{n-2}h^2+\cdots\cdots+h^n$$
が成り立つことから，$(x^n)'=nx^{n-1}$ が導かれる。また，定数 c について，$(c)'=0$ が成り立つ。

正の整数を含めたすべての実数 α についても同様に，$(x^\alpha)' = \alpha x^{\alpha-1}$ が成り立ち，この式で $\alpha=0$ としても，$(1)'=0$ となる。

Check!
x^α の導関数　　$(x^\alpha)' = \alpha x^{\alpha-1}$
定数関数の導関数　　$(c)' = 0$

また，導関数の定義から関数 $f(x)$, $g(x)$ について，次が成り立つ。

- $\{f(x) \pm g(x)\}' = f'(x) \pm g'(x)$　　（複号同順）
- $\{kf(x)\}' = kf'(x)$　　（k は定数）

テスト　関数 $y = x^3 - 2x^2 + x - 3$ を微分しなさい。　　**答え**　$y' = 3x^2 - 4x + 1$

2 いろいろな形で表される関数の微分法

複数の関数の積の形，商の形で表される関数や，合成関数，逆関数の微分法について学びます。

● 関数の積・商の微分法

導関数の定義から，積の微分法と商の微分法について，それぞれ

$$\{f(x)g(x)\}' = f'(x)g(x) + f(x)g'(x), \quad \left\{\frac{1}{g(x)}\right\}' = -\frac{g'(x)}{\{g(x)\}^2}$$

が成り立つ。これらの証明については，p.148 の練習問題❸で行う。

また，$\dfrac{f(x)}{g(x)} = f(x) \cdot \dfrac{1}{g(x)}$ と考えると，$\left\{\dfrac{f(x)}{g(x)}\right\}' = \dfrac{f'(x)g(x) - f(x)g'(x)}{\{g(x)\}^2}$

が得られる。

Check!

積の微分法　　$\{f(x)g(x)\}' = f'(x)g(x) + f(x)g'(x)$

商の微分法　　$\left\{\dfrac{1}{g(x)}\right\}' = -\dfrac{g'(x)}{\{g(x)\}^2}$, 　$\left\{\dfrac{f(x)}{g(x)}\right\}' = \dfrac{f'(x)g(x) - f(x)g'(x)}{\{g(x)\}^2}$

たとえば，$y = \dfrac{1}{x+2}$ を微分すると，$y' = -\dfrac{(x+2)'}{(x+2)^2} = -\dfrac{1}{(x+2)^2}$ となる。

テスト　関数 $y = \dfrac{2x}{x^2+1}$ を微分しなさい。　　**答え**　$y' = \dfrac{-2x^2+2}{(x^2+1)^2}$

第5章　微分法・積分法

● 合成関数の微分法

$y=f(g(x))$ の式で表される関数を**合成関数**という。たとえば，$f(x)=3x^2$，$g(x)=x^2+1$ とすると，$y=f(g(x))=f(x^2+1)=3(x^2+1)^2$ となる。

$f(g(x))=(f\circ g)(x)$，$g(f(x))=(g\circ f)(x)$ と表す

関数 $y=f(u)$ と $u=g(x)$ がともに微分可能であるとき，合成関数 $y=f(g(x))$ の導関数は，$\dfrac{dy}{dx}=\dfrac{dy}{du}\cdot\dfrac{du}{dx}$ と表される。また，$y'=\{f(g(x))\}'$ であり，

$$\dfrac{dy}{du}=f'(u)=f'(g(x)), \qquad \dfrac{du}{dx}=g'(x)$$

と表すこともできるので，$y=f(g(x))$ を微分すると，$y'=f'(g(x))\cdot g'(x)$ となる。たとえば，$f(x)=3x^2$，$g(x)=x^2+1$ のとき，$f'(x)=(3x^2)'=6x$ だから，

$$y'=6g(x)\cdot g'(x)=6(x^2+1)(x^2+1)'$$
$$=12x(x^2+1)$$

となる。

Check!
合成関数の微分法
$\{f(g(x))\}'=f'(g(x))\cdot g'(x)$

テスト 関数 $y=(3x+1)^4$ を微分しなさい。

答え $y'=12(3x+1)^3$

● 逆関数の微分法

$x=f(y)$ の形で表される関数があるとき，合成関数の微分法より，

$$(x)'=f'(y)\cdot\dfrac{dy}{dx}, \quad \text{すなわち} \quad 1=\dfrac{dx}{dy}\cdot\dfrac{dy}{dx}$$

となることから，$\dfrac{dy}{dx}=\dfrac{1}{\dfrac{dx}{dy}}$ が得られる。たとえば，$y=\sqrt{x}$ のとき $x=y^2$ だから，この方法で微分すると，

$$1=2yy' \quad \text{より}, \quad y'=\dfrac{1}{2y}=\dfrac{1}{2\sqrt{x}}$$

が得られ，$y=x^{\frac{1}{2}}$ と考えて微分した結果とも一致する。

Check!
逆関数の微分法
$\dfrac{dy}{dx}=\dfrac{1}{\dfrac{dx}{dy}}$

3 三角関数の導関数

これまでに学んだ三角関数の公式や導関数の定義を使って，三角関数の導関数を導くことができます。

● 三角関数の導関数

三角関数の加法定理と，p.129 で学んだ三角関数の極限 $\lim_{\theta \to 0} \dfrac{\sin \theta}{\theta} = 1$ から，$(\sin x)' = \cos x$ が導かれる。この証明は，p.147 の応用問題 3 で行う。

$(\sin x)' = \cos x$ と，$\cos x = \sin\left(x + \dfrac{\pi}{2}\right)$ を用いると，合成関数の微分法より，

$$(\cos x)' = \left\{\sin\left(x + \dfrac{\pi}{2}\right)\right\}' = \cos\left(x + \dfrac{\pi}{2}\right)\left(x + \dfrac{\pi}{2}\right)' = \cos\left(x + \dfrac{\pi}{2}\right) = -\sin x$$

また，$(\sin x)' = \cos x$，$(\cos x)' = -\sin x$ を用いると，商の微分法より，

$$(\tan x)' = \left(\dfrac{\sin x}{\cos x}\right)' = \dfrac{(\sin x)' \cos x - \sin x (\cos x)'}{\cos^2 x} = \dfrac{\cos^2 x + \sin^2 x}{\cos^2 x} = \dfrac{1}{\cos^2 x}$$

が導かれる。

Check!

三角関数の導関数
$(\sin x)' = \cos x$，　$(\cos x)' = -\sin x$，　$(\tan x)' = \dfrac{1}{\cos^2 x}$

テスト 関数 $y = \cos 5x$ を微分しなさい。　　**答え** $y' = -5 \sin 5x$

4 指数関数・対数関数の導関数

これまでに学んだ指数関数・対数関数の公式や導関数の定義を使って，指数関数・対数関数の導関数を導くことができます。

● 対数関数の導関数

自然対数の底 e は，$e = \lim_{h \to 0}(1 + h)^{\frac{1}{h}}$ で定義される。このことから，

$$(\log_e x)' = \lim_{h \to 0} \dfrac{\log_e (x + h) - \log_e x}{h} = \lim_{h \to 0} \dfrac{1}{h}\{\log_e(x + h) - \log_e x\}$$

$$= \lim_{h \to 0} \dfrac{1}{h} \log_e \dfrac{x + h}{x} = \lim_{h \to 0} \dfrac{1}{h} \log_e\left(1 + \dfrac{h}{x}\right) = \lim_{h \to 0} \log_e\left(1 + \dfrac{h}{x}\right)^{\frac{1}{h}}$$

$$= \lim_{h \to 0} \log_e\left\{\left(1 + \dfrac{h}{x}\right)^{\frac{x}{h}}\right\}^{\frac{1}{x}} = \lim_{h \to 0} \dfrac{1}{x} \log_e\left(1 + \dfrac{h}{x}\right)^{\frac{x}{h}} = \dfrac{1}{x} \log_e e = \dfrac{1}{x}$$

が導かれる。さらに，底の変換公式より $\log_a x = \dfrac{\log_e x}{\log_e a}$ だから，底を a とする対数関数の導関数は，$(\log_a x)' = \dfrac{1}{x \log_e a}$ と導かれる。

これらの関数の x を $|x|$ に置き換えた関数に関しても，次の式が成り立つ。

$$(\log_e|x|)' = \frac{1}{x}, \qquad (\log_a|x|)' = \frac{1}{x\log_e a}$$

Check!

対数関数の導関数
- $(\log_e x)' = (\log_e|x|)' = \dfrac{1}{x}$
- $(\log_a x)' = (\log_a|x|)' = \dfrac{1}{x\log_e a}$ 　（ただし，$a>0$，$a \neq 1$）

微分可能な関数 $y=f(x)$ について，合成関数の微分法から，$(\log_e|y|)' = \dfrac{y'}{y}$ が成り立つ。この性質を用いて，両辺の自然対数をとり，その両辺を微分することによって導関数を求める方法を**対数微分法**という。

たとえば，$y=x^x (x>0)$ を対数微分法を用いて微分すると，次のようになる。

両辺の自然対数をとると，$\log_e y = x\log_e x$

この両辺を x で微分すると，$\dfrac{y'}{y} = \log_e x + x \cdot \dfrac{1}{x} = \log_e x + 1$

よって，$y' = y(\log_e x + 1) = x^x(\log_e x + 1)$

テスト 関数 $y=(\log_e x)^3$ を微分しなさい。　　**答え** $y' = \dfrac{3(\log_e x)^2}{x}$

● 指数関数の導関数

$y=a^x$ の両辺の自然対数をとると，$\log_e y = x\log_e a$ となる。この両辺を x で微分すると，$\dfrac{y'}{y} = \log_e a$ となることから，$(a^x)' = a^x \log_e a$ が導かれる。たとえば，$y=3^x$ を微分すると，$y'=3^x \log_e 3$ となる。

とくに，$a=e$ のとき，$(e^x)' = e^x$ が成り立つ。

Check!

指数関数の導関数
$(e^x)' = e^x$, 　　$(a^x)' = a^x \log_e a$ 　（ただし，$a>0$，$a \neq 1$）

また，同様の方法を用いると，任意の実数の定数 α に対して，$(x^\alpha)' = \alpha x^{\alpha-1}$ が成り立つ。たとえば，$(x^\pi)' = \pi x^{\pi-1}$ である。

テスト 関数 $y=e^{-2x}$ を微分しなさい。　　　**答え** $y'=-2e^{-2x}$

5 高次導関数

関数 $y=f(x)$ を x で2回微分することで，その曲線の凹凸の様子まで調べることができます。

● 高次導関数

関数 $y=f(x)$ の導関数 $f'(x)$ が微分可能であるとき，$f'(x)$ を微分したものを $f(x)$ の第2次導関数といい，y''，$f''(x)$，$\dfrac{d^2y}{dx^2}$ などの記号で表す。たとえば，$y=x^4$ の第2次導関数は，$y'=4x^3$ より，$y''=(4x^3)'=12x^2$ である。

第2次導関数をさらに微分したものを第3次導関数といい，y'''，$f'''(x)$，$\dfrac{d^3y}{dx^3}$ などの記号で表す。一般に，第 n 次導関数は $y^{(n)}$，$f^{(n)}(x)$，$\dfrac{d^ny}{dx^n}$ などの記号で表される。第2次以上の導関数を **高次導関数** という。

テスト 関数 $y=\sin x$ の第4次までの導関数を求めなさい。

答え $y'=\cos x$，$y''=-\sin x$，$y'''=-\cos x$，$y^{(4)}=\sin x$

6 曲線の方程式と導関数

これまでは陽関数 $y=f(x)$ の形で表される曲線の式について考えてきましたが，ここでは陰関数 $F(x, y)=0$ の形で表される曲線の式について，その導関数を求めます。

● 関数 $F(x, y)=0$ の導関数

$x^2+y^2=1$ を x の関数と考えて，両辺を x で微分すると，$2x+2y\dfrac{dy}{dx}=0$ となるから，$\dfrac{dy}{dx}=-\dfrac{x}{y}$ が得られる。

合成関数の微分法 →

一方，円 $x^2+y^2=1$ は 2 つの関数 $y=\sqrt{1-x^2}$，$y=-\sqrt{1-x^2}$ のグラフを合わせたものと考えることができる。関数 $y=\sqrt{1-x^2}$ を微分すると，

$$y'=\left\{(1-x^2)^{\frac{1}{2}}\right\}'=\frac{1}{2}(1-x^2)^{-\frac{1}{2}}(1-x^2)'=\frac{1}{2}\cdot\frac{1}{\sqrt{1-x^2}}\cdot(-2x)$$

$$=-\frac{x}{\sqrt{1-x^2}}=-\frac{x}{y}$$

同様にして，$y=-\sqrt{1-x^2}$ も $y'=-\dfrac{x}{y}$ となり，上の結果と等しくなる。

このように，$F(x, y)=0$ の形で表された関数について，$\dfrac{dy}{dx}$ を x，y を用いて表すことができる。

テスト 放物線 $y^2=8x$ について，$\dfrac{dy}{dx}$ を y の式で表しなさい。 **答え** $\dfrac{dy}{dx}=\dfrac{4}{y}$

7 媒介変数表示された関数の導関数

媒介変数で表された関数の導関数は，合成関数と逆関数の微分法を使って求めることができます。

● $x=f(t)$，$y=g(t)$ の式で表された関数の導関数

点 P(x, y) の x 座標，y 座標がそれぞれ $x=f(t)$，$y=g(t)$（t は媒介変数）と表されるとき，$\dfrac{dy}{dt}=\dfrac{dy}{dx}\cdot\dfrac{dx}{dt}$ だから，$\dfrac{dy}{dx}=\dfrac{\dfrac{dy}{dt}}{\dfrac{dx}{dt}}=\dfrac{g'(t)}{f'(t)}$ が成り立つ。

たとえば放物線 $y^2=8x$ は，

$$x=2t^2,\ y=4t$$

と表されるから，

$$\frac{dy}{dx}=\frac{(4t)'}{(2t^2)'}=\frac{1}{t}$$

となる。

Check!

媒介変数で表された関数の微分法

$x=f(t)$，$y=g(t)$ のとき，$\dfrac{dy}{dx}=\dfrac{\dfrac{dy}{dt}}{\dfrac{dx}{dt}}=\dfrac{g'(t)}{f'(t)}$

テスト $\begin{cases}x=t-1\\y=t^2+2\end{cases}$ のとき，$\dfrac{dy}{dx}$ を t の式で表しなさい。 **答え** $\dfrac{dy}{dx}=2t$

基本問題

1 導関数の定義にしたがって，$f(x)=\sqrt{2x-1}$ を微分しなさい。

考え方 $f'(x)=\displaystyle\lim_{h\to 0}\frac{f(x+h)-f(x)}{h}$ を用いる。

解き方 $f'(x)=\displaystyle\lim_{h\to 0}\frac{f(x+h)-f(x)}{h}=\lim_{h\to 0}\frac{\sqrt{2(x+h)-1}-\sqrt{2x-1}}{h}$

$=\displaystyle\lim_{h\to 0}\frac{\{\sqrt{2(x+h)-1}-\sqrt{2x-1}\}\{\sqrt{2(x+h)-1}+\sqrt{2x-1}\}}{h\{\sqrt{2(x+h)-1}+\sqrt{2x-1}\}}$

$=\displaystyle\lim_{h\to 0}\frac{\{2(x+h)-1\}-(2x-1)}{h\{\sqrt{2(x+h)-1}+\sqrt{2x-1}\}}=\lim_{h\to 0}\frac{2h}{h\{\sqrt{2(x+h)-1}+\sqrt{2x-1}\}}$

$=\displaystyle\lim_{h\to 0}\frac{2}{\sqrt{2(x+h)-1}+\sqrt{2x-1}}=\frac{1}{\sqrt{2x-1}}$

答え $f'(x)=\dfrac{1}{\sqrt{2x-1}}$

2 次の関数を微分しなさい。
(1) $y=\dfrac{1}{3}x^3+\dfrac{1}{2}x^2+x$
(2) $y=(3x-4)(2x^2-3x+1)$
(3) $y=\dfrac{x^2}{3x+1}$

考え方 (2) 積の微分法を用いる（先に展開してから微分してもよい）。

解き方 (1) $y'=\dfrac{1}{3}\cdot 3x^2+\dfrac{1}{2}\cdot 2x+1=x^2+x+1$ **答え** $y'=x^2+x+1$

(2) $y=(3x-4)'(2x^2-3x+1)+(3x-4)(2x^2-3x+1)'$
$=3(2x^2-3x+1)+(3x-4)(4x-3)=18x^2-34x+15$

答え $y'=18x^2-34x+15$

(3) $y'=\dfrac{(x^2)'(3x+1)-x^2(3x+1)'}{(3x+1)^2}=\dfrac{2x\cdot(3x+1)-3x^2}{(3x+1)^2}=\dfrac{3x^2+2x}{(3x+1)^2}$

答え $y'=\dfrac{3x^2+2x}{(3x+1)^2}$

重要 3 次の関数を微分しなさい。

(1) $y = \sqrt[3]{x^3+3}$

(2) $y = \sqrt{(x+1)^5}$

(3) $y = (2x-5)\sqrt{x+3}$

(4) $y = \dfrac{3}{x\sqrt{x}}$

考え方
(1) $y = (x^3+3)^{\frac{1}{3}}$ と考え，合成関数の微分法を用いる。

(3) 積の微分法を用い，さらに $(\sqrt{x+3})'$ を求める。

(4) $y = 3x^{-\frac{3}{2}}$ と考える（商の微分法を用いてもよい）。

解き方
(1) $y = (x^3+3)^{\frac{1}{3}}$ だから，

$$y' = \frac{1}{3}(x^3+3)^{-\frac{2}{3}} \cdot (x^3+3)' = \frac{1}{3} \cdot \frac{1}{\sqrt[3]{(x^3+3)^2}} \cdot 3x^2 = \frac{x^2}{\sqrt[3]{(x^3+3)^2}}$$

答え $y' = \dfrac{x^2}{\sqrt[3]{(x^3+3)^2}}$

(2) $y = (x+1)^{\frac{5}{2}}$ だから，$y' = \dfrac{5}{2}(x+1)^{\frac{3}{2}} \cdot (x+1)' = \dfrac{5}{2}\sqrt{(x+1)^3}$

答え $y' = \dfrac{5}{2}\sqrt{(x+1)^3}$

(3) $y' = (2x-5)'\sqrt{x+3} + (2x-5)(\sqrt{x+3})'$

$= 2\sqrt{x+3} + (2x-5) \cdot \dfrac{(x+3)'}{2\sqrt{x+3}}$ ← $(\sqrt{x})' = (x^{\frac{1}{2}})' = \dfrac{1}{2}x^{-\frac{1}{2}} = \dfrac{1}{2\sqrt{x}}$

$= 2\sqrt{x+3} + \dfrac{2x-5}{2\sqrt{x+3}} = \dfrac{4(x+3)+2x-5}{2\sqrt{x+3}}$

$= \dfrac{6x+7}{2\sqrt{x+3}}$

答え $y' = \dfrac{6x+7}{2\sqrt{x+3}}$

(4) $y = 3x^{-\frac{3}{2}}$ だから，$y' = 3 \cdot \left(-\dfrac{3}{2}\right)x^{-\frac{5}{2}} = -\dfrac{9}{2x^2\sqrt{x}}$

答え $y' = -\dfrac{9}{2x^2\sqrt{x}}$

別解 $x\sqrt{x} = x^{\frac{3}{2}}$ と考え，商の微分法を用いると，

$$y' = -\frac{3\left(x^{\frac{3}{2}}\right)'}{(x\sqrt{x})^2} = -\frac{3 \cdot \frac{3}{2}x^{\frac{1}{2}}}{x^3} = -\frac{9}{2x^{\frac{5}{2}}} = -\frac{9}{2x^2\sqrt{x}}$$

1次 重要 4 次の関数を微分しなさい。ただし，e は自然対数の底を表します。

(1) $y = \dfrac{\cos x}{\sin x + \cos x}$ (2) $y = \sin^3 4x$

(3) $y = \log_e \sqrt{x^2+1}$ (4) $y = x^2 e^{-x}$

考え方 積の微分法，商の微分法，合成関数の微分法の公式を用いる。

解き方

(1) $y' = \dfrac{(\cos x)'(\sin x + \cos x) - \cos x(\sin x + \cos x)'}{(\sin x + \cos x)^2}$

$= \dfrac{-\sin x(\sin x + \cos x) - \cos x(\cos x - \sin x)}{(\sin x + \cos x)^2}$

$= \dfrac{-\sin^2 x - \cos^2 x}{(\sin x + \cos x)^2} = -\dfrac{1}{(\sin x + \cos x)^2}$

答え $y' = -\dfrac{1}{(\sin x + \cos x)^2}$

(2) $y' = 3\sin^2 4x \cdot (\sin 4x)' = 3\sin^2 4x \cos 4x \cdot (4x)' = 12\sin^2 4x \cos 4x$

答え $y' = 12\sin^2 4x \cos 4x$

(3) $y' = \dfrac{(\sqrt{x^2+1})'}{\sqrt{x^2+1}} = \dfrac{1}{\sqrt{x^2+1}} \cdot \dfrac{(x^2+1)'}{2\sqrt{x^2+1}} = \dfrac{2x}{2(x^2+1)} = \dfrac{x}{x^2+1}$

答え $y' = \dfrac{x}{x^2+1}$

(4) $y' = (x^2)'e^{-x} + x^2(e^{-x})' = 2xe^{-x} + x^2 e^{-x}(-x)' = 2xe^{-x} - x^2 e^{-x} = e^{-x}(2x - x^2)$

答え $y' = e^{-x}(2x - x^2)$

1次 5 関数 $y = e^x \cos x$ について，y' と y'' を求めなさい。ただし e は自然対数の底を表します。

解き方 $y' = (e^x)' \cos x + e^x(\cos x)' = e^x(\cos x - \sin x)$

$y'' = (y')' = (e^x)'(\cos x - \sin x) + e^x(\cos x - \sin x)'$

$= e^x(\cos x - \sin x) + e^x(-\sin x - \cos x) = -2e^x \sin x$

答え $y' = e^x(\cos x - \sin x),\ y'' = -2e^x \sin x$

第5章 微分法・積分法

応用問題

1 正の整数 m に対して，関数 $y=x^{\frac{1}{m}}$ があります。このとき，$y=x^n$（n は正の整数）ならば $y'=nx^{n-1}$ であることと，合成関数の微分法を用いて，y を x で微分しなさい。

考え方 x を y で表し，合成関数の微分法を用いて両辺を x で微分する。

解き方 $y=x^{\frac{1}{m}}$ より，$y^m=x$

両辺を x で微分すると，合成関数の微分法から，$my^{m-1}\cdot\dfrac{dy}{dx}=1$

$\{f(g(x))\}'=f'(g(x))\cdot g'(x)$
ただし，$f(x)=x^m$，$g(x)=y$

よって，$\dfrac{dy}{dx}=\dfrac{1}{my^{m-1}}$ であり，この式に $y=x^{\frac{1}{m}}$ を代入すると，

$\dfrac{dy}{dx}=\dfrac{1}{mx^{\frac{m-1}{m}}}=\dfrac{1}{m}x^{-\frac{m-1}{m}}=\dfrac{1}{m}x^{\frac{1}{m}-1}$

答え $y'=\dfrac{1}{m}x^{\frac{1}{m}-1}$

2 $f(x)$ が $x=a$ で微分可能であるとき，$g(a)=\lim\limits_{h\to 0}\dfrac{f(a+3h)-f(a-h)}{h}$ を，a，$f'(a)$ のうち必要なものを用いて表しなさい。

考え方 微分係数の定義 $\lim\limits_{h\to 0}\dfrac{f(a+h)-f(a)}{h}=f'(a)$ の形に変形する。

解き方 $g(a)=\lim\limits_{h\to 0}\dfrac{f(a+3h)-f(a-h)}{h}=\lim\limits_{h\to 0}\dfrac{f(a+3h)-f(a)+f(a)-f(a-h)}{h}$

$=\lim\limits_{h\to 0}\dfrac{\{f(a+3h)-f(a)\}+\{f(a)-f(a-h)\}}{h}$

$=\lim\limits_{h\to 0}\left\{3\cdot\dfrac{f(a+3h)-f(a)}{3h}+\dfrac{f(a-h)-f(a)}{-h}\right\}$

$\qquad\qquad\qquad\qquad\underbrace{\qquad\qquad\qquad\qquad\qquad\qquad}_{f'(a)}$

$=3f'(a)+f'(a)=4f'(a)$

答え $g(a)=4f'(a)$

2次 ③ 導関数の定義にしたがって、関数 $f(x)=\sin x$ を微分しなさい。ただし、$\lim_{\theta \to 0}\dfrac{\sin\theta}{\theta}=1$ は証明せずに用いてよいものとします。

解き方
$$f'(x)=\lim_{h\to 0}\dfrac{f(x+h)-f(x)}{h}=\lim_{h\to 0}\dfrac{\sin(x+h)-\sin x}{h}$$
$$=\lim_{h\to 0}\dfrac{\sin x\cos h+\cos x\sin h-\sin x}{h}$$
$$=\lim_{h\to 0}\left(-\sin x\cdot\dfrac{1-\cos h}{h}+\cos x\cdot\dfrac{\sin h}{h}\right)$$

ここで、$\lim_{h\to 0}\dfrac{\sin h}{h}=1$ だから、

$$\lim_{h\to 0}\dfrac{1-\cos h}{h}=\lim_{h\to 0}\dfrac{(1-\cos h)(1+\cos h)}{h(1+\cos h)}=\lim_{h\to 0}\dfrac{\sin^2 h}{h(1+\cos h)}$$
$$=\lim_{h\to 0}\left(\dfrac{\sin h}{h}\cdot\dfrac{\sin h}{1+\cos h}\right)=1\cdot\dfrac{0}{1+1}=0$$

したがって、$f'(x)=-\sin x\cdot 0+\cos x\cdot 1=\cos x$

答え $f'(x)=\cos x$

1次 ④ 関数 $y=\dfrac{\sqrt[3]{x-1}}{(x+3)^3}$ を微分しなさい。

考え方 両辺の絶対値の自然対数をとってから微分する。

解き方 両辺の絶対値の自然対数をとると、$\log_e|y|=\dfrac{1}{3}\log_e|x-1|-3\log_e|x+3|$

両辺を x で微分すると、

$$\dfrac{y'}{y}=\dfrac{1}{3(x-1)}-\dfrac{3}{x+3}=\dfrac{x+3-9(x-1)}{3(x-1)(x+3)}=-\dfrac{8x-12}{3(x-1)(x+3)}$$

したがって、

$$y'=y\cdot\left\{-\dfrac{8x-12}{3(x-1)(x+3)}\right\}=-\dfrac{(8x-12)\sqrt[3]{x-1}}{3(x-1)(x+3)^4}$$

答え $y'=-\dfrac{(8x-12)\sqrt[3]{x-1}}{3(x-1)(x+3)^4}$

練習問題

答え：別冊P35～P39

1 次の関数を微分しなさい。
(1) $y = 3x^3 - x^2 + 6x + 4$
(2) $y = (x^2 + 2)(3x^2 - x + 1)$

2 次の関数を微分しなさい。
(1) $y = \dfrac{3x+1}{x-3}$
(2) $y = \sqrt{x^2 - x + 1}$
(3) $y = \dfrac{1}{\sqrt[3]{2x-1}}$

3 微分可能な関数 $f(x)$, $g(x)$, $h(x)$ に関して，次の問いに答えなさい。
(1) 導関数の定義にしたがって，$\{f(x)g(x)\}' = f'(x)g(x) + f(x)g'(x)$ を導きなさい。
(2) (1)の結果を利用して，$f(x)g(x)h(x)$ の導関数を求めなさい。
(3) 導関数の定義にしたがって，$\left\{\dfrac{1}{f(x)}\right\}' = -\dfrac{f'(x)}{\{f(x)\}^2}$ を導きなさい。

4 次の関数を微分しなさい。
(1) $y = \dfrac{x}{\cos x}$
(2) $y = \sin 3x \cos 2x$
(3) $y = \log_e \sqrt{x^2 + x + 1}$
(4) $y = x^2 \cdot 2^x$

5 方程式 $x^2 + 3xy + y^2 = 4$ で定められる関数について，$\dfrac{dy}{dx}$ を求めなさい。

6 関数 $y = e^{2x} \cos x$ について，次の問いに答えなさい。
(1) y', y'', y''' を求めなさい。
(2) $y''' = ay' + by''$ を満たすように，定数 a, b の値を定めなさい。

7 円 $x^2 + y^2 = 1$ …① と直線 $y = t(x+1)$ …② の交点のうち，点A$(-1, 0)$ と異なる点をP(x, y) とします。これについて，次の問いに答えなさい。
(1) x, y をそれぞれ t の式で表しなさい。
(2) t が 0 でないすべての実数の値をとるとき，$\dfrac{dy}{dx}$ を t を用いて表しなさい。

5-3 微分法の応用

1 接線と法線

　座標平面上の直線の式は，通る点と傾きがわかれば求めることができます。このことから，曲線上のある点における接線と法線は，傾きがわかれば求めることができます。

● 接線と法線の方程式

　曲線 $y=f(x)$ 上の点 $P(a, f(a))$ における接線の傾きは $f'(a)$ だから，その接線の方程式は，$y-f(a)=f'(a)(x-a)$ となる。また，点 P を通り，P における接線と垂直に交わる直線を**法線**といい，$f'(a) \neq 0$ のとき，その方程式は，$y-f(a)=-\dfrac{1}{f'(a)}(x-a)$ となる。

> **Check!**
>
> 曲線 $y=f(x)$ 上の点 $P(a, f(a))$ における接線と法線
> 　接線の方程式　$y-f(a)=f'(a)(x-a)$
> 　法線の方程式　$y-f(a)=-\dfrac{1}{f'(a)}(x-a)$　（ただし，$f'(a) \neq 0$）

テスト　曲線 $y=x^4$ 上の点 $(1, 1)$ における接線の方程式を求めなさい。

答え　$y=4x-3$

2 関数のグラフ

　関数のグラフの概形を知るには，微分して増減や極値などを調べます。グラフの凹凸の様子まで知るには，2 回微分して調べます。

● 関数の増減

　$a<x<b$ で連続かつ微分可能である関数 $f(x)$ の増減は，$f'(x)$ の符号によって決まる。$f'(x)>0$ ならば $f(x)$ はその区間で増加，$f'(x)<0$ ならば $f(x)$ は減少する。

また，$x=a$ を境にして $f'(x)$ の符号が正から負に変わるとき，$f(x)$ は $x=a$ で**極大**になるといい，$f(a)$ を**極大値**という。逆に，$f'(x)$ の符号が負から正に変わるとき，$f(x)$ は $x=a$ で**極小**になるといい，$f(a)$ を**極小値**という。極大値と極小値をまとめて**極値**という。

Check!

- $a<x<b$ で $f'(x)>0$ ならば，$f(x)$ はその区間で増加
- $a<x<b$ で $f'(x)<0$ ならば，$f(x)$ はその区間で減少
- $x=a$ を境にして $f'(x)$ の符号が正→負ならば，$f(a)$ は極大値
- $x=a$ を境にして $f'(x)$ の符号が負→正ならば，$f(a)$ は極小値

たとえば，関数 $y=\dfrac{\log_e x}{x}$ の極値を求めるにあたって，y' を求めると，

$$y'=\frac{(\log_e x)'\cdot x-\log_e x\cdot(x)'}{x^2}=\frac{\dfrac{1}{x}\cdot x-\log_e x\cdot 1}{x^2}=\frac{1-\log_e x}{x^2}$$

となる。分母はつねに正であり，分子は $x=e$ を境にして，$0<x<e$ のとき正，$e<x$ のとき負となる。したがって，$x=e$ で極大値 $\dfrac{1}{e}$ をとる。

右の表を**増減表**という。

x	0	$\cdots$	e	$\cdots$
y'		$+$	0	$-$
y		$\nearrow$	$\dfrac{1}{e}$	$\searrow$

● 曲線の凹凸と変曲点

曲線 $y=f(x)$ について，$f'(x)$ は曲線の接線の傾きを表すことから，$f''(x)$ は曲線 $y=f(x)$ の接線の傾きの増減を表し，$f''(x)$ の符号によって曲線 $y=f(x)$ の凹凸を調べることができる。

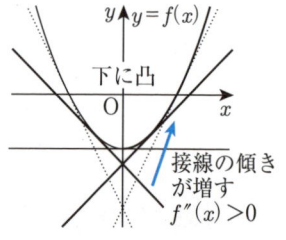

$f''(x)>0$ となる区間では，$f'(x)$ の値が増加するから，この区間で曲線 $y=f(x)$ は下に凸となる。$f''(x)<0$ となる区間では，曲線 $y=f(x)$ は上に凸となる。

また，曲線の凹凸が入れかわる境目の点を**変曲点**という。

Check!

曲線の凹凸

$f''(x)>0$ となる区間では，曲線 $y=f(x)$ は下に凸

$f''(x)<0$ となる区間では，曲線 $y=f(x)$ は上に凸

テスト 曲線 $y=x^3-3x+2$ の変曲点を求めなさい。　　**答え** $(0, 2)$

● 関数 $y=f(x)$ のグラフ

関数のグラフをかくときは，定義域，対称性・周期性，増減・極値，凹凸，変曲点，交点，漸近線，不連続点などを調べる。

たとえば，曲線 $y=x+\dfrac{1}{x}$ については，$y'=1-\dfrac{1}{x^2}=\dfrac{(x+1)(x-1)}{x^2}$，$y''=\dfrac{2}{x^3}$ となるから，増減表，極値，およびグラフは以下のようになる。漸近線は，

$$\lim_{x\to+0}y=\infty,\ \lim_{x\to-0}y=-\infty$$
$$\lim_{x\to\infty}(y-x)=\lim_{x\to\infty}\dfrac{1}{x}=0,\ \lim_{x\to-\infty}(y-x)=\lim_{x\to-\infty}\dfrac{1}{x}=0$$

より，y 軸と直線 $y=x$ がこの曲線の漸近線となる。

x	…	-1	…	0	…	1	…
y'	$+$	0	$-$		$-$	0	$+$
y''	$-$	$-$	$-$		$+$	$+$	$+$
y	↗	極大 -2	↘		↘	極小 2	↗

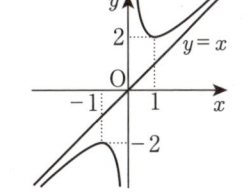

Check!

> 関数 $y=f(x)$ のグラフ
> 定義域，対称性・周期性，増減・極値，凹凸・変曲点，交点，極限，漸近線，不連続点などについて調べる。

たとえば，曲線 $y=\dfrac{x^2}{x-2}$ の漸近線は，次のように変形して求める。

$$y=\dfrac{x^2}{x-2}=\dfrac{x^2-4+4}{x-2}=\dfrac{(x-2)(x+2)+4}{x-2}=\dfrac{4}{x-2}+x+2$$

このことから，$\lim_{x\to2+0}y=\infty$，$\lim_{x\to2-0}y=-\infty$

$$\lim_{x\to\infty}\{y-(x+2)\}=\lim_{x\to\infty}\dfrac{4}{x-2}=0,\ \lim_{x\to-\infty}\{y-(x+2)\}=\lim_{x\to-\infty}\dfrac{4}{x-2}=0$$

が成り立つので，漸近線は直線 $x=2$ と $y=x+2$ である。

Check!

> 漸近線の求め方
> ・$\lim_{x\to k-0}f(x)=\pm\infty$ または $\lim_{x\to k+0}f(x)=\pm\infty$ ならば，$x=k$ は $y=f(x)$ の漸近線
> ・$\lim_{x\to\infty}f(x)=c$ または $\lim_{x\to-\infty}f(x)=c$ ならば，$y=c$ は $y=f(x)$ の漸近線
> ・$\lim_{x\to\pm\infty}\{f(x)-(ax+b)\}=0$ ならば，$y=ax+b$ は $y=f(x)$ の漸近線

基本問題

1 原点から曲線 $y=\log_e x$ に引いた接線の方程式を求めなさい。

考え方 接点の x 座標を a として，接線の方程式を a を用いて表す。

解き方 $f(x)=\log_e x$ とすると，$f'(x)=\dfrac{1}{x}$

接点の座標を $(a,\ \log_e a)$ とすると，接線の傾きは，$f'(a)=\dfrac{1}{a}$ だから，接線の方程式は，$y-\log_e a=\dfrac{1}{a}(x-a)$ …① と表される。

直線①が原点 $(0,\ 0)$ を通ることから，$0-\log_e a=\dfrac{1}{a}(0-a)$ より，$\log_e a=1$

よって，$a=e$ である。これを①に代入して，求める接線の方程式は，

$y-\log_e e=\dfrac{1}{e}(x-e)$，すなわち $y=\dfrac{1}{e}x$

答え $y=\dfrac{1}{e}x$

2 関数 $y=\dfrac{2x}{x^2+1}$ の極値を求めなさい。

解き方 $y'=\dfrac{2(x^2+1)-2x\cdot 2x}{(x^2+1)^2}=\dfrac{-2x^2+2}{(x^2+1)^2}=\dfrac{-2(x+1)(x-1)}{(x^2+1)^2}$

$(x^2+1)^2>0$ だから，増減表は次のようになる。

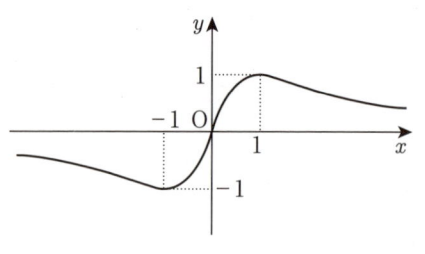

x	…	-1	…	1	…
y'	$-$	0	$+$	0	$-$
y	↘	極小 -1	↗	極大 1	↘

よって，y は $x=-1$ のとき極小値 -1，$x=1$ のとき極大値 1 をとる。

答え $x=1$ のとき極大値 1，$x=-1$ のとき極小値 -1

1次 3 関数 $y = x\sqrt{9-x^2}$ の最大値と最小値を求めなさい。

考え方 定義域を求め，定義域内における増減表をかく。

解き方 $9-x^2 \geq 0$ より，この関数の定義域は，$-3 \leq x \leq 3$

y を x で微分して，$y' = 1 \cdot \sqrt{9-x^2} + x \cdot \dfrac{-2x}{2\sqrt{9-x^2}} = \dfrac{-(2x^2-9)}{\sqrt{9-x^2}}$

$y' = 0$ とすると，$x^2 = \dfrac{9}{2}$ より，$x = \pm\dfrac{3\sqrt{2}}{2}$

よって，増減表は次のようになる。

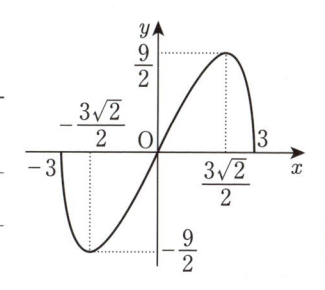

x	-3	$\cdots$	$-\dfrac{3\sqrt{2}}{2}$	$\cdots$	$\dfrac{3\sqrt{2}}{2}$	$\cdots$	3
y'		$-$	0	$+$	0	$-$	
y	0	↘	$-\dfrac{9}{2}$	↗	$\dfrac{9}{2}$	↘	0

したがって，y は $x = \dfrac{3\sqrt{2}}{2}$ のとき最大値 $\dfrac{9}{2}$，$x = -\dfrac{3\sqrt{2}}{2}$ のとき最小値 $-\dfrac{9}{2}$ をとる。

答え $x = \dfrac{3\sqrt{2}}{2}$ のとき最大値 $\dfrac{9}{2}$，$x = -\dfrac{3\sqrt{2}}{2}$ のとき最小値 $-\dfrac{9}{2}$

2次 4 $x > 1$ のとき，不等式 $x - \log_e 2 > \log_e x$ を証明しなさい。

考え方 $f(x) = (左辺) - (右辺)$ として，$f'(x)$ の符号を調べる。

解き方 $f(x) = x - \log_e 2 - \log_e x$ とすると，$f'(x) = 1 - \dfrac{1}{x}$

$x > 1$ のとき，$f'(x) = \dfrac{x-1}{x} > 0$ だから，$f(x)$ は $x > 1$ で増加する。

$e > 2$ より，$\log_e 2 < 1$ だから，$f(1) = 1 - \log_e 2 - \log_e 1 = 1 - \log_e 2 > 0$

よって，$x > 1$ のとき，$f(x) > f(1) > 0$

以上から，$x > 1$ のとき，$x - \log_e 2 > \log_e x$ が成り立つ。

応用問題

1 関数 $f(x) = \dfrac{ax+b}{x^2+1}$ が $x=2$ で極大値 1 をとるように,定数 a,b の値を定めなさい。また,このとき関数 $f(x)$ の極小値を求めなさい。

考え方 $f(x)$ が $x=p$ で極値 q をとるとき,$f'(p)=0$,$f(p)=q$ が成り立つ。

ポイント $f'(p)=0$ であっても,$f(x)$ が $x=p$ で極値をとるとは限らない。

解き方 $f'(x) = \dfrac{a(x^2+1)-(ax+b)\cdot 2x}{(x^2+1)^2} = \dfrac{-ax^2-2bx+a}{(x^2+1)^2}$

$f(x)$ が $x=2$ で極大値 1 をとるので,$f'(2)=0$ …①,$f(2)=1$ …②

①より,$-4a-4b+a=0$ よって,$3a+4b=0$ …③

②より,$\dfrac{2a+b}{5}=1$ よって,$2a+b=5$ …④

③,④を連立して解くと,$a=4$,$b=-3$ だから,

$f(x) = \dfrac{4x-3}{x^2+1}$, $f'(x) = \dfrac{-4x^2+6x+4}{(x^2+1)^2} = \dfrac{-2(2x+1)(x-2)}{(x^2+1)^2}$

以上から,$f(x)$ の増減表は以下のようになり,$a=4$,$b=-3$ は条件を満たす。

↳ 必ず増減表を作って,$x=2$ で極大値をとることを確かめる

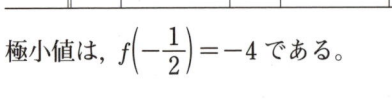

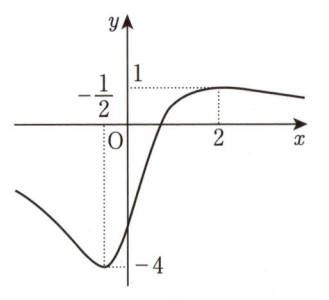

x	$\cdots$	$-\dfrac{1}{2}$	$\cdots$	2	$\cdots$
$f'(x)$	$-$	0	$+$	0	$-$
$f(x)$	↘	-4	↗	1	↘

極小値は,$f\left(-\dfrac{1}{2}\right) = -4$ である。

答え $a=4$,$b=-3$,$x=-\dfrac{1}{2}$ のとき極小値 -4

2次重要 2 a を定数とするとき，方程式 $ax = 2\log_e x$ の異なる実数解の個数を調べなさい。ただし，$\displaystyle\lim_{x \to \infty} \frac{\log_e x}{x} = 0$ は証明せずに用いてよいものとします。

考え方 $f(x) = a$ の形に変形して，$y = f(x)$ のグラフと直線 $y = a$ の共有点の個数を調べる。

ポイント $y = f(x)$ の増減，極値のほか，極限についても調べる。

解き方 真数条件より $x > 0$ だから，方程式を $\dfrac{2\log_e x}{x} = a$ と変形する。

ここで，$f(x) = \dfrac{2\log_e x}{x}$ とすると，

$$f'(x) = \frac{\dfrac{2}{x} \cdot x - 2\log_e x \cdot 1}{x^2} = \frac{2(1 - \log_e x)}{x^2}$$

$f'(x) = 0$ の解は $x = e$ だから，$x > 0$ における $f(x)$ の増減表は右のようになる。

また，

$$\lim_{x \to +0} f(x) = \lim_{x \to +0} \frac{2}{x} \log_e x = +\infty \times (-\infty) = -\infty$$

$$\lim_{x \to \infty} f(x) = \lim_{x \to \infty} 2 \cdot \frac{\log_e x}{x} = 2 \times 0 = 0$$

x	0	$\cdots$	e	$\cdots$
$f'(x)$		$+$	0	$-$
$f(x)$		↗	$\dfrac{2}{e}$	↘

より，$y = f(x)$ のグラフは右の図のようになる。

求める実数解の個数は，このグラフと直線 $y = a$ との共有点の個数だから，

$\dfrac{2}{e} < a$ のとき　0個

$a \leqq 0$，$a = \dfrac{2}{e}$ のとき　1個

$0 < a < \dfrac{2}{e}$ のとき　2個

答 $\dfrac{2}{e} < a$ のとき0個，$a \leqq 0$ または $a = \dfrac{2}{e}$ のとき1個，$0 < a < \dfrac{2}{e}$ のとき2個

練習問題

答え：別冊 P39～P41

1 次の接線の方程式を求めなさい。

(1) 曲線 $y = \dfrac{x}{x+2}$ 上の点 $P\left(2, \dfrac{1}{2}\right)$ における接線

(2) 点 $Q(1, 0)$ から曲線 $y = \sqrt{2x-5}$ に引いた接線

2 p を 0 でない定数とするとき，放物線 $y^2 = 4px$ 上の点 $P(x_1, y_1)$ における接線の方程式は，$y_1 y = 2p(x + x_1)$ と表されることを証明しなさい。

3 関数 $f(x) = \dfrac{x^3}{x^2 - 4}$ について，次の問いに答えなさい。

(1) $f(x)$ の極値，および曲線 $y = f(x)$ の変曲点の座標を求めなさい。

(2) $y = f(x)$ のグラフをかきなさい。

(3) k を定数とするとき，方程式 $f(x) = k$ が異なる3つの実数解をもつような k の値の範囲を求めなさい。

4 次の問いに答えなさい。ただし，$x > 0$ とします。

(1) $e^x > 1 + x$ であることを証明しなさい。

(2) (1)の結果を用いて，$e^x > 1 + x + \dfrac{x^2}{2}$ であることを証明しなさい。

(3) (2)の結果を用いて，$\displaystyle\lim_{x \to \infty} \dfrac{e^x}{x} = \infty$ であることを証明しなさい。

5-4 不定積分と定積分

1 不定積分とその基本公式

微分して $f(x)$ になる関数について考えます。

● 原始関数と不定積分

x で微分すると $f(x)$ になる関数,すなわち $F'(x)=f(x)$ を満たす関数 $F(x)$ を,$f(x)$ の **原始関数** という。$F(x)$ が $f(x)$ の原始関数の1つであるとき,任意の原始関数は,$F(x)+C$（C は任意の定数）の形で表すことができる。これを $f(x)$ の **不定積分** といい,$\int f(x)\,dx$ で表す。また,C を **積分定数** という。

この章では,とくに断りがない限り,C は積分定数を表す。

導関数の公式 $(x^\alpha)'=\alpha x^{\alpha-1}$,$(\log_e|x|)'=\dfrac{1}{x}$ から,

$$\int x^\alpha \, dx = \frac{1}{\alpha+1}x^{\alpha+1}+C \quad (\text{ただし } \alpha \neq -1), \quad \int \frac{1}{x}dx = \log_e|x|+C$$

が成り立つ。また,三角関数や指数関数の導関数の公式から,

$$\int \sin x \, dx = -\cos x + C, \quad \int \cos x \, dx = \sin x + C,$$

$$\int \frac{1}{\cos^2 x}dx = \tan x + C, \quad \int \frac{1}{\sin^2 x}dx = -\frac{1}{\tan x}+C,$$

$$\int e^x dx = e^x + C, \quad \int a^x dx = \frac{a^x}{\log_e a}+C$$

が成り立つ。ただし,e は自然対数の底を表す。

Check!

- x^α の不定積分

  $\alpha \neq -1$ のとき $\quad \int x^\alpha \, dx = \dfrac{1}{\alpha+1}x^{\alpha+1}+C$

  $\alpha = -1$ のとき $\quad \int x^\alpha \, dx = \int \dfrac{1}{x}dx = \log_e|x|+C$

- 三角関数の不定積分 $\quad \int \sin x \, dx = -\cos x + C, \quad \int \cos x \, dx = \sin x + C$

  $$\int \frac{1}{\cos^2 x}dx = \tan x + C, \quad \int \frac{1}{\sin^2 x}dx = -\frac{1}{\tan x}+C$$

- 指数関数の不定積分 $\quad \int e^x dx = e^x + C, \quad \int a^x dx = \dfrac{a^x}{\log_e a}+C$

テスト 不定積分 $\int (2\cos x + 5\sin x)\,dx$ を求めなさい。

答え $2\sin x - 5\cos x + C$（C は積分定数）

2 定積分

不定積分を求めたあとに定数を代入して，値を求めます。

● 定積分

$f(x)$ をある区間内で連続な関数として，その原始関数の1つを $F(x)$ とする。この区間内の値 a，b に対して，$F(b)-F(a)$ を $f(x)$ の a から b までの **定積分** といい，$\int_a^b f(x)\,dx$ と表す。$F(b)-F(a)$ は $\Big[F(x)\Big]_a^b$ とも表す。

Check!

定積分
$$\int_a^b f(x)\,dx = \Big[F(x)\Big]_a^b = F(b)-F(a) \quad (F(x) \text{ は } f(x) \text{ の原始関数の1つ})$$

テスト 定積分 $\int_1^3 \sqrt{x}\,dx$ を求めなさい。

答え $2\sqrt{3} - \dfrac{2}{3}$

● 絶対値を含む関数の定積分

絶対値を含む関数の定積分は，場合分けをして絶対値をはずし，積分区間を分ける。たとえば，関数 $y=|\cos x|$ のグラフは右の図のようになるので，

$\int_0^\pi |\cos x|\,dx$

$= \int_0^{\frac{\pi}{2}} \cos x\,dx + \int_{\frac{\pi}{2}}^\pi (-\cos x)\,dx$

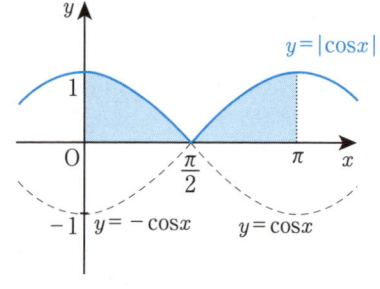

$= \Big[\sin x\Big]_0^{\frac{\pi}{2}} + \Big[-\sin x\Big]_{\frac{\pi}{2}}^\pi$

$= \Big(\sin\dfrac{\pi}{2} - \sin 0\Big) + \Big\{(-\sin \pi) - \Big(-\sin\dfrac{\pi}{2}\Big)\Big\} = 1 - 0 + \{0 - (-1)\} = 2$

と計算する。

3 置換積分法

変数をうまく置き換えることによって，不定積分や定積分が求められることがあります。

● 不定積分の置換積分法

$f(x)$ の原始関数の1つを $F(x)$ として，a，b を定数(ただし，$a \neq 0$)とすると，合成関数の微分法から，次の式が成り立つ。

$$\int f(ax+b)\,dx = \frac{1}{a}F(ax+b) + C$$

また，x が t の関数として $x=g(t)$ で表されるとき，$\dfrac{dx}{dt}=g'(t)$ だから，

$$\int f(x)\,dx = \int f(g(t))g'(t)\,dt$$

が成り立つ。これを**置換積分法**という。さらに，$\displaystyle\int f(g(x))g'(x)\,dx$ について，$u=g(x)$ と表すと，

$$\int f(g(x))g'(x)\,dx = \int f(u)\,du$$

が成り立つ。たとえば，不定積分 $\displaystyle\int (x+1)\sqrt{x-2}\,dx$ を求めるとき，$\sqrt{x-2}=t$ とすると，$x-2=t^2$ より $x=t^2+2$，$dx=2t\,dt$ だから，

$$\int (x+1)\sqrt{x-2}\,dx = \int (t^2+3)\cdot t\cdot 2t\,dt = 2\int (t^4+3t^2)\,dt = 2\left(\frac{t^5}{5}+t^3\right)+C$$

$$= \frac{2}{5}t^3(t^2+5)+C = \frac{2}{5}(x+3)(x-2)\sqrt{x-2}+C$$

と求められる。

テスト $\sqrt{x+1}=t$ について，x と $\dfrac{dx}{dt}$ をそれぞれ t を用いて表しなさい。

答え $x=t^2-1$，$\dfrac{dx}{dt}=2t$

● 定積分の置換積分法

x が微分可能な関数 $g(t)$ を用いて $x=g(t)$ と表され，t が α から β まで変わるときに x が a から b まで変わるとする。このとき，

$$\int_\alpha^\beta f(g(t))g'(t)\,dt = \Big[F(g(t))\Big]_\alpha^\beta = F(g(\beta))-F(g(\alpha)) = F(b)-F(a)$$
$$= \int_a^b f(x)\,dx$$

が成り立つ。

Check!

定積分の置換積分法
$x=g(t)$ のとき，$a=g(\alpha)$，$b=g(\beta)$ ならば，
$\int_a^b f(x)\,dx = \int_\alpha^\beta f(g(t))g'(t)\,dt$

x	$a \longrightarrow b$
t	$\alpha \longrightarrow \beta$

たとえば，$\sqrt{a^2-x^2}$ $(a>0)$ の形の定積分は，円 $x^2+y^2=a^2$ の式を y について解いた形だから，$x=a\sin\theta$（または $x=a\cos\theta$）として計算する。

定積分 $\int_{-2}^{2}\sqrt{4-x^2}\,dx$ の場合，$x=2\sin\theta$ とすると，$dx=2\cos\theta\,d\theta$
x と θ の対応は，右の表のようになる。

x	$-2 \longrightarrow 2$
θ	$-\dfrac{\pi}{2} \longrightarrow \dfrac{\pi}{2}$

$-\dfrac{\pi}{2} \leqq \theta \leqq \dfrac{\pi}{2}$ のとき，$\cos\theta \geqq 0$ だから，
$\sqrt{4-x^2}=\sqrt{4(1-\sin^2\theta)}=2\sqrt{\cos^2\theta}=2\cos\theta$

よって，
$$\int_{-2}^{2}\sqrt{4-x^2}\,dx = \int_{-\frac{\pi}{2}}^{\frac{\pi}{2}} 2\cos\theta \cdot 2\cos\theta\,d\theta = 4\int_{-\frac{\pi}{2}}^{\frac{\pi}{2}}\cos^2\theta\,d\theta$$

と変形できる。このあとの計算は，p.42，p.43 で学んだ三角関数の半角の公式から，$\cos^2\theta = \dfrac{1+\cos 2\theta}{2}$ として次のように計算する。

$$\int_{-2}^{2}\sqrt{4-x^2}\,dx = 4\int_{-\frac{\pi}{2}}^{\frac{\pi}{2}}\cos^2\theta\,d\theta = 2\int_{-\frac{\pi}{2}}^{\frac{\pi}{2}}(1+\cos 2\theta)\,d\theta = 2\left[\theta + \frac{1}{2}\sin 2\theta\right]_{-\frac{\pi}{2}}^{\frac{\pi}{2}}$$
$$= 2\left\{\left(\frac{\pi}{2}+\frac{1}{2}\sin\pi\right) - \left(-\frac{\pi}{2}+\frac{1}{2}\sin(-\pi)\right)\right\} = 2\pi$$

この 2π の値は，x 軸と曲線 $y=\sqrt{4-x^2}$ で囲まれた部分の面積を表す。つまり，半径 2 の半円の面積と等しいことが確認できる。

また，$\dfrac{1}{x^2+a^2}$ $(a>0)$ の形の定積分は，$x=a\tan\theta$ として計算する。

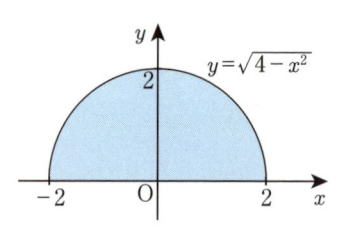

テスト $t=\sqrt{1-x}$ として，$\int_0^1 x\sqrt{1-x}\,dx$ を t だけを用いた定積分の形に変形しなさい。

答え $\int_1^0 (2t^4-2t^2)\,dt$

4 部分積分法

いろいろな関数の不定積分は，ここで学ぶ部分積分法のほか，部分分数分解，三角関数の諸公式などを用いると，求められることがあります。

● 不定積分の部分積分法

p.137 で積の微分法
$$\{f(x)g(x)\}'=f'(x)g(x)+f(x)g'(x)$$
を学んだ。このことから，
$$f(x)g(x)=\int f'(x)g(x)\,dx+\int f(x)g'(x)\,dx$$
が成り立つ。この式から，次の部分積分法の公式が得られる。
$$\int f(x)g'(x)\,dx=f(x)g(x)-\int f'(x)g(x)\,dx$$

Check!

部分積分法 $\quad \int f(x)g'(x)\,dx=f(x)g(x)-\int f'(x)g(x)\,dx$

たとえば，$\int x\sin x\,dx$ について，$x=f(x)$，$\sin x=g'(x)$ として考えると，$f'(x)=1$，$g(x)=-\cos x$ だから，
$$\int x\sin x\,dx=-x\cos x-\int(-\cos x)\,dx=-x\cos x+\int\cos x\,dx$$
$$=-x\cos x+\sin x+C$$
と求まる。

● 定積分の部分積分法

不定積分の部分積分法から，
$$\int x\sin x\,dx=-x\cos x+\int\cos x\,dx=-x\cos x+\sin x+C$$
となった。つまり，$\int_a^b x\sin x\,dx=\Big[-x\cos x+\sin x\Big]_a^b$ となる。

このことから，$\int_a^b x\sin x\,dx=\Big[-x\cos x\Big]_a^b+\int_a^b \cos x\,dx$ でもある。

一般に，次の定積分の部分積分法の公式が成り立つ。
$$\int_a^b f(x)g'(x)\,dx=\Big[f(x)g(x)\Big]_a^b-\int_a^b f'(x)g(x)\,dx$$

基本問題

1 次の不定積分を求めなさい。

(1) $\displaystyle\int \sqrt[3]{2x-3}\,dx$ 　　(2) $\displaystyle\int x\sqrt{x+2}\,dx$

(3) $\displaystyle\int \sin^3 x \cos x\,dx$ 　　(4) $\displaystyle\int x\cos 3x\,dx$

考え方
(2) $\sqrt{x+2}=t$ として，置換積分法を用いる。
(3) $(\sin x)'=\cos x$ に着目して，$u=\sin x$ とする。

解き方 以下では，C を積分定数とする。

(1) $\displaystyle\int \sqrt[3]{2x-3}\,dx = \int (2x-3)^{\frac{1}{3}}dx = \frac{1}{2}\cdot\frac{1}{\frac{1}{3}+1}(2x-3)^{\frac{1}{3}+1}+C$

$\displaystyle =\frac{3}{8}(2x-3)\sqrt[3]{2x-3}+C$ 　**答え** $\displaystyle\frac{3}{8}(2x-3)\sqrt[3]{2x-3}+C$

(2) $\sqrt{x+2}=t$ とすると，$x+2=t^2$ より，$x=t^2-2$，$dx=2t\,dt$ だから，

$\displaystyle\int x\sqrt{x+2}\,dx = \int (t^2-2)\cdot t\cdot 2t\,dt = 2\int (t^4-2t^2)\,dt = 2\left(\frac{t^5}{5}-\frac{2}{3}t^3\right)+C$

$\displaystyle =\frac{2}{15}t^3(3t^2-10)+C = \frac{2}{15}(3x-4)(x+2)\sqrt{x+2}+C$

答え $\displaystyle\frac{2}{15}(3x-4)(x+2)\sqrt{x+2}+C$

(3) $u=\sin x$ とすると，$du=\cos x\,dx$ だから，

$\displaystyle\int \sin^3 x \cos x\,dx = \int u^3\,du = \frac{1}{4}u^4+C = \frac{1}{4}\sin^4 x+C$

答え $\displaystyle\frac{1}{4}\sin^4 x+C$

(4) 部分積分法を使うと，

$\displaystyle\int x\cos 3x\,dx = \frac{1}{3}x\sin 3x - \frac{1}{3}\int 1\cdot\sin 3x\,dx = \frac{1}{3}x\sin 3x + \frac{1}{9}\cos 3x+C$

答え $\displaystyle\frac{1}{3}x\sin 3x + \frac{1}{9}\cos 3x+C$

2 次の不定積分を求めなさい。ただし e は自然対数の底を表します。

(1) $\displaystyle\int \tan^2 x\, dx$

(2) $\displaystyle\int \tan x\, dx$

(3) $\displaystyle\int \frac{x+1}{x^2+2x+5}\, dx$

(4) $\displaystyle\int \log_e(x+3)\, dx$

考え方

(1)(2) 三角関数の相互関係を用いる。

(3) $(x^2+2x+5)'=2x+2=2(x+1)$ に着目する。

(4) $\log_e(x+3)=1\cdot \log_e(x+3)=(x+3)'\log_e(x+3)$ と考え，部分積分法の公式を用いる。

解き方 以下では，C を積分定数とする。

(1) $1+\tan^2 x=\dfrac{1}{\cos^2 x}$ より，$\tan^2 x=\dfrac{1}{\cos^2 x}-1$ だから，

$$\int \tan^2 x\, dx = \int \left(\dfrac{1}{\cos^2 x}-1\right) dx = \tan x - x + C$$

答え $\tan x - x + C$

(2) $\tan x = \dfrac{\sin x}{\cos x}$ であり，$\sin x = -(\cos x)'$ だから，

$$\int \tan x\, dx = \int \dfrac{\sin x}{\cos x}\, dx = -\int \dfrac{(\cos x)'}{\cos x}\, dx = -\log_e|\cos x| + C$$

答え $-\log_e|\cos x| + C$

(3) $(x^2+2x+5)'=2x+2=2(x+1)$ より，$x+1 = \dfrac{1}{2}(x^2+2x+5)'$

また，$x^2+2x+5 = (x+1)^2+4 > 0$ だから，

$$\int \dfrac{x+1}{x^2+2x+5}\, dx = \dfrac{1}{2}\int \dfrac{(x^2+2x+5)'}{x^2+2x+5}\, dx = \dfrac{1}{2}\log_e(x^2+2x+5) + C$$

答え $\dfrac{1}{2}\log_e(x^2+2x+5) + C$

(4) $\displaystyle\int \log_e(x+3)\, dx = \int 1\cdot \log_e(x+3)\, dx = \int (x+3)'\log_e(x+3)\, dx$

$\displaystyle\qquad = (x+3)\log_e(x+3) - \int (x+3)\cdot \dfrac{1}{x+3}\, dx$

$\displaystyle\qquad = (x+3)\log_e(x+3) - \int 1\, dx$

$\displaystyle\qquad = (x+3)\log_e(x+3) - x + C$

答え $(x+3)\log_e(x+3) - x + C$

重要 3

次の定積分を求めなさい。

(1) $\displaystyle\int_0^4 |\sqrt{x}-1|\,dx$ (2) $\displaystyle\int_0^3 \frac{x-1}{\sqrt{x+1}}\,dx$ (3) $\displaystyle\int_0^{\sqrt{3}} \frac{dx}{1+x^2}$

考え方
(1) 場合分けをして絶対値をはずし，積分区間を分ける。
(2) $\sqrt{x+1}=t$ として，置換積分法を用いる。
(3) $x=\tan\theta$ として，置換積分法を用いる。

解き方

(1) $y=|\sqrt{x}-1|$ のグラフは，右下の図のようになるから，

$$\int_0^4 |\sqrt{x}-1|\,dx$$
$$=\int_0^1 (1-\sqrt{x})\,dx + \int_1^4 (\sqrt{x}-1)\,dx$$
$$=\left[x-\frac{2}{3}x\sqrt{x}\right]_0^1 + \left[\frac{2}{3}x\sqrt{x}-x\right]_1^4 = 2$$

答え 2

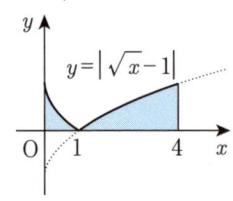

(2) $\sqrt{x+1}=t$ とすると，$x+1=t^2$ より，$x=t^2-1$, $dx=2t\,dt$

また，x と t の関係は右の表のようになるから，

x	$0 \longrightarrow 3$
t	$1 \longrightarrow 2$

$$\int_0^3 \frac{x-1}{\sqrt{x+1}}\,dx = \int_1^2 \frac{t^2-2}{t}\cdot 2t\,dt = 2\int_1^2 (t^2-2)\,dt$$
$$=2\left[\frac{t^3}{3}-2t\right]_1^2 = 2\left(\frac{8}{3}-4-\frac{1}{3}+2\right)=\frac{2}{3}$$

答え $\dfrac{2}{3}$

(3) $x=\tan\theta$ とすると，

$$\frac{1}{1+x^2}=\frac{1}{1+\tan^2\theta}=\cos^2\theta,\quad dx=\frac{d\theta}{\cos^2\theta}$$

また，x と θ の関係は右の表のようになるから，

x	$0 \longrightarrow \sqrt{3}$
θ	$0 \longrightarrow \dfrac{\pi}{3}$

$$\int_0^{\sqrt{3}} \frac{dx}{1+x^2} = \int_0^{\frac{\pi}{3}} \cos^2\theta \cdot \frac{1}{\cos^2\theta}\,d\theta = \int_0^{\frac{\pi}{3}} d\theta$$
$$=\left[\theta\right]_0^{\frac{\pi}{3}}=\frac{\pi}{3}$$

答え $\dfrac{\pi}{3}$

応用問題

[2次] 1 次の問いに答えなさい。

(1) $\dfrac{x+3}{(x-1)(x-2)} = \dfrac{a}{x-1} + \dfrac{b}{x-2}$ を満たす定数 a, b を求めなさい。

(2) 不定積分 $\displaystyle\int \dfrac{x+3}{(x-1)(x-2)} dx$ を求めなさい。

解き方 (1) $\dfrac{x+3}{(x-1)(x-2)} = \dfrac{a}{x-1} + \dfrac{b}{x-2}$ より，$x+3 = (a+b)x - (2a+b)$

係数を比較して，$a+b=1$, $2a+b=-3$

これらを連立して解くと，$a=-4$, $b=5$

答え $a=-4$, $b=5$

(2) (1)の結果を用いると，

$$\int \dfrac{x+3}{(x-1)(x-2)} dx = \int \left(-\dfrac{4}{x-1} + \dfrac{5}{x-2} \right) dx$$

$$= -4\log_e |x-1| + 5\log_e |x-2| + C$$

答え $-4\log_e |x-1| + 5\log_e |x-2| + C$
（C は積分定数，e は自然対数の底）

[2次][重要] 2 不定積分 $\displaystyle\int \sin 4x \sin x \, dx$ を求めなさい。

ポイント $\sin\alpha \sin\beta = -\dfrac{1}{2}\{\cos(\alpha+\beta) - \cos(\alpha-\beta)\}$ を利用する。

$\sin 4x \sin x = -\dfrac{1}{2}\{\cos(4x+x) - \cos(4x-x)\} = -\dfrac{1}{2}(\cos 5x - \cos 3x)$ より，

$\displaystyle\int \sin 4x \sin x \, dx = -\dfrac{1}{2} \int (\cos 5x - \cos 3x) \, dx = -\dfrac{1}{10} \sin 5x + \dfrac{1}{6} \sin 3x + C$

答え $-\dfrac{1}{10}\sin 5x + \dfrac{1}{6}\sin 3x + C$（$C$ は積分定数）

第5章 微分法・積分法

3 次の問いに答えなさい。

(1) $\dfrac{d}{dx}\displaystyle\int_a^x f(t)\,dt = f(x)$ を証明しなさい。ただし，a を定数とします。

(2) $g(x) = \displaystyle\int_0^x (x-t)\cos t\,dt$ を x で微分しなさい。

考え方
(1) 関数 $f(x)$ の原始関数の1つを $F(x)$ とする。
(2) (1)で証明した等式を用いる。

解き方 (1) 関数 $f(x)$ の原始関数の1つを $F(x)$ とすると，

$$\int_a^x f(t)\,dt = \Big[F(t)\Big]_a^x = F(x) - F(a)$$

ここで，$F(a)$ は定数だから，

$$\frac{d}{dx}\int_a^x f(t)\,dt = \frac{d}{dx}\{F(x) - F(a)\} = F'(x) - 0 = f(x)$$

である。

(2) $g(x) = x\displaystyle\int_0^x \cos t\,dt - \int_0^x t\cos t\,dt$ だから，

$$g'(x) = 1\cdot\int_0^x \cos t\,dt + x\left(\frac{d}{dx}\int_0^x \cos t\,dt\right) - \frac{d}{dx}\int_0^x t\cos t\,dt$$

ここで，(1)で証明した等式を用いると，

$$\frac{d}{dx}\int_0^x \cos t\,dt = \cos x,\quad \frac{d}{dx}\int_0^x t\cos t\,dt = x\cos x$$

だから，

$$g'(x) = \int_0^x \cos t\,dt + x\cos x - x\cos x = \Big[\sin t\Big]_0^x = \sin x$$

答え $g'(x) = \sin x$

練習問題

答え:別冊P41〜P45

1 次の不定積分を求めなさい。ただし，e は自然対数の底を表します。

(1) $\displaystyle\int \left(\frac{\sqrt{x}-1}{\sqrt{x}}\right)^2 dx$ (2) $\displaystyle\int 2^{3x+5} dx$ (3) $\displaystyle\int x e^{\frac{x^2}{2}} dx$

(4) $\displaystyle\int \frac{x}{(2x-1)^3} dx$ (5) $\displaystyle\int \frac{1}{x^2-9} dx$ (6) $\displaystyle\int \sin^2 3x\, dx$

(7) $\displaystyle\int x^2 \sin x\, dx$ (8) $\displaystyle\int e^x \sin x\, dx$

2 次の定積分を求めなさい。ただし，e は自然対数の底を表します。

(1) $\displaystyle\int_1^3 \frac{dx}{x^2+x}$ (2) $\displaystyle\int_e^{e^3} \frac{1}{x\log_e x} dx$ (3) $\displaystyle\int_{-1}^2 \frac{x}{\sqrt{3-x}} dx$

(4) $\displaystyle\int_{-1}^2 \frac{dx}{\sqrt{4-x^2}}$ (5) $\displaystyle\int_1^e x\log_e x\, dx$

3 $y = x + \sqrt{x^2+1}$ について，次の問いに答えなさい。

(1) y を x で微分しなさい。

(2) (1)の結果を用いて，不定積分 $\displaystyle\int \frac{1}{\sqrt{x^2+1}} dx$ を求めなさい。

(3) 不定積分 $\displaystyle\int \sqrt{x^2+1}\, dx$ を求めなさい。

4 等式 $f(x) = \sin x + 2\displaystyle\int_0^{\frac{\pi}{2}} f(t)\cos t\, dt$ を満たす関数 $f(x)$ を求めなさい。

5 $f(x) = \displaystyle\int_0^x \frac{dt}{3+t^2}$ について，次の問いに答えなさい。

(1) $f(3)$ の値を求めなさい。

(2) 部分積分法を用いて，$\displaystyle\int_0^3 f(x)\, dx$ を求めなさい。

5-5 積分法の応用

1 面積と体積

定積分を応用して，図形の面積や立体の体積を求めることができます。

● 図形の面積

図1のように，$a \leqq x \leqq b$ の範囲で $f(x) \geqq 0$ のとき，曲線 $y=f(x)$ と x 軸および2直線 $x=a$，$x=b$ で囲まれた部分の面積 S は，$S=\int_a^b f(x)\,dx$ で求められる。

また図2のように，$a \leqq x \leqq b$ の範囲で $f(x) \geqq g(x)$ のとき，2曲線 $y=f(x)$，$y=g(x)$ と2直線 $x=a$，$x=b$ で囲まれた部分の面積 S は，
$S=\int_a^b \{f(x)-g(x)\}\,dx$ で求められる。

たとえば，図3で，曲線 $y=\dfrac{5}{x}$ と直線 $y=-x+6$ の交点の x 座標は $x=1, 5$ であり，$1 \leqq x \leqq 5$ のとき，$-x+6 \geqq \dfrac{5}{x}$ だから，曲線 $y=\dfrac{5}{x}$ と直線 $y=-x+6$ で囲まれた部分の面積 S は，
$$S=\int_1^5 \left\{(-x+6)-\dfrac{5}{x}\right\}dx$$
$$=\left[-\dfrac{x^2}{2}+6x-5\log_e|x|\right]_1^5 = 12-5\log_e 5$$

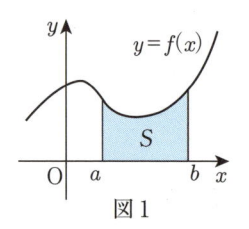

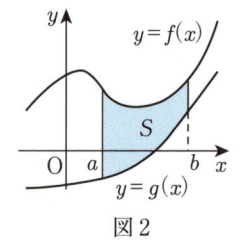

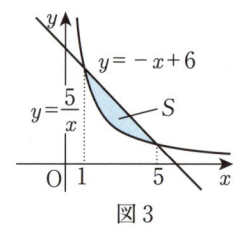

と求められる。

同様にして，$c \leqq y \leqq d$ の範囲で $f(y) \geqq 0$ のとき，曲線 $x=f(y)$ と y 軸および2直線 $y=c$，$y=d$ で囲まれた部分の面積は $\int_c^d f(y)\,dy$ で求められ，同じ範囲で $f(y) \geqq g(y)$ のとき，2曲線 $x=f(y)$，$x=g(y)$ と2直線 $y=c$，$y=d$ で囲まれた部分の面積は，$\int_c^d \{f(y)-g(y)\}\,dy$ で求められる。

テスト 2曲線 $y=\sin x$，$y=\cos x$ と2直線 $x=\dfrac{\pi}{2}$，$x=\pi$ で囲まれた部分の面積を求める式をつくりなさい。

答え $\int_{\frac{\pi}{2}}^{\pi}(\sin x - \cos x)\,dx$

● 回転体の体積

　積分を使って，立体図形の体積を求めることができる。座標 x の点で x 軸に垂直な平面で立体を切ったときの切り口の面積を $S(x)$ として，$a≦x≦b$ の範囲の体積 V は，$V=\int_a^b S(x)\,dx$ で求められる。

　たとえば，底面の半径 r，高さ h の円錐の体積を積分を使って求めると，右の図から，相似比を用いて，$S(x):\pi r^2=x^2:h^2$ が成り立つから，$S(x)=\dfrac{\pi r^2}{h^2}x^2$ であり，その体積 V は，

$$V=\int_0^h S(x)\,dx=\int_0^h \frac{\pi r^2}{h^2}x^2\,dx=\left[\frac{\pi r^2}{3h^2}x^3\right]_0^h=\frac{\pi r^2 h}{3}$$

と求められる。

　とくに，曲線 $y=f(x)$ と x 軸および 2 直線 $x=a$，$x=b(a<b)$ で囲まれた図形を x 軸のまわりに 1 回転してできる立体の体積 V は，$V=\pi\int_a^b \{f(x)\}^2\,dx$ で求められる。

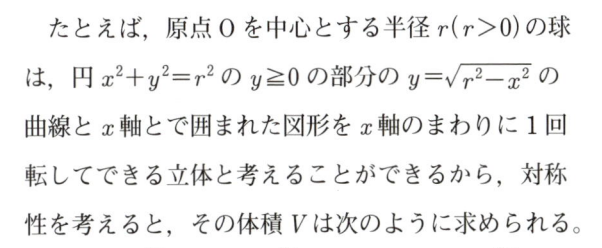

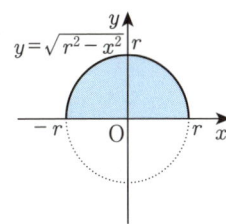

　たとえば，原点 O を中心とする半径 $r(r>0)$ の球は，円 $x^2+y^2=r^2$ の $y≧0$ の部分の $y=\sqrt{r^2-x^2}$ の曲線と x 軸とで囲まれた図形を x 軸のまわりに 1 回転してできる立体と考えることができるから，対称性を考えると，その体積 V は次のように求められる。

$$V=\pi\int_{-r}^r y^2\,dx=\pi\int_{-r}^r (r^2-x^2)\,dx=2\pi\int_0^r (r^2-x^2)\,dx$$
$$=2\pi\left[r^2 x-\frac{x^3}{3}\right]_0^r=2\pi\left(r^3-\frac{r^3}{3}\right)=\frac{4}{3}\pi r^3$$

Check!

曲線 $y=f(x)$ と x 軸，直線 $x=a$，$x=b(a<b)$ で囲まれた図形を x 軸のまわりに 1 回転してできる立体の体積 V は，$V=\pi\int_a^b \{f(x)\}^2\,dx$

テスト 放物線 $y=1-x^2$ と x 軸で囲まれた図形を，x 軸のまわりに 1 回転してできる立体の体積 V を求める式をつくりなさい。

答え $V=\pi\int_{-1}^1 (1-x^2)^2\,dx\ \left(=2\pi\int_0^1 (1-x^2)^2\,dx\right)$

2 曲線の長さ，速度と道のり

微分法と積分法を応用することで，曲線の長さが求められることがあります。

● 曲線の長さ

曲線の方程式が媒介変数 t を用いて $x=f(t)$, $y=g(t)$ ($\alpha \leq t \leq \beta$) と表され，また $f(t)$, $g(t)$ の導関数がともに連続であるとき，この曲線の長さ L は，

$$L=\int_\alpha^\beta \sqrt{\left(\frac{dx}{dt}\right)^2+\left(\frac{dy}{dt}\right)^2}\,dt=\int_\alpha^\beta \sqrt{\{f'(t)\}^2+\{g'(t)\}^2}\,dt$$

で与えられる。とくに，曲線の方程式が $y=f(x)$ ($a \leq x \leq b$) で与えられているときは，$x=t$, $y=f(t)$ ($a \leq t \leq b$) とすればよいから，曲線の長さ L は，

$$L=\int_a^b \sqrt{1+\left(\frac{dy}{dx}\right)^2}\,dx=\int_a^b \sqrt{1+\{f'(x)\}^2}\,dx$$

で与えられる。これらは三平方の定理と極限から導かれる。

● 速度と道のり

座標平面上で点 $P(x, y)$ が曲線 C 上を動き，x, y が時刻 t の関数として $x=f(t)$, $y=g(t)$ で表されるとき，点 P が $\alpha \leq t \leq \beta$ の範囲を動く道のり ℓ は，曲線の長さの公式と同様，$\ell=\int_\alpha^\beta \sqrt{\left(\frac{dx}{dt}\right)^2+\left(\frac{dy}{dt}\right)^2}\,dt$ で与えられる。

ここで，$\sqrt{\left(\frac{dx}{dt}\right)^2+\left(\frac{dy}{dt}\right)^2}$ は P の速度ベクトル $\vec{v}=\left(\frac{dx}{dt}, \frac{dy}{dt}\right)$ の大きさ $|\vec{v}|$ である。

Check!

曲線の長さ
- $x=f(t)$, $y=g(t)$ ($\alpha \leq t \leq \beta$) と表される曲線の長さ L は，
$$L=\int_\alpha^\beta \sqrt{\left(\frac{dx}{dt}\right)^2+\left(\frac{dy}{dt}\right)^2}\,dt=\int_\alpha^\beta \sqrt{\{f'(t)\}^2+\{g'(t)\}^2}\,dt$$
- 曲線 $y=f(x)$ ($a \leq x \leq b$) の長さ L は，
$$L=\int_a^b \sqrt{1+\left(\frac{dy}{dx}\right)^2}\,dx=\int_a^b \sqrt{1+\{f'(x)\}^2}\,dx$$
- 動点 $P(x, y)$ が時刻 $\alpha \leq t \leq \beta$ の範囲を動く道のり ℓ は，
$$\ell=\int_\alpha^\beta |\vec{v}|\,dt=\int_\alpha^\beta \sqrt{\left(\frac{dx}{dt}\right)^2+\left(\frac{dy}{dt}\right)^2}\,dt$$

テスト 曲線 $y=x^2$ ($0 \leq x \leq 2$) の長さを求める式をつくりなさい。

答え $\int_0^2 \sqrt{1+4x^2}\,dx$

基本問題

1 次の図形の面積を求めなさい。

(1) 曲線 $y=e^{2x}$ と x 軸および2直線 $x=1$, $x=3$ とで囲まれた部分の面積

(2) 放物線 $y=x^2-3x+2$ と x 軸とで囲まれた部分の面積

(3) 楕円 $\dfrac{x^2}{4}+\dfrac{y^2}{9}=1$ で囲まれた部分の面積

解き方 (1) 右の図より,求める面積 S は,
$$S=\int_1^3 e^{2x}dx=\left[\dfrac{1}{2}e^{2x}\right]_1^3=\dfrac{e^6-e^2}{2}$$

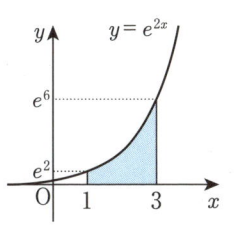

答え $\dfrac{e^6-e^2}{2}$

(2) x 軸との交点の x 座標は,$x^2-3x+2=0$ より,$x=1$, 2 である。$1\leqq x\leqq 2$ の範囲で,$x^2-3x+2\leqq 0$ だから,右の図より求める面積 S は,
$$S=-\int_1^2(x^2-3x+2)\,dx=-\left[\dfrac{x^3}{3}-\dfrac{3}{2}x^2+2x\right]_1^2$$
$$=\dfrac{1}{6}$$

答え $\dfrac{1}{6}$

参考 公式 $\int_\alpha^\beta(x-\alpha)(x-\beta)\,dx=-\dfrac{1}{6}(\beta-\alpha)^3$ を用いると,
$$S=-\int_1^2(x-1)(x-2)\,dx=\dfrac{1}{6}(2-1)^3=\dfrac{1}{6}$$

(3) $\dfrac{x^2}{4}+\dfrac{y^2}{9}=1$ より,$y^2=\dfrac{9}{4}(4-x^2)$

よって,$y=\pm\dfrac{3}{2}\sqrt{4-x^2}$

$4-x^2\geqq 0$ より,$-2\leqq x\leqq 2$ であり,対称性を考えると,求める面積 S は,
$$S=4\int_0^2 \dfrac{3}{2}\sqrt{4-x^2}\,dx=6\int_0^2\sqrt{4-x^2}\,dx=6\pi$$

答え 6π

参考 $\int_0^2\sqrt{4-x^2}\,dx$ は,半径2,中心角 $\dfrac{\pi}{2}$ の扇形の面積を表す。

置換積分法で求める場合は,$x=2\sin\theta$ とする。

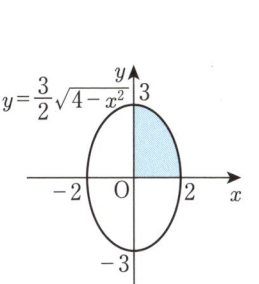

2 次の立体の体積を求めなさい。

(1) 直線 $y=\dfrac{1}{2}x+2\ (1\leqq x\leqq 4)$ と x 軸,および 2 直線 $x=1$,$x=4$ とで囲まれた図形を,x 軸のまわりに 1 回転してできる立体の体積

(2) 曲線 $y=\sin x\ \left(0\leqq x\leqq \dfrac{\pi}{2}\right)$ と x 軸,および直線 $x=\dfrac{\pi}{2}$ とで囲まれた図形を,x 軸のまわりに 1 回転してできる立体の体積

(3) 曲線 $y=e^x-1$ と x 軸,および直線 $x=2$ とで囲まれた図形を,x 軸のまわりに 1 回転してできる立体の体積

解き方 (1) グラフの位置関係は右の図のようになるから,求める体積 V は,

$$V=\pi\int_1^4 \left(\dfrac{1}{2}x+2\right)^2 dx = \pi\int_1^4 \left(\dfrac{1}{4}x^2+2x+4\right)dx$$
$$=\pi\left[\dfrac{1}{12}x^3+x^2+4x\right]_1^4 = \dfrac{129}{4}\pi$$

答え $\dfrac{129}{4}\pi$

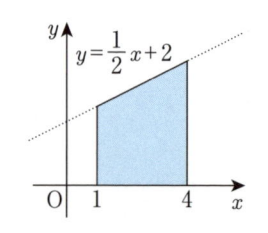

(2) グラフの位置関係は右の図のようになるから,求める体積 V は,

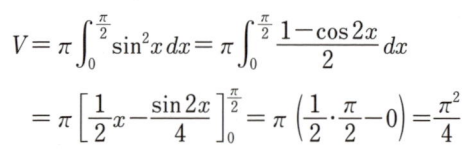

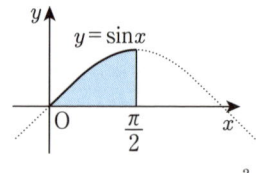

$$V=\pi\int_0^{\frac{\pi}{2}} \sin^2 x\, dx = \pi\int_0^{\frac{\pi}{2}} \dfrac{1-\cos 2x}{2}dx$$
$$=\pi\left[\dfrac{1}{2}x-\dfrac{\sin 2x}{4}\right]_0^{\frac{\pi}{2}} = \pi\left(\dfrac{1}{2}\cdot\dfrac{\pi}{2}-0\right) = \dfrac{\pi^2}{4}$$

答え $\dfrac{\pi^2}{4}$

(3) グラフの位置関係は右の図のようになるから,求める体積 V は,

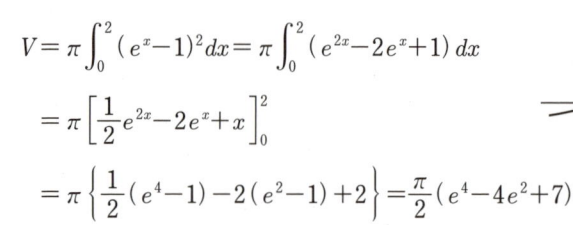

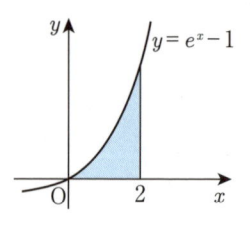

$$V=\pi\int_0^2 (e^x-1)^2 dx = \pi\int_0^2 (e^{2x}-2e^x+1)\,dx$$
$$=\pi\left[\dfrac{1}{2}e^{2x}-2e^x+x\right]_0^2$$
$$=\pi\left\{\dfrac{1}{2}(e^4-1)-2(e^2-1)+2\right\} = \dfrac{\pi}{2}(e^4-4e^2+7)$$

答え $\dfrac{\pi}{2}(e^4-4e^2+7)$

3 次の曲線の長さを求めなさい。

(1) $x=2\cos t$, $y=2\sin t$ $\left(0\leq t\leq\dfrac{\pi}{2}\right)$ で表される曲線の長さ

(2) 曲線 $y=x\sqrt{x}$ $(0\leq x\leq 2)$ の長さ

(3) 曲線 $y=\dfrac{e^x+e^{-x}}{2}$ $(-2\leq x\leq 2)$ の長さ

解き方 (1) $\dfrac{dx}{dt}=(2\cos t)'=-2\sin t$, $\dfrac{dy}{dt}=(2\sin t)'=2\cos t$ より,

$\left(\dfrac{dx}{dt}\right)^2+\left(\dfrac{dy}{dt}\right)^2=4(\sin^2 t+\cos^2 t)=4$

よって，曲線の長さ L は，

$L=\displaystyle\int_0^{\frac{\pi}{2}}\sqrt{\left(\dfrac{dx}{dt}\right)^2+\left(\dfrac{dy}{dt}\right)^2}dt=\int_0^{\frac{\pi}{2}}\sqrt{4}\,dt=\int_0^{\frac{\pi}{2}}2\,dt=\Big[2t\Big]_0^{\frac{\pi}{2}}=\pi$

答え π

(2) $\dfrac{dy}{dx}=(x\sqrt{x})'=\dfrac{3}{2}\sqrt{x}$ より, $1+\left(\dfrac{dy}{dx}\right)^2=1+\left(\dfrac{3}{2}\sqrt{x}\right)^2=1+\dfrac{9}{4}x$

よって，曲線の長さ L は，

$L=\displaystyle\int_0^2\sqrt{1+\left(\dfrac{dy}{dx}\right)^2}dx=\int_0^2\sqrt{1+\dfrac{9}{4}x}\,dx=\dfrac{1}{2}\int_0^2\sqrt{4+9x}\,dx$

$=\dfrac{1}{2}\left[\dfrac{2}{3}\cdot\dfrac{1}{9}(4+9x)^{\frac{3}{2}}\right]_0^2=\dfrac{1}{27}(22\sqrt{22}-4\sqrt{4})=\dfrac{22\sqrt{22}-8}{27}$

答え $\dfrac{22\sqrt{22}-8}{27}$

(3) $\dfrac{dy}{dx}=\dfrac{e^x-e^{-x}}{2}$ だから,

$1+\left(\dfrac{dy}{dx}\right)^2=1+\left(\dfrac{e^x-e^{-x}}{2}\right)^2=\dfrac{4+(e^x)^2-2e^xe^{-x}+(e^{-x})^2}{4}=\left(\dfrac{e^x+e^{-x}}{2}\right)^2$

$\dfrac{e^x+e^{-x}}{2}>0$ および曲線の対称性を考えると，求める長さ L は，

$L=\displaystyle\int_{-2}^2\sqrt{1+\left(\dfrac{dy}{dx}\right)^2}dx=2\int_0^2\dfrac{e^x+e^{-x}}{2}dx=\Big[e^x-e^{-x}\Big]_0^2=e^2-\dfrac{1}{e^2}$

答え $e^2-\dfrac{1}{e^2}$

応用問題

2次 ① 放物線 $y=-x^2+4x$ を C, 直線 $y=x$ を ℓ として, 次の問いに答えなさい。

(1) C と ℓ に囲まれた部分の面積 S を求めなさい。

(2) C と ℓ に囲まれた図形を, x 軸のまわりに1回転してできる立体の体積 V を求めなさい。

考え方 放物線と直線の交点を求め, 2つのグラフの位置関係を調べる。

解き方 (1) 放物線 $y=-x^2+4x$ と直線 $y=x$ との交点の x 座標は, 方程式 $-x^2+4x=x$ を解いて, $x=0$, 3 である。

C と ℓ の位置関係は右の図のようになるから,

$$S=\int_0^3 \{(-x^2+4x)-x\}\,dx = \int_0^3 (-x^2+3x)\,dx$$

$$=\left[-\frac{x^3}{3}+\frac{3}{2}x^2\right]_0^3 = \frac{9}{2}$$

答え $\dfrac{9}{2}$

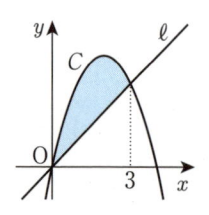

参考 公式 $\displaystyle\int_\alpha^\beta (x-\alpha)(x-\beta)\,dx = -\frac{1}{6}(\beta-\alpha)^3$ を用いると,

$$S=-\int_0^3 x(x-3)\,dx = \frac{1}{6}(3-0)^3 = \frac{9}{2}$$

(2) C, 直線 $x=3$, および x 軸とで囲まれた図形を, x 軸のまわりに1回転してできる立体の体積を V_1 とし, ℓ, 直線 $x=3$, および x 軸とで囲まれた図形を, x 軸のまわりに1回転してできる立体の体積を V_2 とすると,

$$V_1 = \pi\int_0^3 (-x^2+4x)^2\,dx = \pi\int_0^3 (x^4-8x^3+16x^2)\,dx$$

$$=\pi\left[\frac{x^5}{5}-2x^4+\frac{16}{3}x^3\right]_0^3 = \pi\left(\frac{243}{5}-162+144\right) = \frac{153}{5}\pi$$

$$V_2 = \pi\int_0^3 x^2\,dx = \pi\left[\frac{x^3}{3}\right]_0^3 = 9\pi$$

以上から, $V = V_1 - V_2 = \dfrac{153}{5}\pi - 9\pi = \dfrac{108}{5}\pi$

答え $\dfrac{108}{5}\pi$

2次重要 ② 媒介変数 θ を用いて，$x=\tan\theta$，$y=\cos 2\theta$ で表される曲線を C とします。これについて，次の問いに答えなさい。ただし，$-\dfrac{\pi}{2}<\theta<\dfrac{\pi}{2}$ とします。

(1) C と x 軸との交点の座標を求めなさい。

(2) C と x 軸で囲まれた図形を，x 軸のまわりに1回転してできる立体の体積を求めなさい。

ポイント (2) 公式 $\cos^2\theta=\dfrac{1+\cos 2\theta}{2}$ と $\displaystyle\int\dfrac{d\theta}{\cos^2\theta}=\tan\theta+C$ を用いる。

解き方 (1) C と x 軸が交わるときの θ の値を求めると，$y=0$ より，$\cos 2\theta=0$
これを解いて，$\theta=-\dfrac{\pi}{4},\dfrac{\pi}{4}$ である。

それぞれ $x=\tan\theta$ に代入すると，$x=-1$，$x=1$ だから，交点の座標は，$(-1,\ 0)$，$(1,\ 0)$ である。

答え $(-1,\ 0)$，$(1,\ 0)$

(2) $-\dfrac{\pi}{4}\leqq\theta\leqq\dfrac{\pi}{4}$ の範囲で，$-1\leqq x\leqq 1$，$y\geqq 0$ だから，グラフの位置関係は右の図のようになる。

対称性を考えると，求める体積 V は，
$$V=\pi\int_{-1}^{1}y^2 dx=2\pi\int_{0}^{1}y^2 dx$$

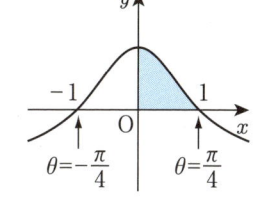

$x=\tan\theta$ より，$dx=\dfrac{1}{\cos^2\theta}d\theta$ であり，x と θ の関係は右の表のようになるから，

x	$0\longrightarrow 1$
θ	$0\longrightarrow \dfrac{\pi}{4}$

$$V=2\pi\int_{0}^{\frac{\pi}{4}}\cos^2 2\theta\cdot\dfrac{1}{\cos^2\theta}d\theta$$
$$=2\pi\int_{0}^{\frac{\pi}{4}}\dfrac{(2\cos^2\theta-1)^2}{\cos^2\theta}d\theta=2\pi\int_{0}^{\frac{\pi}{4}}\left(4\cos^2\theta-4+\dfrac{1}{\cos^2\theta}\right)d\theta$$
$$=2\pi\int_{0}^{\frac{\pi}{4}}\left(4\cdot\dfrac{1+\cos 2\theta}{2}-4+\dfrac{1}{\cos^2\theta}\right)d\theta$$
$$=2\pi\int_{0}^{\frac{\pi}{4}}\left(2\cos 2\theta+\dfrac{1}{\cos^2\theta}-2\right)d\theta=2\pi\left[\sin 2\theta+\tan\theta-2\theta\right]_{0}^{\frac{\pi}{4}}$$
$$=2\pi\left(1+1-\dfrac{\pi}{2}\right)=\pi(4-\pi)$$

答え $\pi(4-\pi)$

2次 3 座標平面上を動く点Pの，時刻tにおける座標(x, y)が，$x = e^{-t}\cos t$，$y = e^{-t}\sin t$で与えられています。$a > 0$を満たす定数aについて，$0 \leq t \leq a$の範囲でPが動く道のりを$L(a)$とするとき，次の問いに答えなさい。

(1) $L(1)$を求めなさい。

(2) Pが動き始めたあと，初めてx軸上に到達するときのtの値をbとします。このとき，bの値および$L(b)$を求めなさい。

(3) $L(a)$および$\lim_{a \to \infty} L(a)$を求めなさい。

解き方 (1) $\dfrac{dx}{dt} = (e^{-t})'\cos t + e^{-t}(\cos t)' = -e^{-t}(\cos t + \sin t)$，

$\dfrac{dy}{dt} = (e^{-t})'\sin t + e^{-t}(\sin t)' = -e^{-t}(\sin t - \cos t)$ だから，

$\left(\dfrac{dx}{dt}\right)^2 + \left(\dfrac{dy}{dt}\right)^2 = e^{-2t}(1 + 2\sin t \cos t) + e^{-2t}(1 - 2\sin t \cos t) = 2e^{-2t}$

$e^{-2t} > 0$ より，$\sqrt{\left(\dfrac{dx}{dt}\right)^2 + \left(\dfrac{dy}{dt}\right)^2} = \sqrt{2e^{-2t}} = \sqrt{2}\, e^{-t}$ だから，

$L(1) = \displaystyle\int_0^1 \sqrt{\left(\dfrac{dx}{dt}\right)^2 + \left(\dfrac{dy}{dt}\right)^2}\, dt = \int_0^1 \sqrt{2}\, e^{-t} dt = \sqrt{2}\left[-e^{-t}\right]_0^1$

$= \sqrt{2}\left(-\dfrac{1}{e} + 1\right)$

答え $\sqrt{2}\left(-\dfrac{1}{e} + 1\right)$

(2) $e^{-t} > 0$ だから，$e^{-t}\sin t = 0$ となるのは，$\sin t = 0$ のときである。

$t > 0$ の範囲で $\sin t = 0$ を満たすのは，$t = n\pi$（nは正の整数）のときだから，$n = 1$ のとき，$b = \pi$ である。よって，

$L(b) = L(\pi) = \displaystyle\int_0^\pi \sqrt{2}\, e^{-t} dt = \sqrt{2}\left[-e^{-t}\right]_0^\pi = \sqrt{2}\left(-\dfrac{1}{e^\pi} + 1\right)$

答え $b = \pi$，$L(b) = \sqrt{2}\left(-\dfrac{1}{e^\pi} + 1\right)$

(3) $L(a) = \displaystyle\int_0^a \sqrt{2}\, e^{-t} dt = \sqrt{2}\left[-e^{-t}\right]_0^a = \sqrt{2}\left(-\dfrac{1}{e^a} + 1\right)$

$a \to \infty$ のとき $\dfrac{1}{e^a} \to 0$ だから，$\displaystyle\lim_{a \to \infty} L(a) = \sqrt{2}\,(-0 + 1) = \sqrt{2}$

答え $L(a) = \sqrt{2}\left(-\dfrac{1}{e^a} + 1\right)$，$\displaystyle\lim_{a \to \infty} L(a) = \sqrt{2}$

練習問題

答え：別冊P45〜P50

1
次の面積を求めなさい。

(1) 曲線 $y=x^2\sqrt{2-x}$ と x 軸とで囲まれた部分の面積

(2) 曲線 $y=e^x-e$ と x 軸, y 軸および直線 $x=3$ とで囲まれた2つの部分の面積の和

(3) 曲線 $y=\log_e x$ と x 軸, y 軸および直線 $y=1$ とで囲まれた部分の面積

(4) 曲線 $\sqrt{x}+\sqrt{y}=1$ と x 軸および y 軸とで囲まれた部分の面積

2
次の体積を求めなさい。

(1) 曲線 $y=\tan x\left(0\leqq x\leqq\dfrac{\pi}{3}\right)$ と x 軸および直線 $x=\dfrac{\pi}{3}$ とで囲まれた図形を x 軸のまわりに1回転してできる立体の体積

(2) 曲線 $y=e^x+e^{-x}$ と x 軸および直線 $x=-1$, $x=1$ とで囲まれた図形を x 軸のまわりに1回転してできる立体の体積

(3) 円 $x^2+(y-3)^2=1$ を x 軸のまわりに1回転してできる立体の体積

3
関数 $f(x)=\dfrac{\log_e x}{x}$ について，次の問いに答えなさい。

(1) 関数 $y=f(x)$ のグラフの増減と凹凸について調べ，グラフをかきなさい。ただし，$\lim\limits_{x\to\infty}f(x)=0$, $\lim\limits_{x\to+0}f(x)=-\infty$ は証明せずに用いてよいものとします。

(2) $f(a)=f(b)$ を満たす正の整数 a, b を求めなさい。ただし，$a<b$ とします。

(3) (2)で求めた a の値に対して，関数 $y=f(x)$ のグラフと直線 $y=f(a)$ とで囲まれた部分の面積を求めなさい。

4
$x=\theta-\sin\theta$, $y=1-\cos\theta$ $(0\leqq\theta\leqq 2\pi)$ で表される曲線と x 軸とで囲まれた図形を，x 軸のまわりに1回転してできる立体の体積 V を求めなさい。

5 次の曲線の長さを求めなさい。

(1) $x=\cos^3 t$, $y=\sin^3 t$ $\left(0\leqq t\leqq \dfrac{\pi}{2}\right)$ で表される曲線の長さ

(2) $x=t-\sin t$, $y=1-\cos t$ $(0\leqq t\leqq \pi)$ で表される曲線の長さ

6 次の曲線の長さを求めなさい。

(1) 曲線 $y=\sqrt{16-x^2}$ $(-2\leqq x\leqq 0)$ の長さ

(2) 曲線 $y=\log_e(x+\sqrt{x^2-1})$ $(2\leqq x\leqq 5)$ の長さ

7 媒介変数 t を用いて，$x=2\log_e t$, $y=t+\dfrac{1}{t}$ で表される曲線を C とします。$a>1$ を満たす定数 a について，$1\leqq t\leqq a$ の範囲での曲線 C の長さを $L(a)$ とするとき，次の問いに答えなさい。

(1) $L(a)$ を求めなさい。

(2) $L(a)=10$ となる a を求めなさい。

(3) $\displaystyle\lim_{a\to\infty}\dfrac{L(a)}{a}$ を求めなさい。

第6章

数学検定特有問題

6 数学検定特有問題

1 思考力を要する問題

数学検定では，問題文からルールを読み取り，それにしたがって解くような思考力を要する問題も出題されます。

応用問題

2次 重要 1 p を素数とします。このとき，$2p+1$，$4p+1$ がいずれも素数であるような p の値をすべて求めなさい。

考え方 $p=3$ は条件を満たす。$p=2$ および $p\geqq 4$ のときに条件を満たさないことを示すため，p を 3 で割ったときの余りで分類する。

ポイント $p=3n$，$p=3n+1$，$p=3n-1$（p は正の整数）と場合分けをする。

解き方 p は素数であることから，2 以上の整数である。よって，p は正の整数 n を用いて，$p=3n$，$p=3n+1$，$p=3n-1$ のいずれかで表される。

・$p=3n$ のとき

 p が素数となるのは $n=1$ のとき，つまり $p=3$ のときのみである。

 このとき，$2p+1=7$，$4p+1=13$ はともに素数だから，条件を満たす。

・$p=3n+1$ のとき

 $2p+1=2(3n+1)+1=3(2n+1)$ と表され，$n\geqq 1$ より $2n+1>1$ だから，$2p+1$ は 3 より大きい 3 の倍数で，素数ではない。

 よって，$p=3n+1$ は条件を満たさない。

 （$2p+1$ が素数でないことを示すには，$2n+1$ が 1 でないことをことわる必要がある）

・$p=3n-1$ のとき

 $4p+1=4(3n-1)+1=3(4n-1)$ と表され，$n\geqq 1$ より $4n-1>1$ だから，$4p+1$ は 3 より大きい 3 の倍数で，素数ではない。

 よって，$p=3n+2$ は条件を満たさない。

以上から，条件を満たす p の値は $p=3$ のみである。

答え 3

2次重要 2 a, b, c, d を実数とします。$a^2+b^2+c^2+d^2=4$ のとき、$abcd$ の最大値、最小値およびそのときの条件を求めなさい。

> **考え方** 相加平均・相乗平均の大小関係を用いる。

> **ポイント** 絶対値記号などを用いて、$\sqrt{}$ の記号を正しくはずす。
> すべての等号が成立する条件を正しく考える。

解き方 a, b, c, d は実数だから、$a^2\geqq 0$, $b^2\geqq 0$, $c^2\geqq 0$, $d^2\geqq 0$ である。

相加平均・相乗平均の関係より、

$$a^2+b^2\geqq 2\sqrt{a^2b^2}=2|ab| \quad \cdots ① , \quad c^2+d^2\geqq 2\sqrt{c^2d^2}=2|cd| \quad \cdots ②$$

①+② より、$a^2+b^2+c^2+d^2\geqq 2(|ab|+|cd|)$

また、$|ab|\geqq 0$, $|cd|\geqq 0$ だから、相加平均・相乗平均の関係より、

$$2(|ab|+|cd|)\geqq 4\sqrt{|ab||cd|}=4\sqrt{|abcd|} \quad \cdots (*)$$

よって、$a^2+b^2+c^2+d^2\geqq 4\sqrt{|abcd|} \quad \cdots ③$

これに $a^2+b^2+c^2+d^2=4$ を代入し、両辺を 4 で割ると、$1\geqq \sqrt{|abcd|}$ であるが、$\sqrt{|abcd|}\geqq 0$ だから $1^2\geqq |abcd|$、すなわち $-1\leqq abcd\leqq 1 \quad \cdots ④$

ここで、④の等号が成り立つのは、①、②、③の等号がすべて成り立つときである。①の等号が成り立つのは $a^2=b^2$、すなわち $|a|=|b|$ のときであり、同様に②の等号が成り立つのは $|c|=|d|$ のときである。

さらに(*)の等号が成り立つのは $|ab|=|cd|$、すなわち $|a||b|=|c||d|$ のときであり、①, ②, ③の等号がすべて成り立つのは $|a|=|b|=|c|=|d|$ のときである。

このとき、$a^2+b^2+c^2+d^2=4$ より、$a^2+b^2+c^2+d^2=4a^2=4$ であり、$a^2=b^2=c^2=d^2=1^2$ すなわち、$|a|=|b|=|c|=|d|=1$

このとき③の等号も成り立つから、④の等号が成り立つ。

以上から、

a, b, c, d のうち偶数個が -1 でほかは 1 であるとき　最大値　1

a, b, c, d のうち奇数個が -1 でほかは 1 であるとき　最大値　-1

答え a, b, c, d のうち偶数個が -1 でほかは 1 であるとき　最大値　1
　　　　a, b, c, d のうち奇数個が -1 でほかは 1 であるとき　最大値　-1

発展問題

2次 1 素数が無限個存在することは，次のように，背理法によって証明されます。

『いま，素数が n 個（有限個）しかなかったとして，それら全部を小さい順に並べて 2, 3, 5, ……, q とする。このとき，それら全部の積に 1 を加えた数 $m = 2 \times 3 \times 5 \times \cdots \times q + 1$ について，m はどの素数で割っても余りが 1 となる。

一方，m はどの素数よりも大きいので，m は素数でない。すなわち，m はある素数 p で割り切れる。これは，m を p で割ると余りが 1 となることに反し，矛盾である。』

これに対し，次の命題を考えます。

命題『素数を小さい順に n 個並べて，その n 個の素数の積に 1 を加えた数は，素数となる。』

この命題について，次の問いに答えなさい。

```
2+1=3
2×3+1=7
2×3×5+1=31
2×3×5×7+1=211
   ⋮     ⋮
```

(1) この命題は偽です。反例を 1 つ挙げなさい。

(2) この命題で，n の値を大きくしていくと，素数でない数が現れることがあります。そのようなことが起こるのはなぜなのかを説明しなさい。

解き方 (1) $n = 6$ のとき，$m = 2 \times 3 \times 5 \times 7 \times 11 \times 13 + 1 = 30031$ であり，これは $m = 59 \times 509$ と素因数分解できるので，素数ではない。

よって，命題は偽である。

(2) n 番目に小さい素数を p_n とし，$M_n = p_1 \times p_2 \times p_3 \times \cdots \times p_n + 1$ とする。

この命題では，素数を p_1, p_2, p_3, ……, p_n のみと仮定しているため，p_n より大きい素数については M_n の約数となる可能性があるから。

練習問題

答え：別冊P50〜P51

1 3円切手と8円切手がたくさんあります。これらを用いて，つくることのできない金額をすべて求めなさい。

2 面積が 1cm^2 の正方形が右の図のように4個くっついた形があります。この形を9個使って，面積が 36cm^2 の長方形は作ることができますか。できるならばその長方形の図を示し，できないならばそのことを証明しなさい。

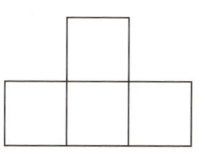

3 右の図のように，多角形の内部にいくつかの点をとり，それらの点どうし，もしくはそれらの点と多角形の頂点を結んで，もとの多角形をいくつかの多角形に分けることを考えます。

ただし，どの点も適当な線分上を通る経路で多角形の頂点とつなげられているとします。たとえば右の図は，五角形 ABCDE の内部に3点 F，G，H をとり，五角形 ABCDE を3つの三角形と3つの四角形に分けたものです。

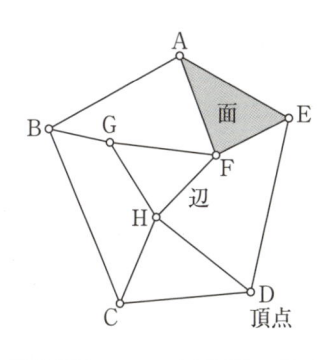

もとの多角形の頂点と，その内部にとったFのような点をまとめて「頂点」，もとの多角形の辺と，その内部につくったAFのような線分をまとめて「辺」，分けられてできた △AFE のような多角形をまとめて「面」とよぶとき，次の問いに答えなさい。

(1) 頂点の数 x，辺の数 y，面の数 z の間に成り立つ等式をつくりなさい。

この問題は答えだけを書いてください。

(2) (1)で答えた関係式が成り立つことを証明しなさい。

- ●執筆協力：水野 健太郎
- ●DTP：株式会社千里
- ●カバーデザイン：星 光信（Xing Design）
- ●カバーイラスト：田島 直人

実用数学技能検定 要点整理 数学検定準1級

2014年5月12日 初版発行

編　者	公益財団法人 日本数学検定協会
発 行 者	清水 静海
発 行 所	公益財団法人 日本数学検定協会 〒110-0005 東京都台東区上野五丁目1番1号 FAX 03-5812-8346 http://www.su-gaku.net/
発 売 所	丸善出版株式会社 〒101-0051 東京都千代田区神田神保町二丁目17番 TEL 03-3512-3256　FAX 03-3512-3270 http://pub.maruzen.co.jp/
印刷・製本	中央精版印刷株式会社

ISBN978-4-901647-49-6　C0041

©The Mathematics Certification Institute of Japan 2014 Printed in Japan

＊落丁・乱丁本はお取り替えいたします。
＊本書の内容の全部または一部を無断で複写複製（コピー）することは著作権法上での例外を除き、禁じられています。

数学検定

実用数学技能検定 要点整理 準1級

THE MATHEMATICS CERTIFICATION INSTITUTE OF JAPAN [THE Pre 1st GRADE]

解答と解説

別冊

本体からとりはずす
こともできます。

公益財団法人 日本数学検定協会

1-1 いろいろな数列と和　p.21

解答

❶ (1) 23　　(2) 140

❷ 1, −2

❸ (1) 初項 1, 公比 −2
　(2) −85

❹ (1) 1771　　(2) $\sqrt{n+1}-1$
　(3) $\dfrac{1}{6}(n-1)n(n+1)$

❺ 等式 $(k+1)^3-k^3=3k^2+3k+1$ について,
$k=1$ のとき　$2^3-1^3=3\cdot 1^2+3\cdot 1+1$
$k=2$ のとき　$3^3-2^3=3\cdot 2^2+3\cdot 2+1$
$k=3$ のとき　$4^3-3^3=3\cdot 3^2+3\cdot 3+1$
　　　　　　　　$\vdots$
$k=n$ のとき
　　　　$(n+1)^3-n^3=3\cdot n^2+3\cdot n+1$
これら n 個の等式の辺々を加えると,
$(n+1)^3-1=3(1^2+2^2+\cdots+n^2)$
　　　　　　　　$+3(1+2+\cdots+n)+n$
　　　　　　$=3\sum_{k=1}^{n}k^2+3\sum_{k=1}^{n}k+n$
よって,
$3\sum_{k=1}^{n}k^2$
$=(n+1)^3-1-3\cdot\dfrac{n}{2}(n+1)-n$
$=(n+1)\left\{(n+1)^2-\dfrac{3}{2}n-1\right\}$
$=\dfrac{1}{2}(n+1)(2n^2+n)$
$=\dfrac{n}{2}(n+1)(2n+1)$
したがって,
$\sum_{k=1}^{n}k^2=\dfrac{n}{6}(n+1)(2n+1)$

❻ (1) $\dfrac{1}{3}(100^k-1)$
　(2) $\dfrac{100}{297}(100^n-1)-\dfrac{1}{3}n$

❼ $a_n=\dfrac{1}{2}n^2+\dfrac{3}{2}n-1$

❽ $a_1=1$, $a_n=-\dfrac{1}{2n(n-1)}$ $(n\geqq 2)$

❾ (1) 第48項　　(2) 10
　(3) $\dfrac{773}{14}$

解説

❶

(1) この数列を $\{a_n\}$ とすると, 条件より,
$a_n=5+(n-1)\cdot 2=2n+3$
よって, $a_{10}=2\cdot 10+3=23$
　　　　　　　　　　　　答え　23

(2) 初項から第10項までの和は,
$\dfrac{10}{2}(5+23)=140$　　　**答え　140**

❷

この等差数列の公差について,
$\dfrac{1}{a}-1=a-\dfrac{1}{a}$
が成り立つから, $2\cdot\dfrac{1}{a}=1+a$
$2=a+a^2$　　$a^2+a-2=0$
$(a-1)(a+2)=0$　　よって, $a=1,\ -2$
これは $a\neq 0$ を満たす。　**答え　1, −2**

❸

(1) この等比数列を $\{a_n\}$ とし, 初項を a, 公比を r とする。条件より,

$ar^2=4$ …①, $ar^5=-32$ …②
①, ②より, $4r^3=-32$　$r^3=-8$
r は実数だから, $r=-2$
①に代入して, $4a=4$　$a=1$
したがって, 初項は1, 公比は-2

答え　初項1, 公比 -2

(2) 初項から第8項までの和は,
$$\frac{1\cdot\{1-(-2)^8\}}{1-(-2)}=\frac{1-256}{3}=-85$$

答え　-85

❹

(1) 初項1, 公差2の等差数列の第k項は,
$1+(k-1)\cdot 2=2k-1$ だから, $2k-1=21$
より, $k=11$ である。よって, 21はこの等差数列の第11項だから, 求める和は,
$$\sum_{k=1}^{11}(2k-1)^2=\sum_{k=1}^{11}(4k^2-4k+1)$$
$$=4\cdot\frac{11}{6}(11+1)(2\cdot 11+1)-4\cdot\frac{11}{2}(11+1)$$
$$+1\cdot 11$$
$$=88\cdot 23-22\cdot 12+11=2024-264+11$$
$$=1771$$ **答え　1771**

(2) 第k項を変形すると,
$$\frac{1}{\sqrt{k+1}+\sqrt{k}}$$
$$=\frac{\sqrt{k+1}-\sqrt{k}}{(\sqrt{k+1}+\sqrt{k})(\sqrt{k+1}-\sqrt{k})}$$
$$=\frac{\sqrt{k+1}-\sqrt{k}}{k+1-k}=\sqrt{k+1}-\sqrt{k}$$
よって,
$$\sum_{k=1}^{n}\frac{1}{\sqrt{k+1}+\sqrt{k}}=\sum_{k=1}^{n}(\sqrt{k+1}-\sqrt{k})$$
$$=(\sqrt{2}-\sqrt{1})+(\sqrt{3}-\sqrt{2})+(\sqrt{4}-\sqrt{3})$$
$$+\cdots\cdots+(\sqrt{n+1}-\sqrt{n})$$
$$=\sqrt{n+1}-1$$ **答え　$\sqrt{n+1}-1$**

(3) 第k項は $k(n-k)$, 項数は $n-1$ だから, 求める和は,
$$\sum_{k=1}^{n-1}k(n-k)=\sum_{k=1}^{n-1}(nk-k^2)$$
$$=n\sum_{k=1}^{n-1}k-\sum_{k=1}^{n-1}k^2$$
$$=n\cdot\frac{n}{2}(n-1)-\frac{n}{6}(n-1)(2n-1)$$
$$=\frac{n}{6}(n-1)\{3n-(2n-1)\}$$
$$=\frac{1}{6}(n-1)n(n+1)$$

答え　$\frac{1}{6}(n-1)n(n+1)$

別解 この和は, 1から$n+1$までの正の整数から3個を取る組合せ $_{n+1}C_3$ 通りを, 次のように場合分けをしてたし合わせ, 求めたものと考えられる。
・3個の整数の, 中央の数が k $(2\leqq k\leqq n)$ であるとき, 残りの2個の整数は1, 2, ……, $k-1$の中から1つ, $k+1$, $k+2$, ……, $n+1$の中から1つ, 自由な組合せで選べるから, それぞれ$(k-1)$通り, $(n+1)-(k+1)+1=n-k+1$(通り) 考えられる。したがって, 求める和は,
$$_{n+1}C_3=\frac{(n+1)n(n-1)}{3!}=\frac{(n+1)n(n-1)}{6}$$

❺

等式 $(k+1)^3-k^3=3k^2+3k+1$ に, $k=1, 2, 3, \cdots, n$ を代入したn個の式を加えると, $\sum_{k=1}^{n}k^2$ の形が現れる。

❻

(1) $3333=33+3300$,
　　$333333=33+3300+330000$,
　　　　　$\vdots$　　　　　　　$\vdots$

と考えると，第 k 項 a_k は初項が 33，公比が 100 の等比数列の初項から第 k 項までの和で表されるので，

$$\frac{33(100^k-1)}{100-1}=\frac{1}{3}(100^k-1)$$

答え $\dfrac{1}{3}(100^k-1)$

(2) (1)より，求める和は，

$$\frac{1}{3}\sum_{k=1}^{n}(100^k-1)$$
$$=\frac{1}{3}\left\{\frac{100(100^n-1)}{100-1}-1\cdot n\right\}$$
$$=\frac{100}{297}(100^n-1)-\frac{1}{3}n$$

答え $\dfrac{100}{297}(100^n-1)-\dfrac{1}{3}n$

❼

階差数列を $\{b_n\}$ とすると，
$b_1=a_2-a_1=4-1=3$，
$b_2=a_3-a_2=8-4=4$

以下同様に，$b_3=5$，$b_4=6$，… と求められるから，$\{b_n\}$ は初項が 3，公差が 1 の等差数列で，
$b_n=3+(n-1)\cdot 1=n+2$
よって，$n\geqq 2$ のとき，

$$a_n=a_1+\sum_{k=1}^{n-1}b_k=1+\sum_{k=1}^{n-1}(k+2)$$
$$=1+\frac{n}{2}(n-1)+2(n-1)$$
$$=\frac{1}{2}n^2+\frac{3}{2}n-1 \quad \cdots ①$$

この式で，$n=1$ とすると，$\dfrac{1}{2}+\dfrac{3}{2}-1=1$
となり，$a_1=1$ と一致する。以上から，すべての正の整数 n に対して，①が成り立つ。

答え $a_n=\dfrac{1}{2}n^2+\dfrac{3}{2}n-1$

❽

条件より，$a_1=S_1=\dfrac{1+1}{2\cdot 1}=1$
$n\geqq 2$ のとき，

$$a_n=S_n-S_{n-1}=\frac{n+1}{2n}-\frac{(n-1)+1}{2(n-1)}$$
$$=\frac{(n+1)(n-1)-n^2}{2n(n-1)}=-\frac{1}{2n(n-1)}$$

ここで求めた a_n は，$n=1$ で定義されないから，$a_1=1$，$a_n=-\dfrac{1}{2n(n-1)}$ ($n\geqq 2$)

答え $a_1=1$，$a_n=-\dfrac{1}{2n(n-1)}$ ($n\geqq 2$)

❾

分母が同じ分数をまとめて群にする。

$$\frac{1}{1}\left|\frac{1}{2},\frac{2}{2}\right|\frac{1}{3},\frac{2}{3},\frac{3}{3}\left|\frac{1}{4},\frac{2}{4},\frac{3}{4},\frac{4}{4}\right|\frac{1}{5},\frac{2}{5},\cdots$$

(1) 第 m 群には m 個の分数があり，その分母はすべて m，第 m 群の第 k 項の分子は k である。よって，$\dfrac{3}{10}$ は第 10 群の第 3 項である。
第 9 群までの項数は，
$1+2+3+\cdots\cdots+9=\dfrac{9}{2}(9+1)=45$
したがって，$45+3=48$ より，$\dfrac{3}{10}$ は第48項である。 **答え 第48項**

(2) $\dfrac{1}{19}+\dfrac{2}{19}+\dfrac{3}{19}+\cdots\cdots+\dfrac{19}{19}$

$$=\frac{1}{19}(1+2+3+\cdots\cdots+19)$$
$$=\frac{1}{19}\sum_{k=1}^{19}k$$
$$=\frac{1}{19}\cdot\frac{19}{2}(19+1)=10 \quad \textbf{答え 10}$$

(3) 第100項が第 m 群にあるとすると，
$$1+2+3+\cdots+(m-1)<100$$
$$\leqq 1+2+3+\cdots+m$$
すなわち，
$$\frac{1}{2}m(m-1)<100\leqq \frac{1}{2}m(m+1)$$
$$\frac{1}{2}\cdot 14(14-1)=91<100,$$
$$\frac{1}{2}\cdot 14(14+1)=105\geqq 100 \text{ より，} m=14$$

さらに，$100-91=9$ だから，第100項は第14群の第9項である。

一方，(2)と同様にして，第 m 群の和は，
$$\frac{1}{m}\sum_{k=1}^{m}k=\frac{1}{m}\cdot\frac{1}{2}m(m+1)=\frac{m+1}{2}$$

よって，第100項までの和は，
$$\sum_{m=1}^{13}\frac{m+1}{2}+\sum_{k=1}^{9}\frac{k}{14}$$
$$=\frac{1}{2}\left\{\frac{1}{2}\cdot 13(13+1)+13\right\}+\frac{1}{14}\cdot\frac{1}{2}\cdot 9(9+1)$$
$$=52+\frac{45}{14}=\frac{773}{14}$$
答え $\dfrac{773}{14}$

1-2 漸化式と数学的帰納法 p.28

解答

① (1) $a_n=3\left(\dfrac{1}{2}\right)^{n-1}$

(2) $a_n=-\dfrac{4^n}{3}-\dfrac{2}{3}$

② (1) $b_n=2\cdot 3^{n-1}-1$

(2) $a_n=2^n(2\cdot 3^{n-1}-1)$

③ 与えられた命題を P とする。

[1] $n=1$ のとき，$3^{2\cdot 1-1}+1=4$ より P は成り立つ。

[2] $n=k$ のとき P が成り立つ，すなわち $3^{2k-1}+1$ が4の倍数であると仮定すると，ある整数 M を用いて，$3^{2k-1}+1=4M$ と表される。このことから，$3^{2k-1}=4M-1$ だから，
$$3^{2(k+1)-1}+1=3^2\cdot 3^{2k-1}+1$$
$$=9(4M-1)+1=4(9M-2)$$

M が整数であることから，$9M-2$ も整数だから，$3^{2(k+1)-1}+1$ は4の倍数である。よって，$n=k+1$ のときも P は成り立つ。

[1]，[2] より，すべての正の整数 n について P は成り立つ。

④ $a_n=n+3$

解説

①

(1) $\{a_n\}$ は初項3，公比 $\dfrac{1}{2}$ の等比数列だから，
$$a_n=3\left(\frac{1}{2}\right)^{n-1}$$
答え $a_n=3\left(\dfrac{1}{2}\right)^{n-1}$

(2) $c=4c+2$ の解は，$c=-\dfrac{2}{3}$ だから，漸化式は次のように変形できる。
$$a_{n+1}+\frac{2}{3}=4\left(a_n+\frac{2}{3}\right)$$
$\left\{a_n+\dfrac{2}{3}\right\}$ は，初項 $a_1+\dfrac{2}{3}=-\dfrac{4}{3}$，公比4の等比数列だから，
$$a_n+\frac{2}{3}=-\frac{4}{3}\cdot 4^{n-1}=-\frac{4^n}{3}$$
よって，$a_n=-\dfrac{4^n}{3}-\dfrac{2}{3}$

答え $a_n=-\dfrac{4^n}{3}-\dfrac{2}{3}$

②
(1) 漸化式の両辺を 2^{n+1} で割ると，
$$\frac{a_{n+1}}{2^{n+1}}=\frac{6a_n}{2^{n+1}}+\frac{2^{n+2}}{2^{n+1}}=\frac{3a_n}{2^n}+2$$
よって，$b_{n+1}=3b_n+2$
$c=3c+2$ の解は $c=-1$ だから，
$b_{n+1}+1=3(b_n+1)$
$\{b_n+1\}$ は，初項 $b_1+1=\frac{a_1}{2^1}+1=2$，
公比 3 の等比数列だから，
$b_n+1=2\cdot 3^{n-1}$　　$b_n=2\cdot 3^{n-1}-1$
　　　　　　答え　$b_n=2\cdot 3^{n-1}-1$

(2) $a_n=2^n b_n$ だから，$a_n=2^n(2\cdot 3^{n-1}-1)$
　　　　　　答え　$a_n=2^n(2\cdot 3^{n-1}-1)$

③
$n=1$ のときに 4 の倍数であることを示し，次に $n=k$ のときに 4 の倍数であるとして，$n=k+1$ のときも 4 の倍数となることを示す。

④
漸化式に $n=1$ を代入すると，
$3a_2=a_1^2-1=4^2-1=15$
だから，$a_2=5$
同様にして，$a_3=6$，$a_4=7$ が導かれるため，一般項 a_n は $a_n=n+3$ と推測できる。
以下，この推測が正しいことを数学的帰納法で証明する。
[1] $n=1$ のとき，
$a_1=1+3=4$ より成り立つ。
[2] k を正の整数とし，$n=k$ のとき推測が正しい，すなわち $a_k=k+3$ と仮定する。
これを漸化式に代入すると，
$(k+2)a_{k+1}=a_k^2-1=(k+3)^2-1$
$=k^2+6k+8=(k+2)(k+4)$
k は正の整数なので，$k+2\neq 0$ だから，
$a_{k+1}=k+4=(k+1)+3$
したがって，$n=k+1$ のときも成り立つ。
[1]，[2] より，すべての正の整数 n について，$a_n=n+3$ が成り立つ。
　　　　　　答え　$a_n=n+3$

2-1　指数関数・対数関数 p.39

解答

① $\sqrt[3]{9}<\sqrt[7]{243}<\sqrt[4]{27}$

② (1) $y=t^2-5t-2$
(2) $x=0$ のとき，t は最小値 2 をとる。
(3) $x=\pm 1$ のとき，y は最小値 $-\frac{33}{4}$ をとる。

③ $\log_{10}3$ が有理数であると仮定すると，m，n を互いに素な正の整数として，$\log_{10}3=\frac{m}{n}$ と表されるから，$10^{\frac{m}{n}}=3$ より，$3^n=10^m$ であるが，左辺は奇数，右辺は偶数だから矛盾する。したがって，$\log_{10}3$ は無理数である。

④ $x=\frac{1}{5}$，$y=\frac{1}{3}$ のとき，最大値 $-2\log_{10}15$ をとる。

⑤ 0.85

⑥ (1) 39 桁　　(2) 小数第 6 位

解説

①

3つの数を3の累乗の形にそろえると、
$\sqrt[3]{9}=3^{\frac{2}{3}}$, $\sqrt[4]{27}=3^{\frac{3}{4}}$, $\sqrt[7]{243}=3^{\frac{5}{7}}$

$\dfrac{2}{3}=\dfrac{14}{21}$, $\dfrac{3}{4}=\dfrac{21}{28}$, $\dfrac{5}{7}=\dfrac{15}{21}=\dfrac{20}{28}$ なので、

$\dfrac{2}{3}<\dfrac{5}{7}<\dfrac{3}{4}$

3は1より大きいから、$3^{\frac{2}{3}}<3^{\frac{5}{7}}<3^{\frac{3}{4}}$
よって、$\sqrt[3]{9}<\sqrt[7]{243}<\sqrt[4]{27}$

答え $\sqrt[3]{9}<\sqrt[7]{243}<\sqrt[4]{27}$

②

(1) $t^2=(2^x+2^{-x})^2=(2^x)^2+2\cdot 2^x\cdot 2^{-x}+(2^{-x})^2$
$=2^{2x}+2\cdot 2^{x-x}+2^{-2x}$
$=(2^2)^x+2+(2^2)^{-x}=4^x+2+4^{-x}$
よって、$4^x+4^{-x}=t^2-2$ より、
$y=(t^2-2)-5t=t^2-5t-2$

答え $y=t^2-5t-2$

(2) $t=2^x+2^{-x}=\sqrt{(2^x+2^{-x})^2}$
$=\sqrt{(2^x-2^{-x})^2+4}$

と変形できる。よって t が最小となるのは $2^x-2^{-x}=0$, すなわち $x=0$ のときで、そのときの t の値は、$\sqrt{4}=2$
（相加平均と相乗平均の関係を用いて、$2^x+2^{-x}\geqq 2\sqrt{2^x\cdot 2^{-x}}=2$ より最小値を求めることもできる。）

答え $x=0$ のとき, t は最小値2をとる。

(3) $y=\left(t-\dfrac{5}{2}\right)^2-\left(\dfrac{5}{2}\right)^2-2=\left(t-\dfrac{5}{2}\right)^2-\dfrac{33}{4}$

と変形できる。(2)の結果から $t\geqq 2$ であり、$t=\dfrac{5}{2}$ はこれを満たすから、y は $t=\dfrac{5}{2}$ で最小となり、最小値は $-\dfrac{33}{4}$ である。

このとき、$t=\dfrac{5}{2}$ より、$2^x+2^{-x}=\dfrac{5}{2}$ で、
$2^x=u$ とすると、$u>0$ であり、
$2^{-x}=\dfrac{1}{2^x}=\dfrac{1}{u}$ より、$u+\dfrac{1}{u}=\dfrac{5}{2}$
$2u^2-5u+2=0$　　$(2u-1)(u-2)=0$
よって、$u=\dfrac{1}{2}$, 2（ともに $u>0$ を満たす）

$u=\dfrac{1}{2}$ のとき、$2^x=2^{-1}$ より、$x=-1$
$u=2$ のとき、$2^x=2^1$ より、$x=1$
したがって、y が最小であるときの x の値は、$x=\pm 1$

答え $x=\pm 1$ のとき, y は最小値 $-\dfrac{33}{4}$ をとる。

③

背理法で証明する。

④

真数条件は、$x>0$ かつ $y=\dfrac{-5x+2}{3}>0$

よって、$0<x<\dfrac{2}{5}$ …①

$\log_{10}\dfrac{x}{3}+\log_{10}\dfrac{y}{5}=\log_{10}\dfrac{xy}{15}$

$=\log_{10}\dfrac{-5x^2+2x}{45}$

ここで、$z=-5x^2+2x=-5\left(x-\dfrac{1}{5}\right)^2+\dfrac{1}{5}$
とすると、$x=\dfrac{1}{5}$ は①を満たし、このとき z は最大値 $\dfrac{1}{5}$ をとり、同時に $\log_{10}\dfrac{x}{3}+\log_{10}\dfrac{y}{5}$ も最大となる。

$x=\dfrac{1}{5}$ のとき, $y=\dfrac{-5x+2}{3}=\dfrac{1}{3}$ だから,
求める最大値は,
$$\log_{10}\left(\dfrac{1}{15}\cdot\dfrac{1}{5}\cdot\dfrac{1}{3}\right)=\log_{10}(15)^{-2}$$
$$=-2\log_{10}15$$

答え $x=\dfrac{1}{5}$, $y=\dfrac{1}{3}$ のとき,
最大値$-2\log_{10}15$ をとる。

⑤

$\log_{10}7=p$ とする。$7^2=49<50$ より,
$\log_{10}7^2=2\log_{10}7=2p<\log_{10}50$
ここで,
$\log_{10}50=\log_{10}(100\div2)=\log_{10}100-\log_{10}2$
$=2-0.3010=1.699$
よって, $2p<1.699$ $p<0.8495$ …①
同様に, $7^4=2401>2400$ より,
$\log_{10}7^4=4\log_{10}7=4p>\log_{10}2400$
$\log_{10}2400=\log_{10}(10^2\times2^3\times3)$
$=2\log_{10}10+3\log_{10}2+\log_{10}3$
$=2+3\times0.3010+0.4771=3.3801$
よって, $4p>3.3801$ より,
$p>0.8450$ …②
①, ②より, $0.8450<p<0.8495$ だから,
$p=\log_{10}7$ の近似値は, 0.85 **答え** **0.85**

⑥

(1) 2^{2^n} の1の位は2, 4, 6, 8のいずれかだから, $+1$ は桁数に影響しない。
$F(7)=2^{2^7}+1=2^{128}+1$ より, 2^{128} の常用対数を求めると,
$\log_{10}2^{128}=128\log_{10}2=128\times0.3010$
$=38.528$
よって, $10^{38}<F(7)<10^{39}$ だから, $F(7)$ は39桁の整数である。 **答え** **39桁**

(2) $F(13)=2^{2^{13}}+1=2^{8192}+1$
$\log_{10}2^{8192}=8192\log_{10}2$
$\log_{10}2$ の値を変えて計算すると,
$8192\times0.3010=2465.792$,
$8192\times0.30102=2465.95584$,
$8192\times0.301029=2466.029568$
ここで, $\log_{10}2=0.30103$ として実際の値より大きい数値を使って計算しても,
$8192\times0.30103=2466.03776$
となり, 整数部分は2467にはならない。
よって, $\log_{10}2$ の値は小数第6位まで与える必要がある。 **答え** **小数第6位**

2-2 三角関数   p.51

解答

① (1) $\dfrac{2}{3}\pi<\theta<\pi$, $\pi<\theta<\dfrac{4}{3}\pi$

(2) $\theta=\dfrac{\pi}{2}, \dfrac{5}{6}\pi, \dfrac{3}{2}\pi, \dfrac{11}{6}\pi$

② (1) $\tan(\alpha+\beta)=-\dfrac{1}{2}$,
$\tan(\alpha-\beta)=-2$

(2) $\cos\dfrac{\alpha}{2}=-\dfrac{2\sqrt{5}}{5}$

③ (1) $\theta=\dfrac{\pi}{6}, \dfrac{5}{6}\pi, \dfrac{3}{2}\pi$

(2) $0\leqq\theta<\dfrac{\pi}{3}, \dfrac{4}{3}\pi<\theta<2\pi$

④ $x=\dfrac{\pi}{3}$ のとき最大値2, $x=\dfrac{5}{6}\pi$
のとき最小値-2

⑤ 直角三角形

⑥ (1) $f(\theta)=\sin\theta+\dfrac{1}{2}(1-\cos\theta)^2$

(2) **3%**

解説

①

(1) $\sin^2\theta + \cos^2\theta = 1$ より，
$\sin^2\theta = 1 - \cos^2\theta$ だから，与式は，
$2(1-\cos^2\theta) - 3\cos\theta - 3 > 0$
$2\cos^2\theta + 3\cos\theta + 1 < 0$
$(\cos\theta + 1)(2\cos\theta + 1) < 0$

よって，$-1 < \cos\theta < -\dfrac{1}{2}$

$0 \leqq \theta < 2\pi$ の範囲で，
$\cos\theta = -1$ のとき，$\theta = \pi$，
$\cos\theta = -\dfrac{1}{2}$ のとき，$\theta = \dfrac{2}{3}\pi, \dfrac{4}{3}\pi$

だから，解は，

$\dfrac{2}{3}\pi < \theta < \pi, \ \pi < \theta < \dfrac{4}{3}\pi$

答え $\dfrac{2}{3}\pi < \theta < \pi, \ \pi < \theta < \dfrac{4}{3}\pi$

(2) $2\sin\left(2\theta + \dfrac{\pi}{6}\right) = -1$
より，
$\sin\left(2\theta + \dfrac{\pi}{6}\right) = -\dfrac{1}{2}$

$0 \leqq \theta < 2\pi$ より，
$\dfrac{\pi}{6} \leqq 2\theta + \dfrac{\pi}{6} < 4\pi + \dfrac{\pi}{6} = \dfrac{25}{6}\pi$ だから，
条件を満たすのは，
$2\theta + \dfrac{\pi}{6} = \dfrac{7}{6}\pi, \dfrac{11}{6}\pi, 2\pi + \dfrac{7}{6}\pi,$
$2\pi + \dfrac{11}{6}\pi$

したがって，解は，
$\theta = \dfrac{\pi}{2}, \dfrac{5}{6}\pi, \dfrac{3}{2}\pi, \dfrac{11}{6}\pi$

答え $\theta = \dfrac{\pi}{2}, \dfrac{5}{6}\pi, \dfrac{3}{2}\pi, \dfrac{11}{6}\pi$

②

(1) $\tan(\alpha + \beta) = \dfrac{\tan\alpha + \tan\beta}{1 - \tan\alpha\tan\beta}$
$= \dfrac{1 + (-3)}{1 - 1 \cdot (-3)} = \dfrac{-2}{4} = -\dfrac{1}{2}$

$\tan(\alpha - \beta) = \dfrac{\tan\alpha - \tan\beta}{1 + \tan\alpha\tan\beta}$
$= \dfrac{1 - (-3)}{1 + 1 \cdot (-3)} = \dfrac{4}{-2} = -2$

答え $\tan(\alpha + \beta) = -\dfrac{1}{2},$
$\tan(\alpha - \beta) = -2$

(2) 半角の公式より，
$\cos^2\dfrac{\alpha}{2} = \dfrac{1 + \cos\alpha}{2} = \dfrac{1}{2}\left(1 + \dfrac{3}{5}\right) = \dfrac{4}{5}$

$\pi < \alpha < 2\pi$ より，$\dfrac{\pi}{2} < \dfrac{\alpha}{2} < \pi$ だから，
$\cos\dfrac{\alpha}{2} < 0$ である。よって，

$\cos\dfrac{\alpha}{2} = -\sqrt{\dfrac{4}{5}} = -\dfrac{2}{\sqrt{5}} = -\dfrac{2\sqrt{5}}{5}$

答え $-\dfrac{2\sqrt{5}}{5}$

③

(1) $\cos 2\theta = 1 - 2\sin^2\theta$ より，
$1 - 2\sin^2\theta = \sin\theta$
$2\sin^2\theta + \sin\theta - 1 = 0$
$(2\sin\theta - 1)(\sin\theta + 1) = 0$

$\sin\theta = \dfrac{1}{2}, \ -1$

よって，$\theta = \dfrac{\pi}{6}, \dfrac{5}{6}\pi, \dfrac{3}{2}\pi$

答え $\theta = \dfrac{\pi}{6}, \dfrac{5}{6}\pi, \dfrac{3}{2}\pi$

(2) 不等式を変形して，
$\sqrt{3}\sin\theta - 3\cos\theta < 0$
三角関数の合成を用いると，
$\sqrt{(\sqrt{3})^2+(-3)^2}\sin\left(\theta-\dfrac{\pi}{3}\right)<0$
よって，$\sin\left(\theta-\dfrac{\pi}{3}\right)<0$
$0\leqq\theta<2\pi$ より，$-\dfrac{\pi}{3}\leqq\theta-\dfrac{\pi}{3}<\dfrac{5}{3}\pi$
だから，$-\dfrac{\pi}{3}\leqq\theta-\dfrac{\pi}{3}<0$ または
$\pi<\theta-\dfrac{\pi}{3}<\dfrac{5}{3}\pi$
したがって，解は，
$0\leqq\theta<\dfrac{\pi}{3},\ \dfrac{4}{3}\pi<\theta<2\pi$

答え　$0\leqq\theta<\dfrac{\pi}{3},\ \dfrac{4}{3}\pi<\theta<2\pi$

❹
2倍角の公式より，
$\sin 2x = 2\sin x\cos x,\ \cos 2x = \cos^2 x - \sin^2 x$
よって，
$y = 2\sqrt{3}\cdot\dfrac{\sin 2x}{2} - (\cos^2 x - \sin^2 x)$
$= \sqrt{3}\sin 2x - \cos 2x$
三角関数の合成を用いて，
$y = \sqrt{(\sqrt{3})^2+(-1)^2}\sin\left(2x-\dfrac{\pi}{6}\right)$
$= 2\sin\left(2x-\dfrac{\pi}{6}\right)$
$0\leqq x<\pi$ より，$-\dfrac{\pi}{6}\leqq 2x-\dfrac{\pi}{6}<2\pi-\dfrac{\pi}{6}$
だから，$-1\leqq\sin\left(2x-\dfrac{\pi}{6}\right)\leqq 1$
$2x-\dfrac{\pi}{6}=\dfrac{\pi}{2},\ 2x-\dfrac{\pi}{6}=\dfrac{3}{2}\pi$ をそれぞれ解くと，$x=\dfrac{\pi}{3},\ x=\dfrac{5}{6}\pi$ だから，

y は $x=\dfrac{\pi}{3}$ のとき最大値2，
$x=\dfrac{5}{6}\pi$ のとき最小値-2 をとる。

**答え　$x=\dfrac{\pi}{3}$ のとき最大値2，
$x=\dfrac{5}{6}\pi$ のとき最小値-2**

❺
和を積に直す公式を用いて，
$\cos 2A + \cos 2B = 2\cos\dfrac{2A+2B}{2}\cos\dfrac{2A-2B}{2}$
$= 2\cos(A+B)\cos(A-B)$
一方，$\cos 2C = 2\cos^2 C - 1$ であり，これらを等式に代入して整理すると，
$2\cos(A+B)\cos(A-B) + 2\cos^2 C = 0$
$\cos(A+B)\cos(A-B) + \cos^2 C = 0$
さらに，$A+B+C=180°\cdots$① だから，
$\cos(A+B) = \cos(180°-C) = -\cos C \cdots$②
よって，
$-\cos C\cos(A-B) + \cos^2 C = 0$
$\cos C\{\cos C - \cos(A-B)\} = 0$
すなわち，
$\cos C = 0$ または $\cos(A-B) = \cos C$

・$\cos C = 0$ のとき
C は三角形の角より，$0°<C<180°$
よって，$C=90°$

・$\cos(A-B) = \cos C$ のとき
②より，$\cos C = -\cos(A+B)$ が成り立つから，$\cos(A+B) + \cos(A-B) = 0$
和を積に直す公式を用いると，
$2\cos\dfrac{A+B+A-B}{2}\cos\dfrac{A+B-(A-B)}{2} = 0$
よって，$\cos A\cos B = 0$
A，B はともに $0°$ より大きく $180°$ より小さいから，$A=90°$ または $B=90°$

したがって，$A=90°$，$B=90°$，$C=90°$ のいずれかが成り立つことがわかる。

以上から，△ABCは直角三角形である。
　　　　　　答え　直角三角形

別解　以下のように考えてもよい。
・$\cos(A-B)=\cos C$ のとき
　$\cos(A-B)=\cos C$ が成り立ち，
　A，Bはともに$0°$より大きく$180°$より小さいことから，$-180°<A-B<180°$ が成り立つので，
　　$A-B=C$ または $A-B=-C$
　$A-B=C$ の場合，$A-B-C=0°$ と変形できるから，①より，$2A=180°$
　　よって，$A=90°$
　$A-B=-C$ の場合，$A-B+C=0°$ と変形できるから，①より，$2B=180°$
　　よって，$B=90°$

6

(1) $\overparen{PA}=r\theta$　…① と表される。一方，
　$PQ=2PH=2r\sin\theta$，
　$HA^2=(OA-OH)^2=(r-r\cos\theta)^2$
　だから，
　$\dfrac{1}{2}\left(PQ+\dfrac{HA^2}{r}\right)$
　$=\dfrac{1}{2}\left\{2r\sin\theta+\dfrac{(r-r\cos\theta)^2}{r}\right\}$
　$=r\left\{\sin\theta+\dfrac{1}{2}(1-\cos\theta)^2\right\}$　…②

　①，②より，$\theta\fallingdotseq\sin\theta+\dfrac{1}{2}(1-\cos\theta)^2$

　よって，$f(\theta)=\sin\theta+\dfrac{1}{2}(1-\cos\theta)^2$

　　答え　$f(\theta)=\sin\theta+\dfrac{1}{2}(1-\cos\theta)^2$

(2) $g(\theta)=\theta-f(\theta)$ とすると，
　$g(\theta)=\theta-\sin\theta-\dfrac{1}{2}(1-\cos\theta)^2$
　よって，
　$g\left(\dfrac{\pi}{6}\right)=\dfrac{\pi}{6}-\dfrac{1}{2}-\dfrac{1}{2}\left(1-\dfrac{\sqrt{3}}{2}\right)^2$
　　$=\dfrac{\pi}{6}+\dfrac{\sqrt{3}}{2}-\dfrac{11}{8}$

真の値は $\dfrac{\pi}{6}$ だから，誤差は，

$$\dfrac{\dfrac{\pi}{6}+\dfrac{\sqrt{3}}{2}-\dfrac{11}{8}}{\dfrac{\pi}{6}}=0.0279\cdots\cdots\fallingdotseq 0.03$$

すなわち，3%である。　　**答え　3%**

3-1　ベクトル　p.66

解答

1
(1) $\left(\dfrac{4}{5},\ -\dfrac{3}{5}\right)$

(2) $\left(\pm\dfrac{3}{5},\ \pm\dfrac{4}{5}\right)$（複号同順）

2　$s=3$，$t=-1$，$u=2$

3　$\vec{a}\cdot\vec{b}=15$，$\theta=45°$

4　(1) **4**　　(2) **60°**

5　$t=-\dfrac{1}{3}$ のとき最小値$\sqrt{3}$

6
(1) $\overrightarrow{AD}=\dfrac{5\vec{b}+7\vec{c}}{12}$

(2) $\overrightarrow{AI}=\dfrac{5\vec{b}+7\vec{c}}{18}$

7
(1) $\overrightarrow{AP}=\dfrac{1}{4}\vec{a}+\dfrac{1}{2}\vec{b}$

(2) **3：1**

8
(1) **20**

(2) $\overrightarrow{OP}=\dfrac{44}{49}\vec{a}+\dfrac{5}{49}\vec{b}$，
　　$AP:PB=5:44$

9 (1) $\vec{OH} = \vec{a} + \vec{b} + \vec{c}$

(2) Oは外心だから、外接円の半径をRとすると、
$|\vec{a}| = |\vec{b}| = |\vec{c}| = R$
$\vec{AB} = \vec{OB} - \vec{OA} = \vec{b} - \vec{a}$,
$\vec{CH} = \vec{OH} - \vec{OC} = (\vec{a} + \vec{b} + \vec{c}) - \vec{c}$
$= \vec{a} + \vec{b}$

だから、
$\vec{AB} \cdot \vec{CH} = (\vec{b} - \vec{a}) \cdot (\vec{a} + \vec{b})$
$= |\vec{b}|^2 - |\vec{a}|^2 = R^2 - R^2$
$= 0$

よって、$AB \perp CH$ …①

$\vec{AC}$ と $\vec{BH}$ に関しても同様に、
$\vec{AC} \cdot \vec{BH} = (\vec{c} - \vec{a}) \cdot \{(\vec{a} + \vec{b} + \vec{c}) - \vec{b}\}$
$= |\vec{c}|^2 - |\vec{a}|^2 = R^2 - R^2$
$= 0$

よって、$AC \perp BH$ …②

①, ②から、Hは△ABCの垂心である。

10 (1) $\vec{q} = \dfrac{\vec{a} \cdot \vec{p}}{|\vec{a}|^2} \vec{a}$

(2) $\dfrac{(\vec{a} \cdot \vec{p})^2}{|\vec{a}|^2}$

11 (1) $\vec{AP} = \dfrac{2}{3}\vec{b} + \dfrac{2}{3}\vec{d} + \dfrac{2}{3}\vec{e}$

(2) 条件より、$|\vec{b}| = |\vec{d}| = |\vec{e}| = 2$,
$\vec{b} \cdot \vec{d} = \vec{d} \cdot \vec{e} = \vec{e} \cdot \vec{b} = 0$
$\vec{CF} = \vec{AF} - \vec{AC} = -\vec{d} + \vec{e}$ だから、
$\vec{AG} \cdot \vec{CF} = (\vec{b} + \vec{d} + \vec{e}) \cdot (-\vec{d} + \vec{e})$
$= -\vec{b} \cdot \vec{d} + \vec{b} \cdot \vec{e} - |\vec{d}|^2$
$\quad + \vec{d} \cdot \vec{e} - \vec{d} \cdot \vec{e} + |\vec{e}|^2$
$= -2^2 + 2^2 = 0$

よって、$\vec{AG} \perp \vec{CF}$ …①

同様に、
$\vec{CH} = \vec{AH} - \vec{AC} = -\vec{b} + \vec{e}$ より、
$\vec{AG} \cdot \vec{CH} = (\vec{b} + \vec{d} + \vec{e}) \cdot (-\vec{b} + \vec{e})$
$= -|\vec{b}|^2 + |\vec{e}|^2$
$= -2^2 + 2^2 = 0$

よって、$\vec{AG} \perp \vec{CH}$ …②

①, ②より、$\vec{AG}$ は平面CHF上の平行でない2つのベクトルに垂直だから、平面CHFに垂直である。

(3) $\dfrac{8}{3}$

12 (1) $(1, 2, 3)$ (2) $\dfrac{\sqrt{42}}{2}$

解説

1

(1) $|\vec{a}| = \sqrt{4^2 + (-3)^2} = 5$ だから、求めるベクトルを$\vec{e}$とすると、$\vec{a}$と同じ向きの単位ベクトル$\vec{e}$は、
$\vec{e} = \dfrac{\vec{a}}{|\vec{a}|} = \dfrac{1}{5}(4, -3) = \left(\dfrac{4}{5}, -\dfrac{3}{5}\right)$

答え $\left(\dfrac{4}{5}, -\dfrac{3}{5}\right)$

(2) 求めるベクトルを$\vec{f} = (x, y)$とすると、
$|\vec{f}| = 1$ より、$|\vec{f}|^2 = 1$ だから、
$x^2 + y^2 = 1$ …①
$\vec{a} \perp \vec{f}$ より、$\vec{a} \cdot \vec{f} = 0$ だから、
$4x - 3y = 0$ よって、$y = \dfrac{4}{3}x$ …②

①, ②から、$x = \pm\dfrac{3}{5}$, $y = \pm\dfrac{4}{5}$

より、$\vec{f} = \left(\pm\dfrac{3}{5}, \pm\dfrac{4}{5}\right)$ (複号同順)

答え $\left(\pm\dfrac{3}{5}, \pm\dfrac{4}{5}\right)$ (複号同順)

2

$s\vec{a} + t\vec{b} + u\vec{c}$
$= s(1, 2, 0) + t(3, 0, 1) + u(0, -2, -3)$
$= (s + 3t, 2s - 2u, t - 3u)$

13

これが $\vec{d}=(0, 2, -7)$ と等しいので、
$s+3t=0$ …①, $2s-2u=2$ …②,
$t-3u=-7$ …③
①〜③を連立して、$s=3$, $t=-1$, $u=2$

答え $s=3$, $t=-1$, $u=2$

③

$\vec{a}\cdot\vec{b}=(-4)\times(-2)+5\times 2+(-3)\times 1$
$=15$
$|\vec{a}|=\sqrt{(-4)^2+5^2+(-3)^2}$
$=\sqrt{50}=5\sqrt{2}$,
$|\vec{b}|=\sqrt{(-2)^2+2^2+1^2}=\sqrt{9}=3$
だから、
$\cos\theta=\dfrac{\vec{a}\cdot\vec{b}}{|\vec{a}||\vec{b}|}=\dfrac{15}{5\sqrt{2}\times 3}=\dfrac{1}{\sqrt{2}}$
$0°\leqq\theta\leqq 180°$ より、$\theta=45°$

答え $\vec{a}\cdot\vec{b}=15$, $\theta=45°$

④

(1) $|\vec{a}+\vec{b}|^2=|\vec{a}|^2+2\vec{a}\cdot\vec{b}+|\vec{b}|^2$
$=2^2+2\vec{a}\cdot\vec{b}+4^2=20+2\vec{a}\cdot\vec{b}$
$|\vec{a}+\vec{b}|=\sqrt{28}$ より、$|\vec{a}+\vec{b}|^2=28$
だから、$20+2\vec{a}\cdot\vec{b}=28$
よって、$\vec{a}\cdot\vec{b}=4$ **答え 4**

(2) $\cos\theta=\dfrac{\vec{a}\cdot\vec{b}}{|\vec{a}||\vec{b}|}=\dfrac{4}{2\times 4}=\dfrac{1}{2}$
$0°\leqq\theta\leqq 180°$ より、$\theta=60°$

答え $60°$

⑤

$|t\vec{a}+\vec{b}|^2=t^2|\vec{a}|^2+2t\vec{a}\cdot\vec{b}+|\vec{b}|^2$
$=9t^2+6t+4=9\left(t^2+\dfrac{2}{3}t\right)+4$
$=9\left(t+\dfrac{1}{3}\right)^2+3$

よって、$|t\vec{a}+\vec{b}|^2$ は $t=-\dfrac{1}{3}$ のとき最小値 3 をとる。$|t\vec{a}+\vec{b}|\geqq 0$ だから、$|t\vec{a}+\vec{b}|^2$ が最小のとき $|t\vec{a}+\vec{b}|$ も最小となり、このとき $|t\vec{a}+\vec{b}|$ は最小値 $\sqrt{3}$ をとる。

答え $t=-\dfrac{1}{3}$ のとき最小値 $\sqrt{3}$

⑥

(1) AD は∠A の二等分線だから、
BD:CD
=AB:AC
=7:5
よって、$\overrightarrow{AD}=\dfrac{5\overrightarrow{AB}+7\overrightarrow{AC}}{7+5}=\dfrac{5\vec{b}+7\vec{c}}{12}$

答え $\overrightarrow{AD}=\dfrac{5\vec{b}+7\vec{c}}{12}$

(2) (1)より、BD$=6\times\dfrac{7}{7+5}=\dfrac{7}{2}$
BI は∠B の二等分線だから、
AI:ID=AB:BD=$7:\dfrac{7}{2}=2:1$
よって、AD:AI=3:2 だから、
$\overrightarrow{AI}=\dfrac{2}{3}\overrightarrow{AD}=\dfrac{2}{3}\cdot\dfrac{5\vec{b}+7\vec{c}}{12}=\dfrac{5\vec{b}+7\vec{c}}{18}$

答え $\overrightarrow{AI}=\dfrac{5\vec{b}+7\vec{c}}{18}$

⑦

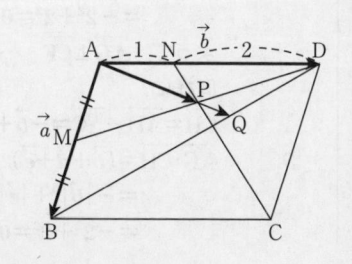

(1) 条件より,
$\vec{AM}=\frac{1}{2}\vec{a}$, $\vec{AN}=\frac{1}{3}\vec{b}$, $\vec{AC}=\vec{a}+\vec{b}$

MP：PD$=s:(1-s)$（sは実数）とすると,
$\vec{AP}=(1-s)\vec{AM}+s\vec{AD}=\frac{1-s}{2}\vec{a}+s\vec{b}$

NP：PC$=t:(1-t)$（tは実数）とすると,
$\vec{AP}=(1-t)\vec{AN}+t\vec{AC}$
$=\frac{1-t}{3}\vec{b}+t(\vec{a}+\vec{b})=t\vec{a}+\frac{1+2t}{3}\vec{b}$

$\vec{a}$, $\vec{b}$ は1次独立だから,
$\frac{1-s}{2}=t$, $s=\frac{1+2t}{3}$

連立して解くと, $s=\frac{1}{2}$, $t=\frac{1}{4}$

よって, $\vec{AP}=\frac{1}{4}\vec{a}+\frac{1}{2}\vec{b}$

答え $\vec{AP}=\frac{1}{4}\vec{a}+\frac{1}{2}\vec{b}$

(2) 点Qは直線AP上にあるから,
$\vec{AQ}=k\vec{AP}=\frac{k}{4}\vec{a}+\frac{k}{2}\vec{b}$（$k$は実数）

点Qは直線BD上にあるから,
$\frac{k}{4}+\frac{k}{2}=1$

これを解いて, $k=\frac{4}{3}$

よって, $\vec{AQ}=\frac{4}{3}\vec{AP}$より,

AP：AQ$=3:4$だから, AP：PQ$=3:1$

答え 3：1

❽

(1) $\vec{a}\cdot\vec{b}=|\vec{a}||\vec{b}|\cos 60°=5\times 8\times\frac{1}{2}=20$

答え 20

(2) Pは辺AB上の点だから,
AP：PB$=t:(1-t)$（tは実数）とすると,
$\vec{OP}=(1-t)\vec{OA}+t\vec{OB}=(1-t)\vec{a}+t\vec{b}$
$\vec{AB}=\vec{b}-\vec{a}$であり, OP⊥ABより
$\vec{OP}\cdot\vec{AB}=0$だから,
$\{(1-t)\vec{a}+t\vec{b}\}\cdot(\vec{b}-\vec{a})=0$
$(t-1)|\vec{a}|^2+\{(1-t)-t\}\vec{a}\cdot\vec{b}+t|\vec{b}|^2=0$

(1)より, $\vec{a}\cdot\vec{b}=20$だから,
$5^2(t-1)+20(1-2t)+8^2t=0$

よって, $t=\frac{5}{49}$より, $\vec{OP}=\frac{44}{49}\vec{a}+\frac{5}{49}\vec{b}$

また, AP：PB$=t:(1-t)$
$=\frac{5}{49}:\frac{44}{49}=5:44$

答え $\vec{OP}=\frac{44}{49}\vec{a}+\frac{5}{49}\vec{b}$,

AP：PB$=5:44$

別解 $\vec{OP}=\frac{44\vec{a}+5\vec{b}}{5+44}=\frac{44\vec{OA}+5\vec{OB}}{5+44}$

と表されるから, AP：PB$=5:44$

❾

(1) 重心Gについて,
$\vec{OG}=\frac{\vec{OA}+\vec{OB}+\vec{OC}}{3}=\frac{\vec{a}+\vec{b}+\vec{c}}{3}$

だから, $\vec{OH}=3\vec{OG}=\vec{a}+\vec{b}+\vec{c}$

答え $\vec{OH}=\vec{a}+\vec{b}+\vec{c}$

(2) Hが△ABCの垂心であるとき,
$\vec{AB}\cdot\vec{CH}=0$, $\vec{AC}\cdot\vec{BH}=0$ が成り立つ。

❿

(1) $\vec{a}$に平行な単位ベクトルは$\frac{1}{|\vec{a}|}\vec{a}$だから,
$\vec{p}$と$\vec{a}$のなす角をθとすると, $\vec{a}//\vec{q}$より,
$\vec{q}=|\vec{p}|\cos\theta\times\frac{1}{|\vec{a}|}\vec{a}$

15

これに，$\cos\theta = \dfrac{\vec{a}\cdot\vec{p}}{|\vec{a}||\vec{p}|}$ を代入すると，

$$\vec{q} = |\vec{p}| \times \dfrac{\vec{a}\cdot\vec{p}}{|\vec{a}||\vec{p}|} \times \dfrac{1}{|\vec{a}|}\vec{a} = \dfrac{\vec{a}\cdot\vec{p}}{|\vec{a}|^2}\vec{a}$$

答え $\vec{q} = \dfrac{\vec{a}\cdot\vec{p}}{|\vec{a}|^2}\vec{a}$

(2) (1)の結果より，

$$\vec{p}\cdot\vec{q} = \vec{p}\cdot\left(\dfrac{\vec{a}\cdot\vec{p}}{|\vec{a}|^2}\vec{a}\right) = \left(\dfrac{\vec{a}\cdot\vec{p}}{|\vec{a}|^2}\right)(\vec{a}\cdot\vec{p})$$

$$= \dfrac{(\vec{a}\cdot\vec{p})^2}{|\vec{a}|^2}$$

答え $\dfrac{(\vec{a}\cdot\vec{p})^2}{|\vec{a}|^2}$

⑪

条件より，
$\vec{AG} = \vec{AB} + \vec{BC} + \vec{CG} = \vec{b} + \vec{d} + \vec{e}$
同様に，$\vec{AC} = \vec{b} + \vec{d}$，$\vec{AH} = \vec{d} + \vec{e}$，$\vec{AF} = \vec{b} + \vec{e}$

(1) Pは直線AG上の点だから，kを実数とすると，
$$\vec{AP} = k\vec{AG} = k\vec{b} + k\vec{d} + k\vec{e} \quad \cdots ①$$

また，Pは平面CHF上の点だから，s，tを実数とすると，
$$\vec{AP} = (1-s-t)\vec{AC} + s\vec{AH} + t\vec{AF}$$
$$= (1-s-t)(\vec{b}+\vec{d}) + s(\vec{d}+\vec{e}) + t(\vec{b}+\vec{e})$$
$$= (1-s)\vec{b} + (1-t)\vec{d} + (s+t)\vec{e} \quad \cdots ②$$

$\vec{b}$，$\vec{d}$，$\vec{e}$は1次独立だから，①，②，より，

$1-s = 1-t = s+t = k$ これを解いて，

$s = t = \dfrac{1}{3}$，$k = \dfrac{2}{3}$

よって，$\vec{AP} = \dfrac{2}{3}\vec{b} + \dfrac{2}{3}\vec{d} + \dfrac{2}{3}\vec{e}$

答え $\vec{AP} = \dfrac{2}{3}\vec{b} + \dfrac{2}{3}\vec{d} + \dfrac{2}{3}\vec{e}$

(2) $\vec{AG}$と平面CHFが垂直であるとき，
$\vec{AG}\cdot\vec{CF} = 0$，$\vec{AG}\cdot\vec{CH} = 0$ が成り立つ。

(3) $|\vec{AG}|^2 = |\vec{b}+\vec{d}+\vec{e}|^2 = |\vec{b}|^2 + |\vec{d}|^2 + |\vec{e}|^2$
$= 2^2 + 2^2 + 2^2 = 12$
だから，$|\vec{AG}| \geqq 0$ より，
$|\vec{AG}| = \sqrt{12} = 2\sqrt{3}$ よって，
$|\vec{AP}| = \dfrac{2}{3}|\vec{AG}| = \dfrac{2}{3} \times 2\sqrt{3} = \dfrac{4\sqrt{3}}{3}$

一方，△CHFは1辺の長さが $2\sqrt{2}$ の正三角形だから，その面積Sは，
$S = \dfrac{1}{2} \times (2\sqrt{2})^2 \times \sin 60°$
$= \dfrac{1}{2} \times 8 \times \dfrac{\sqrt{3}}{2} = 2\sqrt{3}$

以上から，三角錐A−CHFの面CHFの面積は $2\sqrt{3}$，面CHFを底面としたときの高さは $|\vec{AP}| = \dfrac{4\sqrt{3}}{3}$ だから，体積Vは，
$V = \dfrac{1}{3} \times 2\sqrt{3} \times \dfrac{4\sqrt{3}}{3} = \dfrac{8}{3}$ 答え $\dfrac{8}{3}$

別解 三角錐A−CHFは，立方体ABCD−EFGHから三角錐G−CHFと合同な三角錐を4個取り除いたものだから，体積Vは，
$V = 2^3 - \dfrac{1}{3} \times \dfrac{1}{2} \times 2^2 \times 2 \times 4 = 8 - \dfrac{16}{3} = \dfrac{8}{3}$

⑫

$\vec{AB} = \vec{OB} - \vec{OA}$
$= (4, 5, 0)$
$- (0, 1, 4)$
$= (4, 4, -4)$

(1) Hは直線AB上にあるから，sを実数とすると，
$\vec{OH} = \vec{OA} + \vec{AH} = \vec{OA} + s\vec{AB}$
$= (0, 1, 4) + s(4, 4, -4)$
$= (4s, 1+4s, 4-4s) \quad \cdots ①$
$\vec{AB} \perp \vec{OH}$ より，$\vec{AB}\cdot\vec{OH} = 0$ だから，
$\vec{AB}\cdot\vec{OH} = 4 \times 4s + 4(1+4s) - 4(4-4s)$
$= 0$

これを解いて，$s=\dfrac{1}{4}$
①に代入して，$\vec{OH}=(1, 2, 3)$
したがって，Hの座標は，H$(1, 2, 3)$
　　　　　　　答え　$(1, 2, 3)$

(2) $|\vec{OH}|=\sqrt{1^2+2^2+3^2}=\sqrt{14}$
$\vec{AH}=\vec{OH}-\vec{OA}$
　　$=(1, 2, 3)-(0, 1, 4)$
　　$=(1, 1, -1)$
より，
$|\vec{AH}|=\sqrt{1^2+1^2+(-1)^2}=\sqrt{3}$
$\vec{OH}\perp\vec{AH}$より，△OAHの面積Sは，
$S=\dfrac{1}{2}\times\sqrt{14}\times\sqrt{3}=\dfrac{\sqrt{42}}{2}$　答え　$\dfrac{\sqrt{42}}{2}$

3-2 行列　　p.82

解答

❶ $\begin{pmatrix} 3 & 34 \\ -37 & -9 \end{pmatrix}$

❷ $x=6, y=-7$

❸ $x=-5, y=-3$

❹ $ad-c=0$

❺ (1) $\dfrac{1}{5}\begin{pmatrix} 17 & -1 \\ 11 & -3 \end{pmatrix}$

　(2) $(10, 6)$

❻ $\dfrac{1}{\sqrt{2}}\begin{pmatrix} 1 & 1 \\ 1 & -1 \end{pmatrix}$

❼ (1) $\dfrac{1}{4}\begin{pmatrix} -\sqrt{6}+\sqrt{2} & -\sqrt{6}-\sqrt{2} \\ \sqrt{6}+\sqrt{2} & -\sqrt{6}+\sqrt{2} \end{pmatrix}$

　(2) $(-2\sqrt{6}-2\sqrt{2}, -2\sqrt{6}+2\sqrt{2})$

❽ (1) $A^2=-A+6E$

　(2) $p_n=\dfrac{-(-3)^n+2^n}{5}$,

　　$q_n=\dfrac{2(-3)^n+3\cdot 2^n}{5}$

　(3) $\dfrac{1}{5}\begin{pmatrix} -(-3)^{n+1}+2^{n+1} \\ (-3)^{n+1}+3\cdot 2^n \end{pmatrix}$
$\begin{matrix} -2(-3)^n+2^{n+1} \\ 2(-3)^n+3\cdot 2^n \end{matrix}$

❾ (1) $A^2=\begin{pmatrix} 1 & 0 \\ -4 & 1 \end{pmatrix}$, $A^3=\begin{pmatrix} 1 & 0 \\ -6 & 1 \end{pmatrix}$

　(2) (1)の結果より，$A^n=\begin{pmatrix} 1 & 0 \\ -2n & 1 \end{pmatrix}$
と推測できる。この推測が正しいことを，数学的帰納法で証明する。
・$n=1$のとき
$A^1=\begin{pmatrix} 1 & 0 \\ -2\cdot 1 & 1 \end{pmatrix}=\begin{pmatrix} 1 & 0 \\ -2 & 1 \end{pmatrix}$
より正しい。
・$n=k$のとき　$A^k=\begin{pmatrix} 1 & 0 \\ -2k & 1 \end{pmatrix}$
が成り立つと仮定すると，
$A^{k+1}=A^kA=\begin{pmatrix} 1 & 0 \\ -2k & 1 \end{pmatrix}\begin{pmatrix} 1 & 0 \\ -2 & 1 \end{pmatrix}$
$=\begin{pmatrix} 1 & 0 \\ -2k-2 & 1 \end{pmatrix}=\begin{pmatrix} 1 & 0 \\ -2(k+1) & 1 \end{pmatrix}$
よって，$n=k+1$でも成り立つ。
以上から，すべての正の整数nについて，推測は正しい。

❿ (1) $\dfrac{1}{3}\begin{pmatrix} 1 & 1 \\ -1 & 2 \end{pmatrix}$

　(2) $\begin{pmatrix} 3 & 0 \\ 0 & -3 \end{pmatrix}$

　(3) $\dfrac{1}{3}\begin{pmatrix} 2\cdot 3^n+(-3)^n \\ 3^n-(-3)^n \end{pmatrix}$
$\begin{matrix} 2\cdot 3^n-2(-3)^n \\ 3^n+2(-3)^n \end{matrix}$

⓫ (1) Aが逆行列をもたない条件は，$ad-bc=0$だから，ケーリー・ハミルトンの定理より，
$A^2-(a+d)A=O$
すなわち，$A^2=(a+d)A$　…①

$A^3=O$ より，
$A^2A=(a+d)A^2=O$ …②
・$a+d\neq0$ のとき ②より $A^2=O$
・$a+d=0$ のとき
①より $A^2=OA=O$
以上から，$A^2=O$ が成り立つ．

(2) A^3 の逆行列を X とすると，
$A^3X=E$ (E は単位行列)
$AA^2X=E$　$A(A^2X)=E$
これは，A の逆行列が A^2X であることを示している．
よって，A は逆行列をもつ．

⑫ (1) 点 P の座標を (x, y)，点 H の座標を (x', y') とする．
条件より，PH は直線 $y=2x$ に垂直だから，
$2\cdot\dfrac{y'-y}{x'-x}=-1$
$x'+2y'=x+2y$ …①
点 H は直線 $y=2x$ 上にあるから，$y'=2x'$ …②
②を①に代入すると，
$x'+4x'=x+2y$
よって，$x'=\dfrac{1}{5}x+\dfrac{2}{5}y$ …③
③を②に代入すると，
$y'=\dfrac{2}{5}x+\dfrac{4}{5}y$ …④
③，④より，x'，y' は定数項のない x，y の1次式で表されるから，f は1次変換である．

(2) $\dfrac{1}{5}\begin{pmatrix}1 & 2\\2 & 4\end{pmatrix}$

(3) 直線 $x+2y=15$
（点 $(3, 6)$ を除く）

解説

①

$2(A+4B)-3(2A-B)$
$=2A+8B-6A+3B=-4A+11B$
$=-4\begin{pmatrix}2 & -3\\1 & 5\end{pmatrix}+11\begin{pmatrix}1 & 2\\-3 & 1\end{pmatrix}$
$=\begin{pmatrix}-8 & 12\\-4 & -20\end{pmatrix}+\begin{pmatrix}11 & 22\\-33 & 11\end{pmatrix}$
$=\begin{pmatrix}3 & 34\\-37 & -9\end{pmatrix}$　答え $\begin{pmatrix}3 & 34\\-37 & -9\end{pmatrix}$

②

$AB=\begin{pmatrix}1 & 2\\x & y\end{pmatrix}\begin{pmatrix}2 & 1\\3 & -2\end{pmatrix}=\begin{pmatrix}8 & -3\\2x+3y & x-2y\end{pmatrix}$
$BA=\begin{pmatrix}2 & 1\\3 & -2\end{pmatrix}\begin{pmatrix}1 & 2\\x & y\end{pmatrix}=\begin{pmatrix}2+x & 4+y\\3-2x & 6-2y\end{pmatrix}$
対応する成分を比較して，
$8=2+x$ …① $-3=4+y$ …②
$2x+3y=3-2x$…③ $x-2y=6-2y$…④
①より，$x=6$ ②より，$y=-7$
このとき③，④も成り立つ．
　　　　答え $x=6, y=-7$

③

条件より，$A(-A)=E$（E は単位行列）
よって，$A^2=-E$ より，
$A^2=\begin{pmatrix}3 & x\\2 & y\end{pmatrix}\begin{pmatrix}3 & x\\2 & y\end{pmatrix}$
$=\begin{pmatrix}9+2x & x(3+y)\\6+2y & 2x+y^2\end{pmatrix}=\begin{pmatrix}-1 & 0\\0 & -1\end{pmatrix}$
対応する成分を比較して，
$9+2x=-1$…① $x(3+y)=0$…②
$6+2y=0$ …③ $2x+y^2=-1$…④
①より，$x=-5$ ③より，$y=-3$
これは②，④も満たす．
　　　　答え $x=-5, y=-3$

④

$X = \begin{pmatrix} x & y \\ z & w \end{pmatrix}$ とすると，$AX = O$ より，

$\begin{pmatrix} a & 1 \\ c & d \end{pmatrix}\begin{pmatrix} x & y \\ z & w \end{pmatrix} = \begin{pmatrix} ax+z & ay+w \\ cx+dz & cy+dw \end{pmatrix} = O$

対応する成分を比較して，

$ax + z = 0$ …①　　$ay + w = 0$ …②
$cx + dz = 0$ …③　　$cy + dw = 0$ …④

①×d − ③ より，$(ad - c)x = 0$
②×d − ④ より，$(ad - c)y = 0$

ここで，$ad - c \neq 0$ とすると，$x = y = 0$ となり，①，② より $z = w = 0$ であるが，このとき $X = O$ となるから不適である。

したがって，$ad - c = 0$ となることが必要である。

逆に，$ad - c = 0$ のとき，$c = ad$ より，$x = y = 1$，$z = w = -a$ とすると，

$AX = \begin{pmatrix} a & 1 \\ ad & d \end{pmatrix}\begin{pmatrix} 1 & 1 \\ -a & -a \end{pmatrix}$

$= \begin{pmatrix} a-a & a-a \\ ad-ad & ad-ad \end{pmatrix} = O$

よって，十分である。　**答え $ad - c = 0$**

⑤

(1) f を表す行列を $\begin{pmatrix} a & b \\ c & d \end{pmatrix}$ とすると，

$\begin{pmatrix} a & b \\ c & d \end{pmatrix}\begin{pmatrix} 1 \\ 2 \end{pmatrix} = \begin{pmatrix} a+2b \\ c+2d \end{pmatrix} = \begin{pmatrix} 3 \\ 1 \end{pmatrix}$

$\begin{pmatrix} a & b \\ c & d \end{pmatrix}\begin{pmatrix} 0 \\ 5 \end{pmatrix} = \begin{pmatrix} 5b \\ 5d \end{pmatrix} = \begin{pmatrix} -1 \\ -3 \end{pmatrix}$

よって，$a + 2b = 3$，$c + 2d = 1$，$5b = -1$，$5d = -3$ を連立して解くと，

$a = \dfrac{17}{5}$，$b = -\dfrac{1}{5}$，$c = \dfrac{11}{5}$，$d = -\dfrac{3}{5}$

だから，求める行列は，$\dfrac{1}{5}\begin{pmatrix} 17 & -1 \\ 11 & -3 \end{pmatrix}$

答え $\dfrac{1}{5}\begin{pmatrix} 17 & -1 \\ 11 & -3 \end{pmatrix}$

(2) $A\begin{pmatrix} 3 \\ 1 \end{pmatrix} = \dfrac{1}{5}\begin{pmatrix} 17 & -1 \\ 11 & -3 \end{pmatrix}\begin{pmatrix} 3 \\ 1 \end{pmatrix} = \dfrac{1}{5}\begin{pmatrix} 50 \\ 30 \end{pmatrix}$

$= \begin{pmatrix} 10 \\ 6 \end{pmatrix}$

より，移る点は，(10, 6)

答え (10, 6)

⑥

原点 O を中心とする 45° の回転移動を f，直線 $y = x$ に関する対称移動を g とし，それぞれを表す行列を A，B とする。点 P，Q，R の座標を P(a, b)，Q(a', b')，R(a'', b'') とすると，

$A = \begin{pmatrix} \cos 45° & -\sin 45° \\ \sin 45° & \cos 45° \end{pmatrix} = \dfrac{1}{\sqrt{2}}\begin{pmatrix} 1 & -1 \\ 1 & 1 \end{pmatrix}$

より，$\begin{pmatrix} a' \\ b' \end{pmatrix} = \dfrac{1}{\sqrt{2}}\begin{pmatrix} 1 & -1 \\ 1 & 1 \end{pmatrix}\begin{pmatrix} a \\ b \end{pmatrix}$ と表される。また，g によって点 Q(a', b') が点 R(a'', b'') に移るので，

$\begin{cases} a'' = b' \\ b'' = a' \end{cases}$　すなわち　$\begin{pmatrix} a'' \\ b'' \end{pmatrix} = \begin{pmatrix} 0 & 1 \\ 1 & 0 \end{pmatrix}\begin{pmatrix} a' \\ b' \end{pmatrix}$

と表されるから，$B = \begin{pmatrix} 0 & 1 \\ 1 & 0 \end{pmatrix}$

よって，

$\begin{pmatrix} a'' \\ b'' \end{pmatrix} = B\begin{pmatrix} a' \\ b' \end{pmatrix} = BA\begin{pmatrix} a \\ b \end{pmatrix}$

$= \dfrac{1}{\sqrt{2}}\begin{pmatrix} 0 & 1 \\ 1 & 0 \end{pmatrix}\begin{pmatrix} 1 & -1 \\ 1 & 1 \end{pmatrix}\begin{pmatrix} a \\ b \end{pmatrix}$

$= \dfrac{1}{\sqrt{2}}\begin{pmatrix} 1 & 1 \\ 1 & -1 \end{pmatrix}\begin{pmatrix} a \\ b \end{pmatrix}$

以上から，点 P から点 R に移る 1 次変換を表す行列は，$\dfrac{1}{\sqrt{2}}\begin{pmatrix} 1 & 1 \\ 1 & -1 \end{pmatrix}$

答え $\dfrac{1}{\sqrt{2}}\begin{pmatrix} 1 & 1 \\ 1 & -1 \end{pmatrix}$

7

(1) 加法定理より,
$\sin 105° = \sin 60° \cos 45° + \cos 60° \sin 45°$
$= \dfrac{\sqrt{3}}{2} \cdot \dfrac{\sqrt{2}}{2} + \dfrac{1}{2} \cdot \dfrac{\sqrt{2}}{2} = \dfrac{\sqrt{6}+\sqrt{2}}{4}$
$\cos 105° = \cos 60° \cos 45° - \sin 60° \sin 45°$
$= \dfrac{1}{2} \cdot \dfrac{\sqrt{2}}{2} - \dfrac{\sqrt{3}}{2} \cdot \dfrac{\sqrt{2}}{2} = \dfrac{\sqrt{2}-\sqrt{6}}{4}$
よって,
$A = \begin{pmatrix} \cos 105° & -\sin 105° \\ \sin 105° & \cos 105° \end{pmatrix}$
$= \dfrac{1}{4}\begin{pmatrix} -\sqrt{6}+\sqrt{2} & -\sqrt{6}-\sqrt{2} \\ \sqrt{6}+\sqrt{2} & -\sqrt{6}+\sqrt{2} \end{pmatrix}$

答え $\dfrac{1}{4}\begin{pmatrix} -\sqrt{6}+\sqrt{2} & -\sqrt{6}-\sqrt{2} \\ \sqrt{6}+\sqrt{2} & -\sqrt{6}+\sqrt{2} \end{pmatrix}$

別解 行列 $\begin{pmatrix} \cos 60° & -\sin 60° \\ \sin 60° & \cos 60° \end{pmatrix}$ の表す

1次変換と,行列 $\begin{pmatrix} \cos 45° & -\sin 45° \\ \sin 45° & \cos 45° \end{pmatrix}$ の

表す1次変換を合成すると考えて,
$A = \begin{pmatrix} \cos 60° & -\sin 60° \\ \sin 60° & \cos 60° \end{pmatrix}\begin{pmatrix} \cos 45° & -\sin 45° \\ \sin 45° & \cos 45° \end{pmatrix}$
$= \dfrac{1}{2}\begin{pmatrix} 1 & -\sqrt{3} \\ \sqrt{3} & 1 \end{pmatrix}\dfrac{1}{2}\begin{pmatrix} \sqrt{2} & -\sqrt{2} \\ \sqrt{2} & \sqrt{2} \end{pmatrix}$
$= \dfrac{1}{4}\begin{pmatrix} -\sqrt{6}+\sqrt{2} & -\sqrt{6}-\sqrt{2} \\ \sqrt{6}+\sqrt{2} & -\sqrt{6}+\sqrt{2} \end{pmatrix}$

(2) $\dfrac{1}{4}\begin{pmatrix} -\sqrt{6}+\sqrt{2} & -\sqrt{6}-\sqrt{2} \\ \sqrt{6}+\sqrt{2} & -\sqrt{6}+\sqrt{2} \end{pmatrix}\begin{pmatrix} 0 \\ 8 \end{pmatrix}$
$= \begin{pmatrix} -\sqrt{6}+\sqrt{2} & -\sqrt{6}-\sqrt{2} \\ \sqrt{6}+\sqrt{2} & -\sqrt{6}+\sqrt{2} \end{pmatrix}\begin{pmatrix} 0 \\ 2 \end{pmatrix}$
$= \begin{pmatrix} -2\sqrt{6}-2\sqrt{2} \\ -2\sqrt{6}+2\sqrt{2} \end{pmatrix}$

よって,移る点は,
$(-2\sqrt{6}-2\sqrt{2},\ -2\sqrt{6}+2\sqrt{2})$

答え $(-2\sqrt{6}-2\sqrt{2},\ -2\sqrt{6}+2\sqrt{2})$

8

(1) ケーリー・ハミルトンの定理より,
$A^2 - (-1+0)A + \{(-1)\cdot 0 - 2\cdot 3\}E = O$
よって,$A^2 = -A + 6E$

答え $A^2 = -A + 6E$

(2) x^n を $x^2 + x - 6 = (x+3)(x-2)$ で割ったときの商を $Q(x)$,余りを $ax+b$
($a,\ b$ は定数) とすると,
$x^n = (x+3)(x-2)Q(x) + ax + b$
ここに $x = -3$ を代入すると,
$(-3)^n = -3a + b$ …①
$x = 2$ を代入すると,$2^n = 2a + b$ …②
① - ② より,$-5a = (-3)^n - 2^n$
よって,$a = \dfrac{-(-3)^n + 2^n}{5}$

② に代入して,$2^n = 2 \cdot \dfrac{-(-3)^n + 2^n}{5} + b$

よって,$b = \dfrac{2(-3)^n + 3\cdot 2^n}{5}$

このことから,ある行列 Q が存在して,
$A^n = (A^2 + A - 6E)Q + p_n A + q_n E$
と表される。$A^2 + A - 6E = O$ だから,
$A^n = p_n A + q_n E$ よって,
$p_n = \dfrac{-(-3)^n + 2^n}{5},\quad q_n = \dfrac{2(-3)^n + 3\cdot 2^n}{5}$

答え $p_n = \dfrac{-(-3)^n + 2^n}{5},$
$q_n = \dfrac{2(-3)^n + 3\cdot 2^n}{5}$

別解 $A^2 + A - 6E = O$ は,$x^2 + x - 6 = 0$ の
2つの解 $x = -3,\ 2$ を用いて,次のように変形できる。
$\begin{cases} A^2 + 3A = 2(A + 3E) & \cdots ① \\ A^2 - 2A = -3(A - 2E) & \cdots ② \end{cases}$
①,② より,

$A^{n+1}+3A^n=2(A^n+3A^{n-1})$
$\qquad =2^2(A^{n-1}+3A^{n-2})$
$\qquad =\cdots\cdots$
$\qquad =2^n(A+3E)$ $\cdots$③

$A^{n+1}-2A^n=-3(A^n-2A^{n-1})$
$\qquad =(-3)^2(A^{n-1}-2A^{n-2})$
$\qquad =\cdots\cdots$
$\qquad =(-3)^n(A-2E)$ $\cdots$④

③-④より，左辺は $5A^n$，右辺は，
$\{-(-3)^n+2^n\}A+\{2(-3)^n+3\cdot 2^n\}E$
だから，
$A^n=\dfrac{-(-3)^n+2^n}{5}A+\dfrac{2(-3)^n+3\cdot 2^n}{5}E$

したがって，
$p_n=\dfrac{-(-3)^n+2^n}{5}$, $q_n=\dfrac{2(-3)^n+3\cdot 2^n}{5}$

(3) $A^n=p_nA+q_nE$
$=\dfrac{-(-3)^n+2^n}{5}\begin{pmatrix}-1 & 2 \\ 3 & 0\end{pmatrix}$
$+\dfrac{2(-3)^n+3\cdot 2^n}{5}\begin{pmatrix}1 & 0 \\ 0 & 1\end{pmatrix}$
$=\dfrac{1}{5}\begin{pmatrix}3(-3)^n+2\cdot 2^n & -2(-3)^n+2\cdot 2^n \\ -3(-3)^n+3\cdot 2^n & 2(-3)^n+3\cdot 2^n\end{pmatrix}$
$=\dfrac{1}{5}\begin{pmatrix}-(-3)^{n+1}+2^{n+1} & -2(-3)^n+2^{n+1} \\ (-3)^{n+1}+3\cdot 2^n & 2(-3)^n+3\cdot 2^n\end{pmatrix}$

答え $\dfrac{1}{5}\begin{pmatrix}-(-3)^{n+1}+2^{n+1} & -2(-3)^n+2^{n+1} \\ (-3)^{n+1}+3\cdot 2^n & 2(-3)^n+3\cdot 2^n\end{pmatrix}$

❾

(1) $A^2=\begin{pmatrix}1 & 0 \\ -2 & 1\end{pmatrix}\begin{pmatrix}1 & 0 \\ -2 & 1\end{pmatrix}=\begin{pmatrix}1 & 0 \\ -4 & 1\end{pmatrix}$

$A^3=A^2A=\begin{pmatrix}1 & 0 \\ -4 & 1\end{pmatrix}\begin{pmatrix}1 & 0 \\ -2 & 1\end{pmatrix}=\begin{pmatrix}1 & 0 \\ -6 & 1\end{pmatrix}$

答え $A^2=\begin{pmatrix}1 & 0 \\ -4 & 1\end{pmatrix}$, $A^3=\begin{pmatrix}1 & 0 \\ -6 & 1\end{pmatrix}$

(2) (1)の結果より，$A^n=\begin{pmatrix}1 & 0 \\ -2n & 1\end{pmatrix}$ と推測できる．

❿

(1) $P^{-1}=\dfrac{1}{2\cdot 1-(-1)\cdot 1}\begin{pmatrix}1 & 1 \\ -1 & 2\end{pmatrix}$
$=\dfrac{1}{3}\begin{pmatrix}1 & 1 \\ -1 & 2\end{pmatrix}$ 答え $\dfrac{1}{3}\begin{pmatrix}1 & 1 \\ -1 & 2\end{pmatrix}$

(2) $P^{-1}AP=\dfrac{1}{3}\begin{pmatrix}1 & 1 \\ -1 & 2\end{pmatrix}\begin{pmatrix}1 & 4 \\ 2 & -1\end{pmatrix}\begin{pmatrix}2 & -1 \\ 1 & 1\end{pmatrix}$
$=\dfrac{1}{3}\begin{pmatrix}3 & 3 \\ 3 & -6\end{pmatrix}\begin{pmatrix}2 & -1 \\ 1 & 1\end{pmatrix}$
$=\begin{pmatrix}1 & 1 \\ 1 & -2\end{pmatrix}\begin{pmatrix}2 & -1 \\ 1 & 1\end{pmatrix}=\begin{pmatrix}3 & 0 \\ 0 & -3\end{pmatrix}$

答え $\begin{pmatrix}3 & 0 \\ 0 & -3\end{pmatrix}$

(3) $A^n=PB^nP^{-1}$
$=\dfrac{1}{3}\begin{pmatrix}2 & -1 \\ 1 & 1\end{pmatrix}\begin{pmatrix}3^n & 0 \\ 0 & (-3)^n\end{pmatrix}\begin{pmatrix}1 & 1 \\ -1 & 2\end{pmatrix}$
$=\dfrac{1}{3}\begin{pmatrix}2\cdot 3^n & -(-3)^n \\ 3^n & (-3)^n\end{pmatrix}\begin{pmatrix}1 & 1 \\ -1 & 2\end{pmatrix}$
$=\dfrac{1}{3}\begin{pmatrix}2\cdot 3^n+(-3)^n & 2\cdot 3^n-2(-3)^n \\ 3^n-(-3)^n & 3^n+2(-3)^n\end{pmatrix}$

答え $\dfrac{1}{3}\begin{pmatrix}2\cdot 3^n+(-3)^n & 2\cdot 3^n-2(-3)^n \\ 3^n-(-3)^n & 3^n+2(-3)^n\end{pmatrix}$

⓫

(1) ケーリー・ハミルトンの定理を利用して，A^3 の次数を下げる．

(2) A^3 の逆行列を X などとして，A の逆行列を X を用いて表す．

12

(1) 点 $P(x, y)$, $Q(x', y')$ として，x', y' を定数項のない x, y の1次式で表す。

(2) (1)の③，④より，$\begin{pmatrix} x' \\ y' \end{pmatrix} = \frac{1}{5}\begin{pmatrix} 1 & 2 \\ 2 & 4 \end{pmatrix}\begin{pmatrix} x \\ y \end{pmatrix}$

よって，$A = \frac{1}{5}\begin{pmatrix} 1 & 2 \\ 2 & 4 \end{pmatrix}$

答え $\frac{1}{5}\begin{pmatrix} 1 & 2 \\ 2 & 4 \end{pmatrix}$

(3) 点 $P(x, y)$ は，$\frac{1}{5}\begin{pmatrix} 1 & 2 \\ 2 & 4 \end{pmatrix}\begin{pmatrix} x \\ y \end{pmatrix} = \begin{pmatrix} 3 \\ 6 \end{pmatrix}$

を満たすから，$\begin{pmatrix} 1 & 2 \\ 2 & 4 \end{pmatrix}\begin{pmatrix} x \\ y \end{pmatrix} = \begin{pmatrix} 15 \\ 30 \end{pmatrix}$，

すなわち $\begin{cases} x + 2y = 15 & \cdots ⑤ \\ 2x + 4y = 30 & \cdots ⑥ \end{cases}$

⑤の両辺を2倍すると⑥に一致するから，この連立方程式の解は⑤を満たすすべての x, y である。

以上から，条件を満たす点P全体によってつくられる図形は，直線 $x + 2y = 15$（点(3, 6)を除く）である。

答え 直線 $x + 2y = 15$（点(3, 6)を除く）

3-3 複素数平面 p.97

解答

1 (1) 0　(2) -1　(3) -3

2 -1

3 (1) $x^2 + (m+4)x + 2m + 5 = 0$

(2) $-\frac{5}{2} < m \leqq -2$, $2 \leqq m$

4 (1) $z = \sqrt{3}\left(\cos\frac{11}{6}\pi + i\sin\frac{11}{6}\pi\right)$,

$z^8 = -\frac{81}{2} + \frac{81\sqrt{3}}{2}i$

(2) $z = \sqrt{2}\left(\cos\frac{\pi}{12} + i\sin\frac{\pi}{12}\right)$,

$z^8 = -8 + 8\sqrt{3}i$

5 (1) $\beta = (1+i)\alpha$

(2) ∠B が直角で，∠A $= \frac{\pi}{3}(60°)$ の直角三角形

6 (1) $\frac{\alpha}{\beta} = \frac{1}{2}\left(\cos\frac{\pi}{3} + i\sin\frac{\pi}{3}\right)$,

$\frac{1}{2}\left(\cos\frac{5}{3}\pi + i\sin\frac{5}{3}\pi\right)$

(2) もっとも小さい角は∠Bで，その大きさは $\frac{\pi}{6}(30°)$

7 (1) $x = \cos(36° + 72° \times n) + i\sin(36° + 72° \times n)$
$(n = 0, 1, 2, 3, 4)$

(2) $\alpha = \frac{1+\sqrt{5}}{4} + \frac{\sqrt{10-2\sqrt{5}}}{4}i$

8 (1) 2点 $-i$, $-3+2i$ を結ぶ線分の垂直二等分線

(2) 点 -3 を中心とした半径3の円

9 (1) 点 $-\frac{3}{2}i$ を中心とした半径 $\frac{1}{2}$ の円

(2) 点 $\frac{8}{3}$ を中心とした半径 $\frac{4}{3}$ の円

10 点 $\frac{i}{4}$ を中心とした半径 $\frac{1}{4}$ の円（ただし，原点Oを除く）

解説

1

ω は1の3乗根のうち虚数であるものの1つなので，$\omega^3 = 1$ より，

$\omega^3 - 1 = (\omega - 1)(\omega^2 + \omega + 1) = 0$

$\omega \neq 1$ なので，$\omega^2 + \omega + 1 = 0$ ⋯(※)

(1) $\omega^8+\omega^6+\omega^4$
$= (\omega^3)^2\omega^2+(\omega^3)^2+\omega^3\cdot\omega$
$= \omega^2+1+\omega=0$　　　　答え **0**

(2) $\dfrac{1}{\omega}+\dfrac{1}{\bar{\omega}}=\dfrac{\omega^2}{\omega^3}+\dfrac{\omega}{\omega\bar{\omega}}=\dfrac{\omega^2}{1}+\dfrac{\omega}{|\omega|^2}$
$=\omega^2+\omega=-1$
$|\omega|^3=1$ より $|\omega|=1$ なので $|\omega|^2=1$
　　　　　　　　　　　　　答え **−1**

別解

　(※)は，ω が実数を係数とする2次方程式 $x^2+x+1=0$ の解であることを示しているから，$\bar{\omega}$ もこの方程式の解である。
　よって，解と係数の関係より，
　　$\omega+\bar{\omega}=-1$，$\omega\bar{\omega}=1$
　したがって，$\dfrac{1}{\omega}+\dfrac{1}{\bar{\omega}}=\dfrac{\bar{\omega}+\omega}{\omega\bar{\omega}}=\dfrac{-1}{1}=-1$

(3) ①より，$\omega^5=\omega^3\cdot\omega^2=\omega^2$
　②より $\omega^2+1=-\omega$ だから，
$\dfrac{\omega^5+4\omega+1}{\omega^2+1}=\dfrac{\omega^2+1+4\omega}{-\omega}$
$=\dfrac{-\omega+4\omega}{-\omega}=\dfrac{3\omega}{-\omega}=-3$　　答え **−3**

②

$x=5+i$ を解にもつ2次方程式は，
　$(x-5)^2=i^2$　　$x^2-10x+26=0$
で，これは共役な複素数 $x=5-i$ も解にもつ。求める3次方程式の実数解を $x=\alpha$ とすると，その3次方程式は，
　$(x^2-10x+26)(x-\alpha)=0$
　左辺を展開して整理すると，
　$x^3-(10+\alpha)x^2+(10\alpha+26)x-26\alpha=0$
3次方程式 $x^3+ax^2+bx+26=0$ と係数を比較して，$-26\alpha=26$　　$\alpha=-1$
　　　　　　　　　　　　　答え **−1**

③

(1) 解と係数の関係より，
　$\alpha+\beta=-\dfrac{m}{1}=-m$，$\alpha\beta=\dfrac{1}{1}=1$
　$(\alpha-2)+(\beta-2)=(\alpha+\beta)-4=-m-4$
　$(\alpha-2)(\beta-2)=\alpha\beta-2(\alpha+\beta)+4$
　　　　　　　　　$=1-2(-m)+4$
　　　　　　　　　$=2m+5$
　よって，求める2次方程式は，
　$x^2-(-m-4)x+2m+5=0$
　$x^2+(m+4)x+2m+5=0$　…①
　　　　答え $x^2+(m+4)x+2m+5=0$

(2) (1)の①の2解を α'，β' とする。α'，β' は実数だから，判別式 D について，
　$D=(m+4)^2-4(2m+5)=m^2-4\geqq 0$
　よって，$m\leqq -2$，$2\leqq m$　…②
　②のもとで，$\alpha<2$ かつ $\beta<2$ より，
　$\alpha'=\alpha-2<0$，$\beta'=\beta-2<0$ だから，
　「$\alpha'<0$ かつ $\beta'<0$」，すなわち
　「$\alpha'+\beta'<0$ かつ $\alpha'\beta'>0$」
　が成り立てばよい。
　$\alpha'+\beta'<0$ より，$-m-4<0$
　よって，$m>-4$　…③
　$\alpha'\beta'>0$ より，$2m+5>0$
　よって，$m>-\dfrac{5}{2}$　…④
　②，③，④をすべて満たす m の値の範囲は，$-\dfrac{5}{2}<m\leqq -2$，$2\leqq m$
　　　　答え $-\dfrac{5}{2}<m\leqq -2$，$2\leqq m$

④

(1) $|z|=\dfrac{|3-\sqrt{3}i|}{|2|}=\dfrac{\sqrt{3+(-\sqrt{3})^2}}{2}=\sqrt{3}$

より，z の極形式は，

$$z = \sqrt{3}\left(\frac{\sqrt{3}}{2} - \frac{1}{2}i\right)$$
$$= \sqrt{3}\left(\cos\frac{11}{6}\pi + i\sin\frac{11}{6}\pi\right)$$

と表される。ここで，z は，

$$z = \sqrt{3}\left\{\cos\left(-\frac{\pi}{6}\right) + i\sin\left(-\frac{\pi}{6}\right)\right\}$$

とも表されるから，

$$z^8 = (\sqrt{3})^8\left\{\cos\left(-\frac{4}{3}\pi\right) + i\sin\left(-\frac{4}{3}\pi\right)\right\}$$
$$= 81\left(-\frac{1}{2} + \frac{\sqrt{3}}{2}i\right) = -\frac{81}{2} + \frac{81\sqrt{3}}{2}i$$

答え $z = \sqrt{3}\left(\cos\dfrac{11}{6}\pi + i\sin\dfrac{11}{6}\pi\right)$,

$z^8 = -\dfrac{81}{2} + \dfrac{81\sqrt{3}}{2}i$

(2) $2 + 2i = 2\sqrt{2}\left(\cos\dfrac{\pi}{4} + i\sin\dfrac{\pi}{4}\right)$,

$\sqrt{3} + i = 2\left(\cos\dfrac{\pi}{6} + i\sin\dfrac{\pi}{6}\right)$

よって，

$$z = \frac{2+2i}{\sqrt{3}+i} = \frac{2\sqrt{2}\left(\cos\frac{\pi}{4} + i\sin\frac{\pi}{4}\right)}{2\left(\cos\frac{\pi}{6} + i\sin\frac{\pi}{6}\right)}$$
$$= \sqrt{2}\left\{\cos\left(\frac{\pi}{4} - \frac{\pi}{6}\right) + i\sin\left(\frac{\pi}{4} - \frac{\pi}{6}\right)\right\}$$
$$= \sqrt{2}\left(\cos\frac{\pi}{12} + i\sin\frac{\pi}{12}\right)$$

$$z^8 = (\sqrt{2})^8\left(\cos\frac{2}{3}\pi + i\sin\frac{2}{3}\pi\right)$$
$$= 16\left(-\frac{1}{2} + \frac{\sqrt{3}}{2}i\right) = -8 + 8\sqrt{3}i$$

答え $z = \sqrt{2}\left(\cos\dfrac{\pi}{12} + i\sin\dfrac{\pi}{12}\right)$,

$z^8 = -8 + 8\sqrt{3}i$

⑤

(1) O, A, B, C の位置関係は右の図のようになるから，

$\angle \mathrm{BOA} = \dfrac{\pi}{4}$,

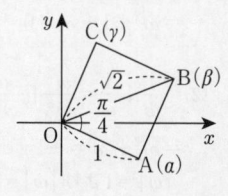

$\mathrm{OB} = \sqrt{2}\,\mathrm{OA}$ である。

よって，$\dfrac{\beta}{\alpha} = \sqrt{2}\left(\cos\dfrac{\pi}{4} + i\sin\dfrac{\pi}{4}\right) = 1 + i$

より，$\beta = (1+i)\alpha$

答え $\beta = (1+i)\alpha$

(2) $\alpha \neq \beta$ だから，等式より，

$$\frac{\gamma - \alpha}{\beta - \alpha} = 1 + \sqrt{3}i$$

$$|1 + \sqrt{3}i| = \sqrt{1^2 + (\sqrt{3})^2} = 2$$

だから，

$$\frac{\gamma - \alpha}{\beta - \alpha} = 1 + \sqrt{3}i$$
$$= 2\left(\frac{1}{2} + \frac{\sqrt{3}}{2}i\right) = 2\left(\cos\frac{\pi}{3} + i\sin\frac{\pi}{3}\right)$$

より，$\mathrm{AC} = 2\mathrm{AB}$，$\angle \mathrm{CAB} = \dfrac{\pi}{3}\,(60°)$

よって，$\angle \mathrm{B}$ は直角である。

以上から，$\triangle \mathrm{ABC}$ は $\angle \mathrm{B}$ が直角で，$\angle \mathrm{A} = \dfrac{\pi}{3}\,(60°)$ の直角三角形である。

答え $\angle \mathrm{B}$ が直角で，$\angle \mathrm{A} = \dfrac{\pi}{3}\,(60°)$ の直角三角形

⑥

(1) 条件より，$\beta \neq 0$ だから，等式の両辺を β^2 で割ると，

$$4\left(\frac{\alpha}{\beta}\right)^2-2\left(\frac{\alpha}{\beta}\right)+1=0$$

よって、

$$\frac{\alpha}{\beta}=\frac{1\pm\sqrt{1-4}}{4}=\frac{1\pm\sqrt{3}i}{4}$$

このことから、

$$\left|\frac{\alpha}{\beta}\right|=\frac{|1\pm\sqrt{3}i|}{|4|}=\frac{\sqrt{1^2+(\sqrt{3})^2}}{4}=\frac{1}{2}$$

$$\frac{\alpha}{\beta}=\frac{1}{2}\left(\frac{1}{2}\pm\frac{\sqrt{3}}{2}i\right)$$

$$=\frac{1}{2}\left\{\cos\left(\pm\frac{\pi}{3}\right)+i\sin\left(\pm\frac{\pi}{3}\right)\right\}$$

以上から、$\frac{\alpha}{\beta}=\frac{1}{2}\left(\cos\frac{\pi}{3}+i\sin\frac{\pi}{3}\right)$,

または、$\frac{\alpha}{\beta}=\frac{1}{2}\left(\cos\frac{5}{3}\pi+i\sin\frac{5}{3}\pi\right)$

答え $\dfrac{\alpha}{\beta}=\dfrac{1}{2}\left(\cos\dfrac{\pi}{3}+i\sin\dfrac{\pi}{3}\right)$,

$\dfrac{1}{2}\left(\cos\dfrac{5}{3}\pi+i\sin\dfrac{5}{3}\pi\right)$

(2) (1)より、$OA=\frac{1}{2}OB$, $\angle AOB=\frac{\pi}{3}$ だから、$\angle A=\frac{\pi}{2}$, $\angle B=\frac{\pi}{6}$

以上から、もっとも小さい角は $\angle B$ で、その大きさは $\frac{\pi}{6}$ (30°)

答え もっとも小さい角は $\angle B$ で、その大きさは $\dfrac{\pi}{6}$ (30°)

❼

(1) $x=r(\cos\theta+i\sin\theta)$ より、
$x^5=r^5(\cos5\theta+i\sin5\theta)$
$|-1|=1$ より、$-1=\cos180°+i\sin180°$
だから、$r^5=1$ より、$r=1$
また、$5\theta=180°+360°\times n$ (n は整数)
より、$\theta=36°+72°\times n$

$0°\leqq\theta<360°$ を満たす n の値は、$n=0, 1, 2, 3, 4$ だから、解は、
$x=\cos(36°+72°\times n)+i\sin(36°+72°\times n)$
($n=0, 1, 2, 3, 4$)

解を複素数平面上に図示すると、右のようになる。

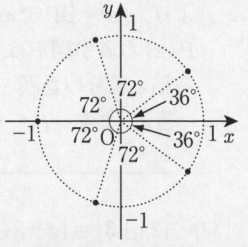

答え $x=\cos(36°+72°\times n)$
$+i\sin(36°+72°\times n)$
($n=0, 1, 2, 3, 4$)

(2) (1)より、$\alpha=\cos36°+i\sin36°$
$\theta'=36°$ とすると、$3\theta'=180°-2\theta'$ が成り立つことから、
$\sin3\theta'=\sin2\theta'$
$\sin3\theta'=3\sin\theta'-4\sin^3\theta'$ より、
$3\sin\theta'-4\sin^3\theta'=2\sin\theta'\cos\theta'$
$\sin\theta'\neq0$ より、$3-4\sin^2\theta'=2\cos\theta'$
$3-4(1-\cos^2\theta')=2\cos\theta'$
$4\cos^2\theta'-2\cos\theta'-1=0$

$\cos\theta'>0$ より、$\cos\theta'=\dfrac{1+\sqrt{5}}{4}$

$\sin\theta'>0$, $\sin\theta'=\sqrt{1-\cos^2\theta'}$ より、

$\sin\theta'=\sqrt{1-\left(\dfrac{1+\sqrt{5}}{4}\right)^2}=\dfrac{\sqrt{10-2\sqrt{5}}}{4}$

以上から、$\alpha=\dfrac{1+\sqrt{5}}{4}+\dfrac{\sqrt{10-2\sqrt{5}}}{4}i$

答え $\alpha=\dfrac{1+\sqrt{5}}{4}+\dfrac{\sqrt{10-2\sqrt{5}}}{4}i$

❽

(1) $|z+i|=|z+3-2i|$ より、
$|z-(-i)|=|z-(-3+2i)|$

だから，$-i$，$-3+2i$ を表す点をそれぞれ A，B とすると，
$|z-(-i)|=$AP，
$|z-(-3+2i)|=$BP
より，AP＝BP である。したがって，点 P(z) の表す図形は，2点 $-i$，$-3+2i$ を結ぶ線分の垂直二等分線である。

答え　2点 $-i$，$-3+2i$ を結ぶ線分の垂直二等分線

(2) $|2z+3|=|z-3|$ の両辺を2乗すると，
$|2z+3|^2=|z-3|^2$
$(2z+3)\overline{(2z+3)}=(z-3)\overline{(z-3)}$
$(2z+3)(2\bar{z}+3)=(z-3)(\bar{z}-3)$
$4z\bar{z}+6(z+\bar{z})+9=z\bar{z}-3(z+\bar{z})+9$
$3z\bar{z}+9(z+\bar{z})=0 \quad z\bar{z}+3z+3\bar{z}=0$
$z(\bar{z}+3)+3(\bar{z}+3)-9=0$
$(z+3)(\bar{z}+3)=3^2$

よって，$|z+3|=3$ より，点 P(z) の表す図形は点 -3 を中心とした半径 3 の円である。

答え　点 -3 を中心とした半径 3 の円

❾

(1) $\omega=\dfrac{z-3i}{2}$ より，$z=2\omega+3i$

z は $|z|=1$ より，$|2\omega+3i|=1$

$\dfrac{|2\omega+3i|}{2}=\left|\dfrac{2\omega+3i}{2}\right|=\left|\omega+\dfrac{3}{2}i\right|$

より，$\left|\omega+\dfrac{3}{2}i\right|=\dfrac{1}{2}$

よって，点 Q の表す図形は，点 $-\dfrac{3}{2}i$ を中心とした半径 $\dfrac{1}{2}$ の円である。

答え　点 $-\dfrac{3}{2}i$ を中心とした半径 $\dfrac{1}{2}$ の円

(2) 点 P(z) は原点 O を中心とする半径 1 の円上を動くので，$z\neq 2i$，すなわち $iz+2\neq 0$ である。ここで $\omega=\dfrac{4}{iz+2}$ より，
$\omega(iz+2)=4$ だから，$i\omega z=-2\omega+4$
$|i\omega z|=|-2\omega+4|$ より，
$|i||\omega||z|=|-2||\omega-2|$
$|\omega|=2|\omega-2|$ 　両辺を2乗して，
$|\omega|^2=4|\omega-2|^2$
$\omega\bar{\omega}=4(\omega-2)\overline{(\omega-2)}$
$\omega\bar{\omega}=4(\omega-2)(\bar{\omega}-2)$
$3\omega\bar{\omega}-8\omega-8\bar{\omega}+16=0$
$\omega(3\bar{\omega}-8)-\dfrac{8}{3}(3\bar{\omega}-8)-\dfrac{64}{3}+16=0$
$\left(\omega-\dfrac{8}{3}\right)\left(\bar{\omega}-\dfrac{8}{3}\right)=\dfrac{16}{9}$

$\overline{\omega-\dfrac{8}{3}}=\bar{\omega}-\dfrac{8}{3}$ だから，

$\left|\omega-\dfrac{8}{3}\right|^2=\left(\dfrac{4}{3}\right)^2$ より，$\left|\omega-\dfrac{8}{3}\right|=\dfrac{4}{3}$

よって，点 Q の表す図形は，点 $\dfrac{8}{3}$ を中心とした半径 $\dfrac{4}{3}$ の円である。

答え　点 $\dfrac{8}{3}$ を中心とした半径 $\dfrac{4}{3}$ の円

❿

$\omega=\dfrac{i}{z}$ より，$z=\dfrac{i}{\omega}(\omega\neq 0)$

また，直線 ℓ は 2 点 0，4 を結ぶ線分の垂直二等分線だから，$|z|=|z-4|$ より，

$\left|\dfrac{i}{\omega}\right|=\left|\dfrac{i}{\omega}-4\right|$ だから，

$\left|\dfrac{i}{\omega}\right|=\dfrac{|i|}{|\omega|}=\dfrac{1}{|\omega|}$，

$\left|\dfrac{i}{\omega}-4\right|=\left|\dfrac{i-4\omega}{\omega}\right|=\dfrac{|i-4\omega|}{|\omega|}$

よって，$\dfrac{1}{|\omega|}=\dfrac{|i-4\omega|}{|\omega|}$　　$|i-4\omega|=1$

$|i-4\omega|=|4\omega-i|=4\left|\omega-\dfrac{i}{4}\right|$ より，

$4\left|\omega-\dfrac{i}{4}\right|=1$　よって，$\left|\omega-\dfrac{i}{4}\right|=\dfrac{1}{4}$

$\omega\neq 0$ より，点 Q の表す図形は，点 $\dfrac{i}{4}$ を中心とした半径 $\dfrac{1}{4}$ の円から原点 O を除いた図形である。

答え　点 $\dfrac{i}{4}$ を中心とした半径 $\dfrac{1}{4}$ の円（ただし，原点 O を除く）

4-1 等式・不等式の証明 p.104

解答

① $x+y+z=1$ より，
$x=1-(y+z)$ …①

また，$\dfrac{1}{x}+\dfrac{1}{y}+\dfrac{1}{z}=1$ より，

$yz+zx+xy=xyz$
$xyz-x(y+z)-yz=0$ …②

①を②に代入すると，
$\{1-(y+z)\}yz$
$\quad -\{1-(y+z)\}(y+z)-yz$
$=yz-yz(y+z)-(y+z)$
$\quad +(y+z)^2-yz$
$=-(y+z)\{yz-(y+z)+1\}$
$=-(y+z)(y-1)(z-1)=0$

よって，$y+z=0$ または $y-1=0$ または $z-1=0$

$y+z=0$ のとき，①より $x=1$，
$y-1=0$ のとき $y=1$，
$z-1=0$ のとき $z=1$

だから，x, y, z のうち少なくとも1つは 0 であることが示された。

② (1) （左辺）−（右辺）
$=a^2+b^2+c^2-ab-bc-ca$
$=\dfrac{1}{2}a^2-ab+\dfrac{1}{2}b^2+\dfrac{1}{2}b^2-bc$
$\quad +\dfrac{1}{2}c^2+\dfrac{1}{2}c^2-ca+\dfrac{1}{2}a^2$
$=\dfrac{1}{2}(a-b)^2+\dfrac{1}{2}(b-c)^2$
$\quad +\dfrac{1}{2}(c-a)^2\geqq 0$

よって，不等式
$a^2+b^2+c^2\geqq ab+bc+ca$
が成り立つ。

(2) $a=b=c$

③ (1) （左辺）$=ab+18+2+\dfrac{36}{ab}$

$\qquad =ab+\dfrac{36}{ab}+20$

$a>0$, $b>0$ より，$ab>0$,

$\dfrac{6}{ab}>0$ だから，相加平均と相乗平均の関係より，

$ab+\dfrac{36}{ab}\geqq 2\sqrt{ab\cdot\dfrac{36}{ab}}=12$

よって，
$ab+\dfrac{36}{ab}+20\geqq 12+20=32$

だから，$\left(a+\dfrac{2}{b}\right)\left(b+\dfrac{18}{a}\right)\geqq 32$

(2) $ab=6$

④ (1) （左辺）−（右辺）
$=2(ax+by)-(a+b)(x+y)$
$=2ax+2by-ax-ay-bx-by$
$=ax+by-bx-ay$
$=(a-b)x-(a-b)y$
$=(a-b)(x-y)$

$a\leqq b$, $x\leqq y$ より，$a-b\leqq 0$,
$x-y\leqq 0$ だから，
$(a-b)(x-y)\geqq 0$

27

したがって,
$2(ax+by) \geqq (a+b)(x+y)$
が成り立つ.
(2) $a=b$ または $x=y$

解説

①

別解「x, y, z の少なくとも 1 つが 0」
$\iff$「$(x-1)(y-1)(z-1)=0$」
だから,$P=(x-1)(y-1)(z-1)$ として,
$P=0$ であることを示せばよい.
$P=(x-1)(y-1)(z-1)$
$= xyz-(xy+yz+zx)+(x+y+z)-1$
… (※)

$\dfrac{1}{x}+\dfrac{1}{y}+\dfrac{1}{z}=1$ の両辺に xyz をかけると,
$yz+zx+xy=xyz$

これと $x+y+z=1$ を (※) に代入すると,
$P=xyz-xyz+1-1=0$

したがって,x, y, z のうち少なくとも 1 つは 0 である.

②
(1) (左辺)$-$(右辺)$\geqq 0$ を示す.
(2) 等号が成り立つのは,$a-b=0$ かつ $b-c=0$ かつ $c-a=0$ より,$a=b=c$ のときである. **答え** $a=b=c$

③
(1) 相加平均と相乗平均の関係を使う.
(2) 等号が成り立つのは,$ab>0$ かつ $ab=\dfrac{36}{ab}$ より,$ab=6$ のときである.
答え $ab=6$

④
(1) (左辺)$-$(右辺)$\geqq 0$ を示す.
(2) 等号が成り立つのは,
$a-b=0$ または $x-y=0$,すなわち $a=b$ または $x=y$ のときである.
答え $a=b$ または $x=y$

4-2 高次方程式 p.108

解答

① (1) $x=-3, \dfrac{3\pm 3\sqrt{3}i}{2}$
(i は虚数単位)
(2) $x=\pm 2, \pm 3i$ (i は虚数単位)
(3) $x=-1, \dfrac{1\pm\sqrt{23}i}{2}$
(i は虚数単位)

② $a=-5, b=9$,
他の解は,$x=1, 2-i$

③ (1) $\dfrac{2}{7}$ (2) 67 (3) -1

解説

①
(1) $x^3=-27$ より,$x^3+27=0$
$(x+3)(x^2-3x+9)=0$
よって,$x=-3, x=\dfrac{3\pm 3\sqrt{3}i}{2}$
答え $x=-3, \dfrac{3\pm 3\sqrt{3}i}{2}$ (i は虚数単位)

(2) $x^4+5x^2-36=0$ より,
$(x^2-4)(x^2+9)=0$
$(x+2)(x-2)(x^2-9i^2)=0$
$(x+2)(x-2)(x+3i)(x-3i)=0$
よって,解は,$x=\pm 2, \pm 3i$
答え $x=\pm 2, \pm 3i$ (i は虚数単位)

28

(3) $x=-1$ は解の1つだから,因数定理より,
$(x+1)(x^2-x+6)=0$
よって,解は,
$x=-1, \dfrac{1\pm\sqrt{23}\,i}{2}$

$$\begin{array}{r}x^2-x+6\\x+1\overline{)x^3+5x+6}\\\underline{x^3+x^2}\\-x^2+5x\\\underline{-x^2-x}\\6x+6\\\underline{6x+6}\\0\end{array}$$

答え $x=-1, \dfrac{1\pm\sqrt{23}\,i}{2}$
(i は虚数単位)

❷

$x=2+i$ は方程式の解だから,
$(2+i)^3+a(2+i)^2+b(2+i)-5=0$
$(2+i)^3=8+12i+6i^2+i^3=2+11i$
$(2+i)^2=4+4i+i^2=3+4i$ より,
$2+11i+a(3+4i)+b(2+i)-5=0$
$(3a+2b-3)+(4a+b+11)i=0$
よって,$3a+2b-3=0$, $4a+b+11=0$
連立して解くと,$a=-5$, $b=9$
よって,方程式は $x^3-5x^2+9x-5=0$
$x=1$ は解の1つだから,因数定理より,
$(x-1)(x^2-4x+5)=0$
$x^2-4x+5=0$ の解は,$x=2\pm i$ だから,
他の解は,$x=1$, $2-i$

答え $a=-5$, $b=9$,
他の解は,$x=1$, $2-i$

別解 方程式の係数は実数だから,$2+i$ と共役な複素数 $2-i$ も解であり,左辺は
$\{x-(2+i)\}\{x-(2-i)\}=x^2-4x+5$
で割り切れるから,残りの解を α として,
$x^3+ax^2+bx-5=(x-\alpha)(x^2-4x+5)$
と因数分解できる。よって,定数項から,
$-5=-5\alpha$ より,$\alpha=1$ となる。以上から,
$(x-1)(x^2-4x+5)=x^3-5x^2+9x-5$
より,係数を比較して,$a=-5$, $b=9$

❸

$x^3-4x^2-2x+7=0$ の解と係数の関係より,
$\alpha+\beta+\gamma=-\dfrac{-4}{1}=4$,
$\alpha\beta+\beta\gamma+\gamma\alpha=\dfrac{-2}{1}=-2$,
$\alpha\beta\gamma=-\dfrac{7}{1}=-7$

(1) $\dfrac{1}{\alpha}+\dfrac{1}{\beta}+\dfrac{1}{\gamma}=\dfrac{\beta\gamma+\gamma\alpha+\alpha\beta}{\alpha\beta\gamma}$
$=\dfrac{-2}{-7}=\dfrac{2}{7}$ **答え** $\dfrac{2}{7}$

(2) $\alpha^3+\beta^3+\gamma^3-3\alpha\beta\gamma$ を因数分解すると,
$(\alpha+\beta+\gamma)(\alpha^2+\beta^2+\gamma^2-\alpha\beta-\beta\gamma-\gamma\alpha)$
だから,
$\alpha^3+\beta^3+\gamma^3$
$=(\alpha+\beta+\gamma)\{(\alpha+\beta+\gamma)^2$
$\qquad -3(\alpha\beta+\beta\gamma+\gamma\alpha)\}+3\alpha\beta\gamma$
$=4\{4^2-3\cdot(-2)\}+3\cdot(-7)$
$=4\cdot22-21=67$ **答え** 67

(3) $\alpha+\beta+\gamma=4$ より,$\alpha+\beta=4-\gamma$,
$\beta+\gamma=4-\alpha$, $\gamma+\alpha=4-\beta$ だから,
$(\alpha+\beta)(\beta+\gamma)(\gamma+\alpha)$
$=(4-\gamma)(4-\alpha)(4-\gamma)$

ここで,方程式の左辺は,
$x^3-4x^2-2x+7=(x-\alpha)(x-\beta)(x-\gamma)$
と因数分解できるから,$x=4$ を代入すると,
$(4-\alpha)(4-\beta)(4-\gamma)$
$=(\alpha+\beta)(\beta+\gamma)(\gamma+\alpha)$
$=4^3-4\cdot4^2-2\cdot4+7=-1$

答え -1

4-3 2次曲線　p.118

解答

1
(1) 焦点は $\left(0, -\dfrac{1}{4}\right)$，準線は $y=\dfrac{1}{4}$

(2) $x+4y+8=0$

(3) $\dfrac{x^2}{13}+\dfrac{y^2}{4}=1$

(4) 焦点は $(0, 2\sqrt{6})$，$(0, -2\sqrt{6})$，漸近線は $y=\sqrt{5}\,x$，$y=-\sqrt{5}\,x$

2
(1) 円 $x^2+y^2=9$　　(2) 6π

3 双曲線 $\dfrac{(x-1)^2}{7}-\dfrac{(y-3)^2}{9}=1$

4 点Pの座標を $P(p, q)$ とする。
双曲線 $x^2-\dfrac{y^2}{4}=1$ の漸近線は，

$y=\dfrac{2}{1}x$，$y=-\dfrac{2}{1}x$，すなわち

$2x-y=0$ …①，$2x+y=0$ …②
だから，Pと直線①との距離 d_1，
Pと直線②との距離 d_2 はそれぞれ

$d_1=\dfrac{|2p-q|}{\sqrt{2^2+(-1)^2}}=\dfrac{|2p-q|}{\sqrt{5}}$，

$d_2=\dfrac{|2p+q|}{\sqrt{2^2+1^2}}=\dfrac{|2p+q|}{\sqrt{5}}$

よって，積 $PQ\cdot PR$ は d_1d_2 であり，

$d_1d_2=\dfrac{|2p-q|}{\sqrt{5}}\cdot\dfrac{|2p+q|}{\sqrt{5}}$

$=\dfrac{|(2p-q)(2p+q)|}{5}=\dfrac{|4p^2-q^2|}{5}$

ここで，点 $P(p, q)$ は双曲線上の
点だから，$p^2-\dfrac{q^2}{4}=1$　　$4p^2-q^2=4$

よって，$PQ\cdot PR=\dfrac{|4|}{5}=\dfrac{4}{5}$ となり，
一定である。

解説

1

(1) $x^2=-y=4\left(-\dfrac{1}{4}\right)y$ だから，焦点は $\left(0, -\dfrac{1}{4}\right)$，準線は $y=\dfrac{1}{4}$

答え　焦点は $\left(0, -\dfrac{1}{4}\right)$，準線は $y=\dfrac{1}{4}$

(2) $y^2=2x=4\left(\dfrac{1}{2}\right)x$ より，$y^2=4px$ において，$p=\dfrac{1}{2}$ だから，この放物線上の点 $(8, -4)$ における接線の方程式は，

$-4y=2\cdot\dfrac{1}{2}(x+8)$ より，$x+4y+8=0$

答え　$x+4y+8=0$

(3) この楕円の焦点は x 軸上にあるから，その方程式を，$\dfrac{x^2}{a^2}+\dfrac{y^2}{b^2}=1\,(a>b>0)$ とすると，$\sqrt{a^2-b^2}=3$，$2b=4$ より，$a=\sqrt{13}$，$b=2$ だから，求める方程式は，

$\dfrac{x^2}{13}+\dfrac{y^2}{4}=1$　　**答え　$\dfrac{x^2}{13}+\dfrac{y^2}{4}=1$**

(4) 双曲線 $\dfrac{x^2}{a^2}-\dfrac{y^2}{b^2}=-1\,(a>0, b>0)$ の焦点は $(0, \sqrt{a^2+b^2})$ と $(0, -\sqrt{a^2+b^2})$，漸近線は $y=\dfrac{b}{a}x$ と $y=-\dfrac{b}{a}x$ なので，

双曲線 $\dfrac{x^2}{4}-\dfrac{y^2}{20}=-1$ のとき，$a=2$，$b=2\sqrt{5}$ である。
$\sqrt{a^2+b^2}=\sqrt{2^2+(2\sqrt{5})^2}=2\sqrt{6}$ より，
焦点の座標は，$(0, 2\sqrt{6})$，$(0, -2\sqrt{6})$，
漸近線の方程式は，$y=\sqrt{5}\,x$，$y=-\sqrt{5}\,x$

答え　焦点は $(0, 2\sqrt{6})$，$(0, -2\sqrt{6})$，漸近線は $y=\sqrt{5}\,x$，$y=-\sqrt{5}\,x$

❷

(1) 楕円上の任意の点を $P(s, t)$ として、P を x 軸を基準にして y 軸方向に $\frac{3}{2}$ 倍した点を $Q(x, y)$ とすると、

$\frac{s^2}{9}+\frac{t^2}{4}=1$ …①, $x=s$ …②,

$y=\frac{3}{2}t$ …③

②, ③を①に代入すると、

$\frac{x^2}{9}+\frac{1}{4}\left(\frac{2}{3}y\right)^2=1$ $x^2+y^2=9$

よって、求める曲線は 円 $x^2+y^2=9$

答え 円 $x^2+y^2=9$

(2) 楕円の面積を S とすると、(1)の円の面積は $\pi \times 3^2 = 9\pi$ だから、$\frac{3}{2}S=9\pi$

よって、$S=9\pi \times \frac{2}{3}=6\pi$

答え 6π

❸

$9x^2-7y^2-18x+42y-117=0$ より、

$9(x^2-2x+1)-7(y^2-6y+9)=63$

$9(x-1)^2-7(y-3)^2=63$

よって、$\frac{(x-1)^2}{7}-\frac{(y-3)^2}{9}=1$

この曲線は、双曲線 $\frac{x^2}{7}-\frac{y^2}{9}=1$ を x 軸方向に 1, y 軸方向に 3 だけ平行移動した曲線である。

答え 双曲線 $\frac{(x-1)^2}{7}-\frac{(y-3)^2}{9}=1$

❹

点と直線の距離の公式を使って、線分 PQ, PR の長さを求める。

4-4 媒介変数　p.122

解答

❶
(1) 双曲線 $\frac{x^2}{3}-\frac{y^2}{4}=1$

(2) 楕円 $\frac{(x-2)^2}{9}+\frac{(y-1)^2}{16}=1$

(3) 放物線 $y=-2x^2+1$ の $-1 \leqq x \leqq 1$ の部分

❷ 円 $x^2+y^2=5$

❸
(1) $(t-1, t^2+2t-1)$

(2) 放物線 $y=x^2+4x+2$ の $x>-1$ の部分

❹
(1) 放物線 $y^2=8x$

(2) $0<a\leqq 4$ のとき a, $a>4$ のとき $\sqrt{8a-16}$

解説

❶

(1) $x=\frac{\sqrt{3}}{\cos\theta}$, $y=2\tan\theta$ より、

$\frac{1}{\cos\theta}=\frac{x}{\sqrt{3}}$, $\tan\theta=\frac{y}{2}$

これらを $1+\tan^2\theta=\frac{1}{\cos^2\theta}$ に代入して、

$1+\frac{y^2}{2^2}=\frac{x^2}{(\sqrt{3})^2}$ よって、$\frac{x^2}{3}-\frac{y^2}{4}=1$

以上から、この媒介変数表示の表す曲線は、双曲線 $\frac{x^2}{3}-\frac{y^2}{4}=1$

答え 双曲線 $\frac{x^2}{3}-\frac{y^2}{4}=1$

(2) $x=3\cos\theta+2$, $y=4\sin\theta+1$ より、

$\cos\theta=\frac{x-2}{3}$, $\sin\theta=\frac{y-1}{4}$

これらを $\sin^2\theta+\cos^2\theta=1$ に代入して、

$\dfrac{(x-2)^2}{3^2}+\dfrac{(y-1)^2}{4^2}=1$

これは，楕円 $\dfrac{x^2}{9}+\dfrac{y^2}{16}=1$ を x 軸方向に 2，y 軸方向に 1 だけ平行移動した曲線を表す。

答え　楕円 $\dfrac{(x-2)^2}{9}+\dfrac{(y-1)^2}{16}=1$

(3) $y=\cos 2\theta=1-2\sin^2\theta$ に $x=\sin\theta$ を代入すると，$y=1-2x^2=-2x^2+1$
$-1\leqq\sin\theta\leqq 1$ より，$-1\leqq x\leqq 1$
この曲線は，放物線 $y=-2x^2+1$ の $-1\leqq x\leqq 1$ の部分である。

答え　放物線 $y=-2x^2+1$ の $-1\leqq x\leqq 1$ の部分

❷

$x=\cos\theta+2\sin\theta$ …①，
$y=2\cos\theta-\sin\theta$ …② とすると，

(①×2−②)÷5 より，$\dfrac{2x-y}{5}=\sin\theta$ …③

(①+②×2)÷5 より，$\dfrac{x+2y}{5}=\cos\theta$ …④

③，④を $\sin^2\theta+\cos^2\theta=1$ に代入すると，

$\dfrac{(2x-y)^2}{5^2}+\dfrac{(x+2y)^2}{5^2}=1$

$4x^2-4xy+y^2+x^2+4xy+4y^2=25$

よって，$x^2+y^2=5$ より，この曲線は円である。　答え　円 $x^2+y^2=5$

❸

(1) C の方程式は，
$y=\{x-(t-1)\}^2-(t-1)^2+2t^2$
$=\{x-(t-1)\}^2+t^2+2t-1$
よって，C の頂点の座標は，
$(t-1,\ t^2+2t-1)$ である。

答え　$(t-1,\ t^2+2t-1)$

(2) (1)の結果より，C の頂点のえがく曲線の媒介変数表示は，
$x=t-1$ …①，$y=t^2+2t-1$ …②
①より，$t=x+1$ を②に代入すると，
$y=(x+1)^2+2(x+1)-1=x^2+4x+2$
ここで，$t>0$ より，$x+1>0$
よって，$x>-1$
C の頂点のえがく曲線は，
放物線 $y=x^2+4x+2$ の $x>-1$ の部分である。

答え　放物線 $y=x^2+4x+2$ の $x>-1$ の部分

❹

(1) $y=4t$ より $y^2=16t^2$，これに $x=2t^2$ を代入して，$y^2=8x$

答え　放物線 $y^2=8x$

(2) 点 P の座標は P$(2t^2,\ 4t)$ と表されるから，
$\text{PA}^2=(2t^2-a)^2+(4t)^2$
$\phantom{\text{PA}^2}=4t^4-4(a-4)t^2+a^2$
$X=2t^2$ とすると，$X\geqq 0$ であり，
$\text{PA}^2=X^2-2(a-4)X+a^2$
$\phantom{\text{PA}^2}=\{X-(a-4)\}^2-(a-4)^2+a^2$
$\phantom{\text{PA}^2}=\{X-(a-4)\}^2+8a-16$

・$a-4\leqq 0$，すなわち $a\leqq 4$ のとき，PA^2 は $X=0$，すなわち $t=0$ で最小となる。このとき PA も最小で，最小値は $\sqrt{a^2}=a$

・$a-4>0$，すなわち $a>4$ のとき，PA^2 は $X=a-4$，すなわち $t=\pm\sqrt{\dfrac{a-4}{2}}$ で最小となる。このとき PA も最小で，最小値は $\sqrt{8a-16}$

以上から，$0<a\leqq 4$ のとき最小値 a，$a>4$ のとき最小値 $\sqrt{8a-16}$

答え　$0<a\leqq 4$ のとき a，$a>4$ のとき $\sqrt{8a-16}$

5-1 極限　　p.135

解答

① (1) $-\dfrac{4}{3}$　(2) 0　(3) -1

② (1) 収束して和は 1

　(2) 収束して和は $\dfrac{4}{3}$

③ (1) $a_n = \dfrac{10}{3}\left(-\dfrac{1}{2}\right)^{n-1} + \dfrac{2}{3}$

　(2) $\dfrac{2}{3}$

④ (1) 1　(2) $\dfrac{1}{2}$　(3) $\dfrac{2}{3}$

⑤ (1) $-\dfrac{1}{2}$　(2) $\dfrac{1}{2}$

⑥ $a=8,\ b=-16$

⑦ $a=1,\ b=0$

解説

①

(1) $\displaystyle\lim_{n\to\infty}\dfrac{(1-2n)(1+2n)}{3n^2+4n-5}$

$=\displaystyle\lim_{n\to\infty}\dfrac{1-4n^2}{3n^2+4n-5}=\lim_{n\to\infty}\dfrac{\dfrac{1}{n^2}-4}{3+\dfrac{4}{n}-\dfrac{5}{n^2}}$

$=\dfrac{0-4}{3+0-0}=-\dfrac{4}{3}$　　**答え** $-\dfrac{4}{3}$

(2) $-1 \leqq \sin\dfrac{n}{3}\pi \leqq 1$ より,

$-\dfrac{1}{n^2} \leqq \dfrac{1}{n^2}\sin\dfrac{n}{3}\pi \leqq \dfrac{1}{n^2}$

$\displaystyle\lim_{n\to\infty}\left(-\dfrac{1}{n^2}\right)=\lim_{n\to\infty}\dfrac{1}{n^2}=0$ だから, はさみうちの原理から,

$\displaystyle\lim_{n\to\infty}\dfrac{1}{n^2}\sin\dfrac{n}{3}\pi = 0$　　**答え** 0

(3) $\displaystyle\lim_{n\to\infty}\dfrac{2^n-(-3)^n}{(-3)^n+1}=\lim_{n\to\infty}\dfrac{\left(-\dfrac{2}{3}\right)^n-1}{1+\left(-\dfrac{1}{3}\right)^n}$

$=\dfrac{0-1}{1+0}=-1$　　**答え** -1

②

(1) $\dfrac{2}{(2n-1)(2n+1)}=\dfrac{1}{2n-1}-\dfrac{1}{2n+1}$

だから, 第 n 項までの部分和 S_n は,

$S_n = \left(\dfrac{1}{1}-\dfrac{1}{3}\right)+\left(\dfrac{1}{3}-\dfrac{1}{5}\right)+\cdots$

$\cdots+\left(\dfrac{1}{2n-1}-\dfrac{1}{2n+1}\right)$

$=1-\dfrac{1}{2n+1}$

$\displaystyle\lim_{n\to\infty}S_n=\lim_{n\to\infty}\left(1-\dfrac{1}{2n+1}\right)=1-0=1$

よって, この無限級数は収束し, その和は 1 である。　**答え** 収束して和は 1

(2) $\dfrac{2^n+4^n}{8^n}=\dfrac{1}{4^n}+\dfrac{1}{2^n}$ と変形すると, $\displaystyle\sum_{n=1}^{\infty}\dfrac{1}{4^n}$,

$\displaystyle\sum_{n=1}^{\infty}\dfrac{1}{2^n}$ の公比はそれぞれ $\dfrac{1}{4}$, $\dfrac{1}{2}$ であり, 初項はそれぞれ $\dfrac{1}{4}$, $\dfrac{1}{2}$ だから, これらはどちらも収束して, それぞれの和は,

$\displaystyle\sum_{n=1}^{\infty}\dfrac{1}{4^n}=\dfrac{\dfrac{1}{4}}{1-\dfrac{1}{4}}=\dfrac{1}{4-1}=\dfrac{1}{3}$,

$\displaystyle\sum_{n=1}^{\infty}\dfrac{1}{2^n}=\dfrac{\dfrac{1}{2}}{1-\dfrac{1}{2}}=\dfrac{1}{2-1}=1$

したがって,

$$\sum_{n=1}^{\infty}\frac{2^n+4^n}{8^n}=\sum_{n=1}^{\infty}\frac{1}{4^n}+\sum_{n=1}^{\infty}\frac{1}{2^n}=\frac{1}{3}+1=\frac{4}{3}$$

答え　収束して和は $\dfrac{4}{3}$

③

(1) 漸化式を変形すると，

$$a_{n+1}-\frac{2}{3}=-\frac{1}{2}\left(a_n-\frac{2}{3}\right)$$

数列 $\left\{a_n-\dfrac{2}{3}\right\}$ は等比数列で，初項は

$$a_1-\frac{2}{3}=4-\frac{2}{3}=\frac{10}{3}，\text{公比は}-\frac{1}{2}$$

だから，

$$a_n-\frac{2}{3}=\frac{10}{3}\cdot\left(-\frac{1}{2}\right)^{n-1}$$

よって，$a_n=\dfrac{10}{3}\left(-\dfrac{1}{2}\right)^{n-1}+\dfrac{2}{3}$

答え　$a_n=\dfrac{10}{3}\left(-\dfrac{1}{2}\right)^{n-1}+\dfrac{2}{3}$

(2) $\lim_{n\to\infty}\left(-\dfrac{1}{2}\right)^{n-1}=0$ だから，$\lim_{n\to\infty}a_n=\dfrac{2}{3}$

答え　$\dfrac{2}{3}$

④

(1) $x^3-3x^2+4x-2=(x-1)(x^2-2x+2)$ より，

$$\lim_{x\to 1}\frac{x^3-3x^2+4x-2}{x-1}$$
$$=\lim_{x\to 1}\frac{(x-1)(x^2-2x+2)}{x-1}$$
$$=\lim_{x\to 1}(x^2-2x+2)=1-2+2=1$$

答え　1

(2) $\lim_{x\to -2}\dfrac{\sqrt{x+3}-1}{x+2}$

$$=\lim_{x\to -2}\frac{(\sqrt{x+3}-1)(\sqrt{x+3}+1)}{(x+2)(\sqrt{x+3}+1)}$$
$$=\lim_{x\to -2}\frac{x+3-1^2}{(x+2)(\sqrt{x+3}+1)}$$
$$=\lim_{x\to -2}\frac{x+2}{(x+2)(\sqrt{x+3}+1)}$$
$$=\lim_{x\to -2}\frac{1}{\sqrt{x+3}+1}=\frac{1}{\sqrt{1}+1}=\frac{1}{2}$$

答え　$\dfrac{1}{2}$

(3) $\lim_{x\to 0}\dfrac{\sin 2x}{\sin 3x}=\lim_{x\to 0}\dfrac{2}{3}\cdot\dfrac{\sin 2x}{2x}\cdot\dfrac{3x}{\sin 3x}$

$$=\frac{2}{3}\cdot 1\cdot 1=\frac{2}{3}$$

答え　$\dfrac{2}{3}$

⑤

(1) $t=-x$ とすると，$x=-t$ であり，$x\to -\infty$ のとき $t\to\infty$ だから，

$$\lim_{x\to -\infty}(\sqrt{x^2+x}+x)=\lim_{t\to\infty}(\sqrt{t^2-t}-t)$$
$$=\lim_{t\to\infty}\frac{(\sqrt{t^2-t}-t)(\sqrt{t^2-t}+t)}{\sqrt{t^2-t}+t}$$
$$=\lim_{t\to\infty}\frac{(t^2-t)-t^2}{\sqrt{t^2-t}+t}=\lim_{t\to\infty}\frac{-t}{\sqrt{t^2-t}+t}$$
$$=\lim_{t\to\infty}\frac{-1}{\sqrt{1-\dfrac{1}{t}}+1}=\frac{-1}{\sqrt{1}+1}$$
$$=-\frac{1}{2}$$

答え　$-\dfrac{1}{2}$

(2) $\dfrac{1}{x}=t$ とすると，$x=\dfrac{1}{t}$ であり，

$x\to -\infty$ のとき $t\to 0$ だから

$$\lim_{x\to -\infty}x^2\left(1-\cos\frac{1}{x}\right)=\lim_{t\to 0}\frac{1-\cos t}{t^2}$$

$$=\lim_{t \to 0}\frac{(1-\cos t)(1+\cos t)}{t^2(1+\cos t)}$$

$$=\lim_{t \to 0}\frac{1-\cos^2 t}{t^2(1+\cos t)}=\lim_{t \to 0}\frac{\sin^2 t}{t^2(1+\cos t)}$$

$$=\lim_{t \to 0}\left(\frac{\sin t}{t}\right)^2 \cdot \frac{1}{1+\cos t}$$

$$=1^2 \cdot \frac{1}{1+1}=\frac{1}{2}$$

答え $\dfrac{1}{2}$

❻

(1) $\lim_{x \to 2}(x-2)=0$ だから,
$\lim_{x \to 2}(a\sqrt{x+2}+b)=0$
よって, $2a+b=0$ だから, $b=-2a$ を代入すると,

$$\lim_{x \to 2}\frac{a\sqrt{x+2}-2a}{x-2}=\lim_{x \to 2}\frac{a(\sqrt{x+2}-2)}{x-2}$$

$$=\lim_{x \to 2}\frac{a(\sqrt{x+2}-2)(\sqrt{x+2}+2)}{(x-2)(\sqrt{x+2}+2)}$$

$$=\lim_{x \to 2}\frac{a(x-2)}{(x-2)(\sqrt{x+2}+2)}$$

$$=\lim_{x \to 2}\frac{a}{\sqrt{x+2}+2}=\frac{a}{2+2}=\frac{a}{4}$$

これが 2 に等しいから, $\dfrac{a}{4}=2$

よって, $a=8$, $b=-2a=-16$

答え $a=8$, $b=-16$

❼

[1] $-1<x<1$ のとき
$n \to \infty$ のとき $x^{2n} \to 0$, $x^{2n-1} \to 0$ だから,

$$f(x)=\lim_{n \to \infty}\frac{x^{2n-1}+ax+b}{x^{2n}+1}=\lim_{n \to \infty}\frac{0+ax+b}{0+1}$$

$$=ax+b$$

[2] $x<-1$, $1<x$ のとき
$n \to \infty$ のとき $\dfrac{1}{x^{2n}} \to 0$, $\dfrac{1}{x^{2n-1}} \to 0$ だから,

$$f(x)=\lim_{n \to \infty}\frac{\dfrac{1}{x}+\dfrac{a}{x^{2n-1}}+\dfrac{b}{x^{2n}}}{1+\dfrac{1}{x^{2n}}}$$

$$=\frac{\dfrac{1}{x}+0+0}{1+0}=\frac{1}{x}$$

[3] $x=1$ のとき

$$f(x)=\frac{1+a+b}{1+1}=\frac{a+b+1}{2}$$

[4] $x=-1$ のとき

$$f(x)=\frac{-1-a+b}{1+1}=\frac{-a+b-1}{2}$$

ここで, 関数 $f(x)$ が $x=1$ で連続であることから, $\lim_{x \to 1+0}f(x)=\lim_{x \to 1-0}f(x)=f(1)$

つまり, $\lim_{x \to 1+0}\dfrac{1}{x}=\lim_{x \to 1-0}(ax+b)=\dfrac{a+b+1}{2}$

よって, $1=a+b=\dfrac{a+b+1}{2}$ より,

$a+b=1$ …①

関数 $f(x)$ が $x=-1$ で連続であることから, $\lim_{x \to -1+0}f(x)=\lim_{x \to -1-0}f(x)=f(-1)$

つまり,

$$\lim_{x \to -1+0}(ax+b)=\lim_{x \to -1-0}\frac{1}{x}=\frac{-a+b-1}{2}$$

よって, $-a+b=-1=\dfrac{-a+b-1}{2}$ より,

$-a+b=-1$ …②

①, ②から, $a=1$, $b=0$ であり, これは条件を満たす。 答え $a=1$, $b=0$

5-2 微分と導関数 p.148

解答

❶ (1) $y'=9x^2-2x+6$

(2) $y'=12x^3-3x^2+14x-2$

2 (1) $y' = -\dfrac{10}{(x-3)^2}$

(2) $y' = \dfrac{2x-1}{2\sqrt{x^2-x+1}}$

(3) $y' = -\dfrac{2}{3(2x-1)\sqrt[3]{2x-1}}$

3 (1) $\dfrac{f(x+h)g(x+h)-f(x)g(x)}{h}$

$= \dfrac{f(x+h)g(x+h)-f(x)g(x+h)}{h}$

$\quad + \dfrac{f(x)g(x+h)-f(x)g(x)}{h}$

$= \dfrac{f(x+h)-f(x)}{h} \cdot g(x+h)$

$\quad + \dfrac{g(x+h)-g(x)}{h} \cdot f(x)$

$f'(x) = \lim_{h \to 0} \dfrac{f(x+h)-f(x)}{h}$,

$g'(x) = \lim_{h \to 0} \dfrac{g(x+h)-g(x)}{h}$ であり,

$g(x)$は微分可能なので連続だから,
$\lim_{h \to 0} g(x+h) = g(x)$である。よって,
$\{f(x)g(x)\}'$
$= f'(x)g(x) + f(x)g'(x)$

(2) $f'(x)g(x)h(x)$
$\quad + f(x)g'(x)h(x)$
$\quad + f(x)g(x)h'(x)$

(3) $\dfrac{1}{h}\left\{\dfrac{1}{f(x+h)} - \dfrac{1}{f(x)}\right\}$

$= -\dfrac{1}{f(x+h)f(x)} \cdot \dfrac{f(x+h)-f(x)}{h}$

$f(x)$は微分可能なので連続だから, $\lim_{h \to 0} f(x+h) = f(x)$となり,

$\left\{\dfrac{1}{f(x)}\right\}'$

$= \lim_{h \to 0} \dfrac{1}{h}\left\{\dfrac{1}{f(x+h)} - \dfrac{1}{f(x)}\right\}$

$= \lim_{h \to 0}\left\{-\dfrac{1}{f(x+h)f(x)} \cdot \dfrac{f(x+h)-f(x)}{h}\right\}$

$= -\dfrac{f'(x)}{\{f(x)\}^2}$

4 (1) $y' = \dfrac{\cos x + x\sin x}{\cos^2 x}$

(2) $y' = 3\cos 3x \cos 2x$
$\quad -2\sin 3x \sin 2x$

(3) $y' = \dfrac{2x+1}{2(x^2+x+1)}$

(4) $y' = x \cdot 2^x(2 + x\log_e 2)$

5 $\dfrac{dy}{dx} = -\dfrac{2x+3y}{3x+2y}$

6 (1) $y' = e^{2x}(2\cos x - \sin x)$,
$y'' = e^{2x}(3\cos x - 4\sin x)$,
$y''' = e^{2x}(2\cos x - 11\sin x)$

(2) $a = -5$, $b = 4$

7 (1) $x = \dfrac{1-t^2}{1+t^2}$, $y = \dfrac{2t}{1+t^2}$

(2) $\dfrac{dy}{dx} = \dfrac{t^2-1}{2t}$

解説

1

(1) $y' = 3 \cdot 3x^2 - 2x + 6 = 9x^2 - 2x + 6$

答え　$y' = 9x^2 - 2x + 6$

(2) $y' = (x^2+2)'(3x^2-x+1)$
$\quad + (x^2+2)(3x^2-x+1)'$
$= 2x(3x^2-x+1) + (x^2+2)(6x-1)$
$= 6x^3 - 2x^2 + 2x + 6x^3 - x^2 + 12x - 2$
$= 12x^3 - 3x^2 + 14x - 2$

答え　$y' = 12x^3 - 3x^2 + 14x - 2$

②

(1) $y' = \dfrac{(3x+1)'(x-3)-(3x+1)(x-3)'}{(x-3)^2}$

$= \dfrac{3(x-3)-(3x+1)\cdot 1}{(x-3)^2} = -\dfrac{10}{(x-3)^2}$

答え $y' = -\dfrac{10}{(x-3)^2}$

別解 $y = \dfrac{3(x-3)+10}{x-3} = 3 + \dfrac{10}{x-3}$

$= 3 + 10(x-3)^{-1}$ より,

$y' = 10\cdot(-1)(x-3)^{-2} = -\dfrac{10}{(x-3)^2}$

(2) $y = (x^2-x+1)^{\frac{1}{2}}$ だから,

$y' = \dfrac{1}{2}(x^2-x+1)^{-\frac{1}{2}}(x^2-x+1)'$

$= \dfrac{1}{2}\cdot\dfrac{1}{\sqrt{x^2-x+1}}\cdot(2x-1)$

$= \dfrac{2x-1}{2\sqrt{x^2-x+1}}$

答え $y' = \dfrac{2x-1}{2\sqrt{x^2-x+1}}$

(3) $y = (2x-1)^{-\frac{1}{3}}$ だから,

$y' = -\dfrac{1}{3}(2x-1)^{-\frac{4}{3}}(2x-1)'$

$= -\dfrac{1}{3}\cdot\dfrac{1}{(2x-1)\sqrt[3]{2x-1}}\cdot 2$

$= -\dfrac{2}{3(2x-1)\sqrt[3]{2x-1}}$

答え $-\dfrac{2}{3(2x-1)\sqrt[3]{2x-1}}$

③

(1) $f(x)$ の導関数の定義は,

$f'(x) = \lim\limits_{h\to 0}\dfrac{f(x+h)-f(x)}{h}$ だから,

$\{f(x)g(x)\}'$

$= \lim\limits_{h\to 0}\dfrac{f(x+h)g(x+h)-f(x)g(x)}{h}$ である。

(2) $\{f(x)g(x)\}' = f'(x)g(x)+f(x)g'(x)$ を用いて,

$\{f(x)g(x)h(x)\}' = [\{f(x)g(x)\}h(x)]'$

$= \{f(x)g(x)\}'h(x)+\{f(x)g(x)\}h'(x)$

$= \{f'(x)g(x)+f(x)g'(x)\}h(x)$
$\quad + f(x)g(x)h'(x)$

$= f'(x)g(x)h(x)+f(x)g'(x)h(x)$
$\quad + f(x)g(x)h'(x)$

答え $f'(x)g(x)h(x)+f(x)g'(x)h(x)$
$+f(x)g(x)h'(x)$

(3) $f(x)$ の導関数の定義は,

$f'(x) = \lim\limits_{h\to 0}\dfrac{f(x+h)-f(x)}{h}$ だから,

$\left\{\dfrac{1}{f(x)}\right\}' = \lim\limits_{h\to 0}\dfrac{1}{h}\left\{\dfrac{1}{f(x+h)}-\dfrac{1}{f(x)}\right\}$

である。

④

(1) $y' = \dfrac{(x)'\cos x - x(\cos x)'}{\cos^2 x}$

$= \dfrac{\cos x + x\sin x}{\cos^2 x}$

答え $y' = \dfrac{\cos x + x\sin x}{\cos^2 x}$

(2) $y' = (\sin 3x)'\cos 2x + \sin 3x(\cos 2x)'$

$= 3\cos 3x\cos 2x + \sin 3x(-2\sin 2x)$

$= 3\cos 3x\cos 2x - 2\sin 3x\sin 2x$

答え $y' = 3\cos 3x\cos 2x - 2\sin 3x\sin 2x$

別解 $\sin 3x \cos 2x$
$= \dfrac{1}{2}\{\sin(3x+2x)+\sin(3x-2x)\}$
$= \dfrac{1}{2}(\sin 5x + \sin x)$ より,
$y' = \dfrac{1}{2}(5\cos 5x + \cos x)$

(3) $y = \log_e(x^2+x+1)^{\frac{1}{2}}$
$= \dfrac{1}{2}\log_e(x^2+x+1)$ より,
$y' = \dfrac{1}{2} \cdot \dfrac{(x^2+x+1)'}{x^2+x+1} = \dfrac{2x+1}{2(x^2+x+1)}$

答え $y' = \dfrac{2x+1}{2(x^2+x+1)}$

別解 $y' = \dfrac{(\sqrt{x^2+x+1})'}{\sqrt{x^2+x+1}}$
$= \dfrac{1}{\sqrt{x^2+x+1}} \cdot \dfrac{(x^2+x+1)'}{2\sqrt{x^2+x+1}}$
$= \dfrac{2x+1}{2(x^2+x+1)}$

(4) $y' = (x^2)'2^x + x^2(2^x)'$
$= 2x \cdot 2^x + x^2 \cdot 2^x \log_e 2$
$= x \cdot 2^x(2 + x\log_e 2)$

答え $y' = x \cdot 2^x(2 + x\log_e 2)$

5

両辺を x で微分すると,
$2x + 3\left\{(x)'y + x\dfrac{dy}{dx}\right\} + 2y\dfrac{dy}{dx} = 0$

よって, $2x + 3y + (3x+2y)\dfrac{dy}{dx} = 0$

以上から, $\dfrac{dy}{dx} = -\dfrac{2x+3y}{3x+2y}$

答え $\dfrac{dy}{dx} = -\dfrac{2x+3y}{3x+2y}$

6

(1) $y' = (e^{2x})'\cos x + e^{2x}(\cos x)'$
$= 2e^{2x}\cos x - e^{2x}\sin x$
$= e^{2x}(2\cos x - \sin x)$
$y'' = (e^{2x})'(2\cos x - \sin x) + e^{2x}(2\cos x - \sin x)'$
$= 2e^{2x}(2\cos x - \sin x) + e^{2x}(-2\sin x - \cos x)$
$= e^{2x}(3\cos x - 4\sin x)$
$y''' = (e^{2x})'(3\cos x - 4\sin x)$
$\quad + e^{2x}(3\cos x - 4\sin x)'$
$= 2e^{2x}(3\cos x - 4\sin x)$
$\quad + e^{2x}(-3\sin x - 4\cos x)$
$= e^{2x}(2\cos x - 11\sin x)$

答え $y' = e^{2x}(2\cos x - \sin x)$,
$y'' = e^{2x}(3\cos x - 4\sin x)$,
$y''' = e^{2x}(2\cos x - 11\sin x)$

(2) $y''' = ay' + by''$ より,
$e^{2x}(2\cos x - 11\sin x)$
$= ae^{2x}(2\cos x - \sin x) + be^{2x}(3\cos x - 4\sin x)$
$e^{2x} \neq 0$ より,
$2\cos x - 11\sin x$
$= (2a+3b)\cos x - (a+4b)\sin x$
よって, $2a+3b=2$, $a+4b=11$ から,
$a=-5$, $b=4$ **答え** $a=-5$, $b=4$

7

(1) ②を①に代入して, $x^2 + t^2(x+1)^2 = 1$
$(x+1)(x-1) + t^2(x+1)^2 = 0$
$(x+1)\{(x-1) + t^2(x+1)\} = 0$
よって,
$(x+1)\{(1+t^2)x - (1-t^2)\} = 0$
$x \neq -1$ より, $(1+t^2)x - (1-t^2) = 0$
よって, $x = \dfrac{1-t^2}{1+t^2}$
したがって,
$y = t\left(\dfrac{1-t^2}{1+t^2} + 1\right)$

$= t \cdot \dfrac{1-t^2+1+t^2}{1+t^2} = \dfrac{2t}{1+t^2}$

答え $x = \dfrac{1-t^2}{1+t^2}$, $y = \dfrac{2t}{1+t^2}$

(2) $\dfrac{dx}{dt} = \dfrac{(1-t^2)'(1+t^2)-(1-t^2)(1+t^2)'}{(1+t^2)^2}$

$= \dfrac{-2t(1+t^2)-(1-t^2)\cdot 2t}{(1+t^2)^2}$

$= \dfrac{-4t}{(1+t^2)^2}$

$\dfrac{dy}{dt} = \dfrac{(2t)'(1+t^2)-2t(1+t^2)'}{(1+t^2)^2}$

$= \dfrac{2(1+t^2)-2t\cdot 2t}{(1+t^2)^2} = \dfrac{2-2t^2}{(1+t^2)^2}$

$= \dfrac{2(1-t^2)}{(1+t^2)^2}$

$\dfrac{dy}{dx} = \dfrac{\frac{dy}{dt}}{\frac{dx}{dt}} = \dfrac{\frac{2(1-t^2)}{(1+t^2)^2}}{\frac{-4t}{(1+t^2)^2}} = -\dfrac{1-t^2}{2t}$

$= \dfrac{t^2-1}{2t}$ 　答え $\dfrac{dy}{dx} = \dfrac{t^2-1}{2t}$

別解 ①の両辺を x で微分すると,

$2x + 2y\dfrac{dy}{dx} = 0$　よって, $\dfrac{dy}{dx} = -\dfrac{x}{y}$

以上から, $\dfrac{dy}{dx} = -\dfrac{\frac{1-t^2}{1+t^2}}{\frac{2t}{1+t^2}} = -\dfrac{1-t^2}{2t}$

5-3　微分法の応用　p.156

解答

1 (1) $y = \dfrac{1}{8}x + \dfrac{1}{4}$

(2) $y = \dfrac{1}{\sqrt{3}}x - \dfrac{1}{\sqrt{3}}$

2 $y^2 = 4px$ の両辺を x で微分すると,

$2y\dfrac{dy}{dx} = 4p$

$y \neq 0$ のとき, $\dfrac{dy}{dx} = \dfrac{2p}{y}$

このとき, 点 $P(x_1, y_1)$ における接線の方程式は $y - y_1 = \dfrac{2p}{y_1}(x-x_1)$

すなわち $y_1 y - y_1^2 = 2p(x-x_1)$ …①

点 P は放物線上の点だから,

$y_1^2 = 4px_1$ …②

②を①に代入すると,

$y_1 y - 4px_1 = 2p(x-x_1)$

よって, $y_1 \neq 0$ のときの接線の方程式は, $y_1 y = 2p(x+x_1)$ …③

$y_1 = 0$ のとき, ②より $x_1 = 0$ であり, 接線の方程式は $x = 0$ である。③に $x_1 = 0$, $y_1 = 0$ を代入すると, $x = 0$ が得られ, このときも③は成り立つ。

以上から, 接線の方程式は,

$y_1 y = 2p(x+x_1)$

3 (1) $x = -2\sqrt{3}$ のとき極大値 $-3\sqrt{3}$,
$x = 2\sqrt{3}$ のとき極小値 $3\sqrt{3}$,
変曲点は $(0, 0)$

(2) グラフは解説を参照

(3) $k < -3\sqrt{3}$, $3\sqrt{3} < k$

4 (1) $f(x) = e^x - (1+x)$ とすると,

$f'(x) = e^x - 1$

$x > 0$ のとき, $e^x > 1$ だから, $f'(x) > 0$

よって, $f(x)$ は $x > 0$ でつねに増加するから, $f(x) > f(0) = 0$

したがって, $e^x > 1 + x$

(2) $g(x) = e^x - \left(1 + x + \dfrac{x^2}{2}\right)$

とすると, $g'(x) = e^x - (1+x)$

$g'(x) = f(x)$ だから, (1)より

$x > 0$ のとき, $g'(x) > 0$

よって，$g(x)$ は $x>0$ でつねに増加するから，$g(x)>g(0)=0$

したがって，$e^x>1+x+\dfrac{x^2}{2}$

(3) $x>0$ のとき，(2)より，

$e^x>1+x+\dfrac{x^2}{2}$

が成り立つから，$\dfrac{e^x}{x}>\dfrac{1+x+\dfrac{x^2}{2}}{x}$

$\displaystyle\lim_{x\to\infty}\dfrac{1+x+\dfrac{x^2}{2}}{x}=\lim_{x\to\infty}\left(\dfrac{1}{x}+1+\dfrac{x}{2}\right)$
$=\infty$

したがって，$\displaystyle\lim_{x\to\infty}\dfrac{e^x}{x}=\infty$

解説

①

(1) 関数 $y=\dfrac{x}{x+2}$ を微分すると，

$y'=\dfrac{1\cdot(x+2)-x\cdot 1}{(x+2)^2}=\dfrac{2}{(x+2)^2}$

$x=2$ のとき，$y'=\dfrac{2}{(2+2)^2}=\dfrac{1}{8}$

点 $\mathrm{P}\left(2,\dfrac{1}{2}\right)$ における接線の方程式は，

$y-\dfrac{1}{2}=\dfrac{1}{8}(x-2)$ より，$y=\dfrac{1}{8}x+\dfrac{1}{4}$

答え $y=\dfrac{1}{8}x+\dfrac{1}{4}$

(2) $f(x)=\sqrt{2x-5}$ とすると，

$f'(x)=\dfrac{2}{2\sqrt{2x-5}}=\dfrac{1}{\sqrt{2x-5}}$ であり，

$y=f(x)$ の定義域は $2x-5\geqq 0$ より，$x\geqq\dfrac{5}{2}$

接点の座標を $(a,\sqrt{2a-5})$ とすると，接線の方程式は，

$y-\sqrt{2a-5}=\dfrac{1}{\sqrt{2a-5}}(x-a)$ …①

と表される。①が点 $\mathrm{Q}(1,0)$ を通るから，

$-\sqrt{2a-5}=\dfrac{1}{\sqrt{2a-5}}(1-a)$

よって，$-(2a-5)=1-a$ より，$a=4$

で，これは $a\geqq\dfrac{5}{2}$ を満たす。

①に代入して，$y-\sqrt{3}=\dfrac{1}{\sqrt{3}}(x-4)$

よって，求める接線の方程式は，

$y=\dfrac{1}{\sqrt{3}}x-\dfrac{1}{\sqrt{3}}$

答え $y=\dfrac{1}{\sqrt{3}}x-\dfrac{1}{\sqrt{3}}$

②

合成関数の微分法を使う。また，$y_1\neq 0$ と $y_1=0$ の場合に分けて証明する。

③

(1) 定義域は，$x^2-4\neq 0$ から，
$x\neq -2,\ x\neq 2$

$f(x)=\dfrac{x^3}{x^2-4}$ より，

$f'(x)=\dfrac{3x^2(x^2-4)-x^3\cdot 2x}{(x^2-4)^2}$

$=\dfrac{x^4-12x^2}{(x^2-4)^2}$

$=\dfrac{x^2(x+2\sqrt{3})(x-2\sqrt{3})}{(x^2-4)^2}$

同様にして，$f''(x)=\dfrac{8x(x^2+12)}{(x^2-4)^3}$

$f'(x)=0$ の解は，$x=0,\ \pm 2\sqrt{3}$
$f''(x)=0$ の解は，$x=0$

以上から，$f(x)$ の増減表は次のようになる。

x	$\cdots$	$-2\sqrt{3}$	$\cdots$	-2	$\cdots$	0	$\cdots$	2	$\cdots$	$2\sqrt{3}$	$\cdots$
$f'(x)$	$+$	0	$-$	/	$-$	0	$-$	/	$-$	0	$+$
$f''(x)$	$-$	$-$	$-$	/	$+$	0	$-$	/	$+$	$+$	$+$
$f(x)$	↗	極大 $-3\sqrt{3}$	↘	/	↘	0	↘	/	↘	極小 $3\sqrt{3}$	↗

したがって，
$x=-2\sqrt{3}$ のとき極大値 $-3\sqrt{3}$，
$x=2\sqrt{3}$ のとき極小値 $3\sqrt{3}$，
変曲点は $(0, 0)$

答え $x=-2\sqrt{3}$ のとき極大値 $-3\sqrt{3}$，
$\qquad x=2\sqrt{3}$ のとき極小値 $3\sqrt{3}$，
$\qquad$ 変曲点は $(0, 0)$

(2) $f(x)=x+\dfrac{4x}{x^2-4}$ より，

$\lim_{x\to 2-0}f(x)=-\infty$, $\lim_{x\to 2+0}f(x)=\infty$
$\lim_{x\to -2-0}f(x)=-\infty$, $\lim_{x\to -2+0}f(x)=\infty$
よって，直線 $x=2$ と $x=-2$ は曲線
$y=f(x)$ の漸近線である。さらに，
$\lim_{x\to\infty}\{f(x)-x\}=0$, $\lim_{x\to -\infty}\{f(x)-x\}=0$
だから，直線 $y=x$ も漸近線である。
以上から，$y=f(x)$ のグラフは下の図のようになる。

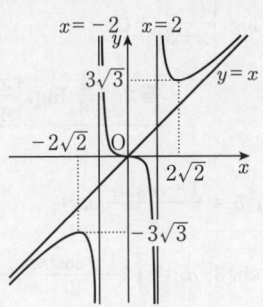

(3) (2)のグラフと直線 $y=k$ の共有点が 3 個になる k の範囲を考えて，求める値の範囲は，$k<-3\sqrt{3}$，$3\sqrt{3}<k$
$\qquad$ **答え** $k<-3\sqrt{3}$，$3\sqrt{3}<k$

④

(1)(2) （左辺）−（右辺）を $f(x)$ や $g(x)$ などとして，$y=f(x)$，$y=g(x)$ の関数について考える。

(3) $f(x)<g(x)$ かつ $\lim_{x\to\infty}f(x)=\infty$ ならば，$\lim_{x\to\infty}g(x)=\infty$ であることを用いる。

5-4 不定積分と定積分 p.167

解答

①
(1) $x-4\sqrt{x}+\log_e|x|+C$
(2) $\dfrac{2^{3x+5}}{3\log_e 2}+C$
(3) $e^{\frac{x^2}{2}}+C$
(4) $-\dfrac{4x-1}{8(2x-1)^2}+C$
(5) $\dfrac{1}{6}\log_e\left|\dfrac{x-3}{x+3}\right|+C$
(6) $\dfrac{1}{2}x-\dfrac{1}{12}\sin 6x+C$
(7) $2x\sin x-(x^2-2)\cos x+C$
(8) $\dfrac{1}{2}e^x(\sin x-\cos x)+C$

（C は積分定数）

②
(1) $\log_e\dfrac{3}{2}$ $\quad$ (2) $\log_e 3$
(3) $\dfrac{4}{3}$ $\quad$ (4) $\dfrac{2}{3}\pi$
(5) $\dfrac{e^2+1}{4}$

③
(1) $1+\dfrac{x}{\sqrt{x^2+1}}$
(2) $\log_e(x+\sqrt{x^2+1})+C$
(3) $\dfrac{1}{2}\{x\sqrt{x^2+1}+\log_e(x+\sqrt{x^2+1})\}+C$

④ $f(x) = \sin x - 1$

⑤ (1) $\dfrac{\sqrt{3}}{9}\pi$

(2) $\dfrac{\sqrt{3}}{3}\pi - \log_e 2$

（e は自然対数の底）

解説

①

以下では、C を積分定数とする。

(1) $\displaystyle\int \left(\dfrac{\sqrt{x}-1}{\sqrt{x}}\right)^2 dx = \int \dfrac{x-2\sqrt{x}+1}{x}dx$

$= \displaystyle\int \left(1 - \dfrac{2}{\sqrt{x}} + \dfrac{1}{x}\right)dx$

$= \displaystyle\int \left(1 - 2x^{-\frac{1}{2}} + \dfrac{1}{x}\right)dx$

$= x - \dfrac{2}{-\frac{1}{2}+1}x^{-\frac{1}{2}+1} + \log_e|x| + C$

$= x - 4\sqrt{x} + \log_e|x| + C$

答え　$x - 4\sqrt{x} + \log_e|x| + C$

(2) $\displaystyle\int 2^{3x+5}dx = \dfrac{1}{3}\cdot\dfrac{2^{3x+5}}{\log_e 2} + C = \dfrac{2^{3x+5}}{3\log_e 2} + C$

答え　$\dfrac{2^{3x+5}}{3\log_e 2} + C$

(3) $\left(\dfrac{x^2}{2}\right)' = x$ だから、$\dfrac{x^2}{2} = u$ とすると、

$\dfrac{du}{dx} = \dfrac{2x}{2}$, $xdx = du$ より、

$\displaystyle\int xe^{\frac{x^2}{2}}dx = \int e^u du = e^u + C = e^{\frac{x^2}{2}} + C$

答え　$e^{\frac{x^2}{2}} + C$

(4) $2x - 1 = t$ とすると、$x = \dfrac{t+1}{2}$ より、

$dx = \dfrac{1}{2}dt$ だから、

$\displaystyle\int \dfrac{x}{(2x-1)^3}dx = \int \dfrac{t+1}{2t^3}\cdot\dfrac{1}{2}dt$

$= \dfrac{1}{4}\displaystyle\int \left(\dfrac{1}{t^2} + \dfrac{1}{t^3}\right)dt$

$= \dfrac{1}{4}\left(\dfrac{1}{-2+1}t^{-2+1} + \dfrac{1}{-3+1}t^{-3+1}\right) + C$

$= -\dfrac{1}{8t^2}(2t+1) + C = -\dfrac{4x-1}{8(2x-1)^2} + C$

答え　$-\dfrac{4x-1}{8(2x-1)^2} + C$

(5) $\dfrac{1}{x^2-9} = \dfrac{1}{(x-3)(x+3)}$

$= \dfrac{1}{6}\left(\dfrac{1}{x-3} - \dfrac{1}{x+3}\right)$

$\displaystyle\int \dfrac{1}{x^2-9}dx = \dfrac{1}{6}\int\left(\dfrac{1}{x-3} - \dfrac{1}{x+3}\right)dx$

$= \dfrac{1}{6}(\log_e|x-3| - \log_e|x+3|) + C$

$= \dfrac{1}{6}\log_e\left|\dfrac{x-3}{x+3}\right| + C$

答え　$\dfrac{1}{6}\log_e\left|\dfrac{x-3}{x+3}\right| + C$

(6) $\sin^2\alpha = \dfrac{1-\cos 2\alpha}{2}$ より、

$\displaystyle\int \sin^2 3x\, dx = \int \dfrac{1-\cos 6x}{2}dx$

$= \dfrac{1}{2}\left(x - \dfrac{1}{6}\sin 6x\right) + C$

$= \dfrac{1}{2}x - \dfrac{1}{12}\sin 6x + C$

答え　$\dfrac{1}{2}x - \dfrac{1}{12}\sin 6x + C$

(7) 部分積分法を使うと，
$$\int x^2 \sin x\, dx = -x^2 \cos x + 2\int x \cos x\, dx$$
$$= -x^2 \cos x + 2\left(x \sin x - \int \sin x\, dx\right)$$
$$= -x^2 \cos x + 2x \sin x + 2\cos x + C$$
$$= 2x \sin x - (x^2 - 2)\cos x + C$$

答え　$2x\sin x - (x^2-2)\cos x + C$

(8) $I = \int e^x \sin x\, dx$ とする。部分積分法を使うと，
$$I = \int (e^x)' \sin x\, dx = e^x \sin x - \int e^x \cos x\, dx$$
$$= e^x \sin x - \int (e^x)' \cos x\, dx$$
$$= e^x \sin x - \left(e^x \cos x + \int e^x \sin x\, dx\right)$$
$$= e^x \sin x - e^x \cos x - I$$

積分定数を考えて，I について解くと，
$$I = \frac{1}{2} e^x (\sin x - \cos x) + C$$

答え　$\dfrac{1}{2} e^x (\sin x - \cos x) + C$

別解　$I = \int e^x \sin x\, dx$, $J = \int e^x \cos x\, dx$ とすると，
$(e^x \sin x)' = e^x \sin x + e^x \cos x$,
$(e^x \cos x)' = e^x \cos x - e^x \sin x$
だから，これらの式の両辺を x で積分して，
$e^x \sin x = I + J \cdots$ ①, $e^x \cos x = J - I \cdots$ ②
(① − ②) ÷ 2 に積分定数を考えると，
$$I = \frac{1}{2} e^x (\sin x - \cos x) + C$$

❷

(1) $\displaystyle\int_1^3 \frac{dx}{x^2 + x} = \int_1^3 \frac{dx}{x(x+1)}$
$= \displaystyle\int_1^3 \left(\frac{1}{x} - \frac{1}{x+1}\right) dx$
$= \Big[\log_e |x| - \log_e |x+1|\Big]_1^3$
$= \Big[\log_e \Big|\dfrac{x}{x+1}\Big|\Big]_1^3 = \log_e \dfrac{3}{4} - \log_e \dfrac{1}{2}$
$= \log_e \left(\dfrac{3}{4} \cdot 2\right) = \log_e \dfrac{3}{2}$　　答え　$\log_e \dfrac{3}{2}$

(2) $(\log_e x)' = \dfrac{1}{x}$ だから，
$\displaystyle\int_e^{e^3} \frac{1}{x \log_e x} dx = \int_e^{e^3} \frac{1}{\log_e x} \cdot (\log_e x)'\, dx$
$= \Big[\log_e |\log_e x|\Big]_e^{e^3} = \log_e 3 - \log_e 1 = \log_e 3$

答え　$\log_e 3$

(3) $\sqrt{3-x} = t$ とすると，$3 - x = t^2$ より，
$x = 3 - t^2$ だから，$dx = -2t\, dt$
また，x と t の関係は下の表のようになるから，

x	-1 → 2
t	2 → 1

$\displaystyle\int_{-1}^2 \frac{x}{\sqrt{3-x}} dx$
$= \displaystyle\int_2^1 \frac{3-t^2}{t} \cdot (-2t)\, dt = -2\int_2^1 (3 - t^2)\, dt$
$= 2\displaystyle\int_1^2 (3 - t^2)\, dt = 2\left[3t - \frac{t^3}{3}\right]_1^2$
$= 2\left(6 - \dfrac{8}{3} - 3 + \dfrac{1}{3}\right) = \dfrac{4}{3}$　　答え　$\dfrac{4}{3}$

(4) $x = 2\sin\theta$ とすると，$dx = 2\cos\theta\, d\theta$
また，x と θ の関係は右の表のようになるから，

x	-1 → 2
θ	$-\dfrac{\pi}{6}$ → $\dfrac{\pi}{2}$

$\cos\theta \geqq 0$ より，
$\sqrt{4 - x^2} = \sqrt{4(1 - \sin^2\theta)} = 2\cos\theta$
$\displaystyle\int_{-1}^2 \frac{dx}{\sqrt{4-x^2}} = \int_{-\pi/6}^{\pi/2} \frac{1}{2\cos\theta} \cdot 2\cos\theta\, d\theta$
$= \displaystyle\int_{-\pi/6}^{\pi/2} d\theta = \Big[\theta\Big]_{-\pi/6}^{\pi/2} = \dfrac{2}{3}\pi$　　答え　$\dfrac{2}{3}\pi$

(5) 部分積分法を使うと，
$$\int_1^e x\log_e x\,dx = \int_1^e \left(\frac{x^2}{2}\right)' \log_e x\,dx$$
$$= \left[\frac{x^2}{2}\log_e x\right]_1^e - \int_1^e \frac{x^2}{2}\cdot\frac{1}{x}\,dx$$
$$= \frac{e^2}{2} - \frac{1}{2}\int_1^e x\,dx = \frac{e^2}{2} - \frac{1}{2}\left[\frac{x^2}{2}\right]_1^e = \frac{e^2+1}{4}$$

答え $\dfrac{e^2+1}{4}$

❸

以下では，C を積分定数，e を自然対数の底とする。

(1) $y = x + \sqrt{x^2+1}$ より，

$$\frac{dy}{dx} = \{x + (x^2+1)^{\frac{1}{2}}\}'$$

$$= 1 + \frac{1}{2}(x^2+1)^{-\frac{1}{2}}\cdot 2x = 1 + \frac{x}{\sqrt{x^2+1}}$$

答え $1 + \dfrac{x}{\sqrt{x^2+1}}$

(2) (1)の結果より，
$$\frac{dy}{dx} = \frac{\sqrt{x^2+1}+x}{\sqrt{x^2+1}} = \frac{y}{\sqrt{x^2+1}} \text{ だから，}$$

$$\frac{1}{\sqrt{x^2+1}}\,dx = \frac{1}{y}\,dy$$

したがって，

$$\int \frac{1}{\sqrt{x^2+1}}\,dx = \int \frac{1}{y}\,dy = \log_e|y| + C$$
$$= \log_e(x+\sqrt{x^2+1}) + C$$

答え $\log_e(x+\sqrt{x^2+1}) + C$

(3) $I = \int \sqrt{x^2+1}\,dx$ とする。(2)の結果から，

$$I = \int (x)'\sqrt{x^2+1}\,dx$$

$$= x\sqrt{x^2+1} - \int x\cdot\frac{x}{\sqrt{x^2+1}}\,dx$$

$$= x\sqrt{x^2+1} - \int \frac{(x^2+1)-1}{\sqrt{x^2+1}}\,dx$$

$$= x\sqrt{x^2+1} - \int\left(\sqrt{x^2+1} - \frac{1}{\sqrt{x^2+1}}\right)dx$$

$$= x\sqrt{x^2+1} - I + \int \frac{1}{\sqrt{x^2+1}}\,dx$$

$$= x\sqrt{x^2+1} + \log_e(x+\sqrt{x^2+1}) - I$$

積分定数を考えて，I について解くと，

$$I = \frac{1}{2}\{x\sqrt{x^2+1} + \log_e(x+\sqrt{x^2+1})\} + C$$

答え $\dfrac{1}{2}\{x\sqrt{x^2+1} + \log_e(x+\sqrt{x^2+1})\} + C$

❹

$\int_0^{\frac{\pi}{2}} f(t)\cos t\,dt$ は x を含まない定数だから，これを a とすると，

$$f(x) = \sin x + 2a \quad \cdots ①$$

と表される。よって，

$$a = \int_0^{\frac{\pi}{2}} (\sin t + 2a)\cos t\,dt$$

$$= \int_0^{\frac{\pi}{2}} (\sin t\cos t + 2a\cos t)\,dt$$

$$= \int_0^{\frac{\pi}{2}} \left(\frac{1}{2}\sin 2t + 2a\cos t\right)dt$$

$$= \left[-\frac{1}{4}\cos 2t + 2a\sin t\right]_0^{\frac{\pi}{2}}$$

$$= \frac{1}{4} + 2a - \left(-\frac{1}{4}\right) = 2a + \frac{1}{2}$$

$a = 2a + \dfrac{1}{2}$ より，$a = -\dfrac{1}{2}$ であり，これを①に代入して，$f(x) = \sin x - 1$ となる。

答え $f(x) = \sin x - 1$

5

(1) $f(3) = \int_0^3 \dfrac{dt}{3+t^2}$

$t=\sqrt{3}\tan\theta$ とすると, $dt = \dfrac{3}{\cos^2\theta}d\theta$

また, $3+t^2 = 3(1+\tan^2\theta) = \dfrac{3}{\cos^2\theta}$,

であり, t と θ の関係は右の表のようになるから,

t	0	$\to$	3
θ	0	$\to$	$\dfrac{\pi}{3}$

$f(3) = \int_0^{\frac{\pi}{3}} \dfrac{1}{\dfrac{3}{\cos^2\theta}} \cdot \dfrac{\sqrt{3}}{\cos^2\theta} d\theta$

$= \dfrac{\sqrt{3}}{3}\int_0^{\frac{\pi}{3}} 1\, d\theta = \dfrac{\sqrt{3}}{3}\Big[\theta\Big]_0^{\frac{\pi}{3}}$

$= \dfrac{\sqrt{3}}{9}\pi$ 　　　答え $\dfrac{\sqrt{3}}{9}\pi$

(2) $f'(x) = \dfrac{d}{dx}\int_0^x \dfrac{dt}{3+t^2} = \dfrac{1}{3+x^2}$ だから,

$\int_0^3 f(x)\,dx = \int_0^3 (x)' f(x)\,dx$

$= \Big[xf(x)\Big]_0^3 - \int_0^3 x f'(x)\,dx$

$= 3f(3) - \int_0^3 \dfrac{x}{3+x^2}dx$

$= 3\cdot\dfrac{\sqrt{3}}{9}\pi - \dfrac{1}{2}\int_0^3 \dfrac{(3+x^2)'}{3+x^2}dx$

$= \dfrac{\sqrt{3}}{3}\pi - \dfrac{1}{2}\Big[\log_e(3+x^2)\Big]_0^3$

$= \dfrac{\sqrt{3}}{3}\pi - \dfrac{1}{2}(\log_e 12 - \log_e 3)$

$= \dfrac{\sqrt{3}}{3}\pi - \dfrac{1}{2}\log_e\dfrac{12}{3}$

$= \dfrac{\sqrt{3}}{3}\pi - \log_e 4^{\frac{1}{2}} = \dfrac{\sqrt{3}}{3}\pi - \log_e 2$

答え $\dfrac{\sqrt{3}}{3}\pi - \log_e 2$（$e$ は自然対数の底）

5-5 積分法の応用　p.177

解答

1 (1) $\dfrac{128\sqrt{2}}{105}$ 　(2) $e^3 - 3e + 1$

　　(3) $e-1$ 　　(4) $\dfrac{1}{6}$

2 (1) $\pi\left(\sqrt{3} - \dfrac{\pi}{3}\right)$

　　(2) $\left(e^2 - \dfrac{1}{e^2} + 4\right)\pi$ 　(3) $6\pi^2$

3 (1) グラフは解説を参照

　　(2) $a=2,\ b=4$

　　(3) $\dfrac{3}{2}(\log_e 2)^2 - \log_e 2$

4 $5\pi^2$

5 (1) $\dfrac{3}{2}$ 　　(2) 4

6 (1) $\dfrac{2}{3}\pi$ 　(2) $2\sqrt{6} - \sqrt{3}$

7 (1) $a - \dfrac{1}{a}$ 　(2) $5+\sqrt{26}$

　　(3) 1

解説

1

(1) $y=x^2\sqrt{2-x}$ の曲線と x 軸との共有点の x 座標は, $x^2\sqrt{2-x}=0$ を解いて, $x=0,\ 2$ である。

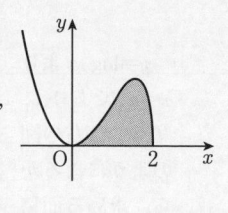

右上の図より, 求める面積 S は,

$S = \int_0^2 x^2\sqrt{2-x}\,dx$

$\sqrt{2-x}=t$ とすると, $x=2-t^2$ より, $dx = -2t\,dt$

また，x と t の関係は右の表のようになるから，

x	0	$\to$	2
t	$\sqrt{2}$	$\to$	0

$$S=\int_{\sqrt{2}}^{0}(2-t^2)^2\cdot t\cdot(-2t)\,dt$$
$$=2\int_{0}^{\sqrt{2}}(t^6-4t^4+4t^2)\,dt$$
$$=2\left[\frac{t^7}{7}-\frac{4}{5}t^5+\frac{4}{3}t^3\right]_{0}^{\sqrt{2}}$$
$$=2\left(\frac{8\sqrt{2}}{7}-\frac{16\sqrt{2}}{5}+\frac{8\sqrt{2}}{3}\right)$$
$$=\frac{128\sqrt{2}}{105}$$

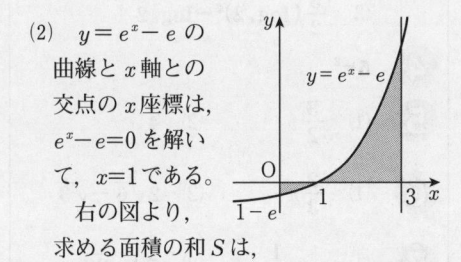

答え $\dfrac{128\sqrt{2}}{105}$

(2) $y=e^x-e$ の曲線と x 軸との交点の x 座標は，$e^x-e=0$ を解いて，$x=1$ である。
右の図より，求める面積の和 S は，

$$S=-\int_{0}^{1}(e^x-e)\,dx+\int_{1}^{3}(e^x-e)\,dx$$
$$=-\Big[e^x-ex\Big]_{0}^{1}+\Big[e^x-ex\Big]_{1}^{3}$$
$$=-(e-e-1)+(e^3-3e-e+e)$$
$$=e^3-3e+1$$

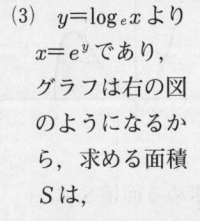

答え e^3-3e+1

(3) $y=\log_e x$ より $x=e^y$ であり，グラフは右の図のようになるから，求める面積 S は，

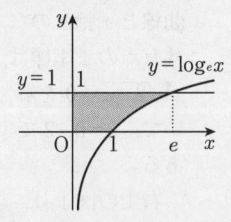

$$S=\int_{0}^{1}x\,dy=\int_{0}^{1}e^y\,dy=\Big[e^y\Big]_{0}^{1}=e-1$$

答え $e-1$

別解 曲線 $y=\log_e x$ は x 軸と点 $(1,0)$，直線 $y=1$ と点 $(e,1)$ でそれぞれ交わるから，曲線 $y=\log_e x$ と x 軸および直線 $x=e$ で囲まれた部分の面積を S_1 とすると，

$$S_1=\int_{1}^{e}\log_e x\,dx=\int_{1}^{e}(x)'\log_e x\,dx$$
$$=\Big[x\log_e x\Big]_{1}^{e}-\int_{1}^{e}x\cdot\frac{1}{x}dx$$
$$=e-\int_{1}^{e}dx=e-\Big[x\Big]_{1}^{e}$$
$$=e-(e-1)=1$$

よって，$S=1\cdot e-S_1=e-1$

(4) $\sqrt{x}+\sqrt{y}=1$ より，$x\geqq 0$，$y\geqq 0$ である。 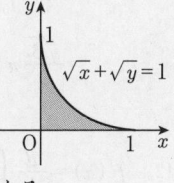
曲線と x 軸との共有点の x 座標は，$\sqrt{x}=1$ より，$x=1$ である。
曲線の方程式を y について解くと，$y=(1-\sqrt{x})^2$ だから，求める面積 S は，

$$S=\int_{0}^{1}(1-\sqrt{x})^2\,dx$$
$$=\int_{0}^{1}(1-2\sqrt{x}+x)\,dx$$
$$=\left[x-\frac{4}{3}x^{\frac{3}{2}}+\frac{x^2}{2}\right]_{0}^{1}$$
$$=1-\frac{4}{3}+\frac{1}{2}=\frac{1}{6}$$

答え $\dfrac{1}{6}$

2

(1) グラフは右の図のようになるから，求める体積 V は，

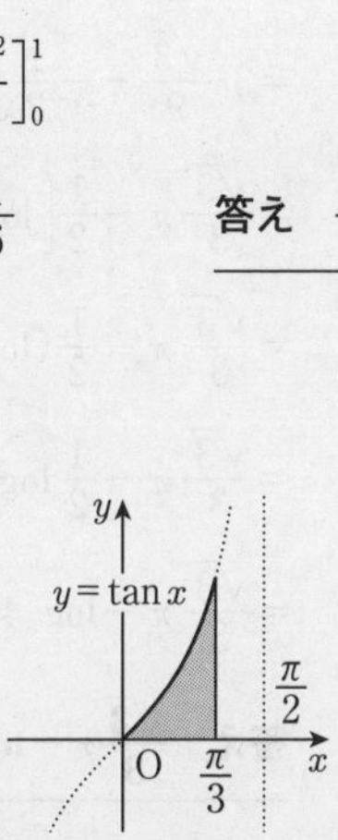

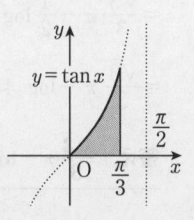

$$\begin{aligned}V &= \pi \int_0^{\frac{\pi}{3}} \tan^2 x \, dx \\ &= \pi \int_0^{\frac{\pi}{3}} \left(\frac{1}{\cos^2 x} - 1\right) dx \\ &= \pi \Big[\tan x - x\Big]_0^{\frac{\pi}{3}} = \pi\left(\sqrt{3} - \frac{\pi}{3}\right)\end{aligned}$$

答え $\pi\left(\sqrt{3} - \dfrac{\pi}{3}\right)$

(2) グラフは右の図のようになるから，求める体積 V は，

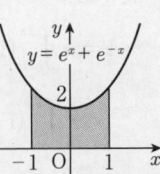

$$\begin{aligned}V &= \pi \int_{-1}^{1} (e^x + e^{-x})^2 \, dx \\ &= 2\pi \int_0^1 (e^x + e^{-x})^2 \, dx \\ &= 2\pi \int_0^1 (e^{2x} + 2 + e^{-2x}) \, dx \\ &= 2\pi \left[\frac{1}{2}e^{2x} + 2x - \frac{1}{2}e^{-2x}\right]_0^1 \\ &= 2\pi \left\{\frac{1}{2}(e^2 - 1) + 2 - \frac{1}{2}(e^{-2} - 1)\right\} \\ &= \left(e^2 - \frac{1}{e^2} + 4\right)\pi\end{aligned}$$

答え $\left(e^2 - \dfrac{1}{e^2} + 4\right)\pi$

(3) $x^2 + (y-3)^2 = 1$ を y について解くと，

$y = 3 \pm \sqrt{1-x^2}$

ここで，

$f(x) = 3 + \sqrt{1-x^2}$，
$g(x) = 3 - \sqrt{1-x^2}$

とすると，曲線 $y=f(x)$ と直線 $x=-1$，$x=1$ および x 軸とで囲まれた図形を x 軸のまわりに1回転してできる立体の体積 V_1 は，$V_1 = \pi \int_{-1}^{1} \{f(x)\}^2 dx$ と表される。

同様に V_2 を，$V_2 = \pi \int_{-1}^{1} \{g(x)\}^2 dx$ とすると，求める体積 V は，$V_1 - V_2$ だから，

$$\begin{aligned}V &= \pi \int_{-1}^{1} (3 + \sqrt{1-x^2})^2 \, dx \\ &\quad - \pi \int_{-1}^{1} (3 - \sqrt{1-x^2})^2 \, dx \\ &= \pi \int_{-1}^{1} 12\sqrt{1-x^2} \, dx \\ &= 24\pi \int_0^1 \sqrt{1-x^2} \, dx \\ &= 24\pi \cdot \frac{\pi}{4} = 6\pi^2\end{aligned}$$

答え $6\pi^2$

参考 $\int_0^1 \sqrt{1-x^2} \, dx$ は，半径 1，中心角 $\dfrac{\pi}{2}$ の扇形の面積を表す。置換積分法で求める場合は，$x = \sin\theta$ として計算する。

❸

(1) $f(x) = \dfrac{\log_e x}{x}$ の定義域は，$x > 0$ である。微分すると，

$$f'(x) = \frac{\frac{1}{x} \cdot x - \log_e x \cdot 1}{x^2} = \frac{1 - \log_e x}{x^2}$$

$$f''(x) = \frac{-\frac{1}{x} \cdot x^2 - (1 - \log_e x) \cdot 2x}{(x^2)^2}$$

$$= \frac{2\log_e x - 3}{x^3}$$

$f'(x) = 0$ の解は $x = e$，$f''(x) = 0$ の解は $x = e\sqrt{e}$ だから，$f(x)$ の増減表は下のようになる。

x	0	$\cdots$	e	$\cdots$	$e\sqrt{e}$	$\cdots$
$f'(x)$		$+$	0	$-$	$-$	$-$
$f''(x)$		$-$		$-$	0	$+$
$f(x)$		↗	$\dfrac{1}{e}$	↘	$\dfrac{3}{2e\sqrt{e}}$	↘

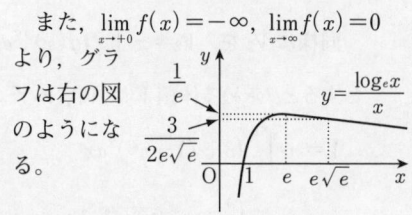

また，$\lim_{x \to +0} f(x) = -\infty$, $\lim_{x \to \infty} f(x) = 0$ より，グラフは右の図のようになる。

(2) $f(a) = f(b)$ より，$\dfrac{\log_e a}{a} = \dfrac{\log_e b}{b}$

$b\log_e a = a\log_e b$　よって，$a^b = b^a$　…①

正の整数 a, b は $a < b$ を満たし，(1) より $1 < a < e = 2.718\cdots$ だから，$a = 2$

よって，①より $b = 2^k$（k は 2 以上の整数）と表され，$k = 2$ は①を満たす。

(1)より，$f(2) = f(b)$ を満たす整数 b ($b > 2$) はただ 1 つだから，$b = 2^2 = 4$

答え　$a = 2$, $b = 4$

(3) $f(a) = f(b) = \dfrac{\log_e 2}{2}$ だから，求める面積 S は，

$S = \displaystyle\int_2^4 \left(f(x) - \dfrac{\log_e 2}{2}\right) dx$

$= \displaystyle\int_2^4 \left(\dfrac{\log_e x}{x} - \dfrac{\log_e 2}{2}\right) dx$

$= \displaystyle\int_2^4 \left\{\log_e x (\log_e x)' - \dfrac{\log_e 2}{2}\right\} dx$

$= \dfrac{1}{2}\left[(\log_e x)^2 - x\log_e 2\right]_2^4$

$= \dfrac{1}{2}\{(\log_e 4)^2 - (\log_e 2)^2\} - \log_e 2$

$= \dfrac{1}{2}\{(2\log_e 2)^2 - (\log_e 2)^2\} - \log_e 2$

$= \dfrac{3}{2}(\log_e 2)^2 - \log_e 2$

答え　$\dfrac{3}{2}(\log_e 2)^2 - \log_e 2$

④

$x = \theta - \sin\theta$ より，$0 \leqq \theta \leqq 2\pi$ のとき $0 \leqq x \leqq 2\pi$ だから，x と θ の関係は右の表のようになる。

x	0	$\longrightarrow$	2π
θ	0	$\longrightarrow$	2π

$V = \pi \displaystyle\int_0^{2\pi} y^2 dx$, $dx = (1 - \cos\theta) d\theta$ だから，

$V = \pi \displaystyle\int_0^{2\pi} (1 - \cos\theta)^2 \cdot (1 - \cos\theta) d\theta$

$= \pi \displaystyle\int_0^{2\pi} (1 - 3\cos\theta + 3\cos^2\theta - \cos^3\theta) d\theta$

ここで，

$\displaystyle\int_0^{2\pi} d\theta = \left[\theta\right]_0^{2\pi} = 2\pi$,

$\displaystyle\int_0^{2\pi} \cos\theta \, d\theta = \left[\sin\theta\right]_0^{2\pi} = 0$,

$\displaystyle\int_0^{2\pi} \cos^2\theta \, d\theta = \displaystyle\int_0^{2\pi} \dfrac{1 + \cos 2\theta}{2} d\theta$

$= \left[\dfrac{1}{2}\theta + \dfrac{\sin 2\theta}{4}\right]_0^{2\pi} = \pi$,

$\displaystyle\int_0^{2\pi} \cos^3\theta \, d\theta = \displaystyle\int_0^{2\pi} (1 - \sin^2\theta)(\sin\theta)' d\theta$

$= \left[\sin\theta - \dfrac{\sin^3\theta}{3}\right]_0^{2\pi} = 0$

したがって，
$V = \pi(2\pi - 3 \cdot 0 + 3\pi - 0) = 5\pi^2$

答え　$5\pi^2$

⑤

(1) $\dfrac{dx}{dt} = 3\cos^2 t (\cos t)' = -3\cos^2 t \sin t$,

$\dfrac{dy}{dt} = 3\sin^2 t (\sin t)' = 3\sin^2 t \cos t$

より，

$\left(\dfrac{dx}{dt}\right)^2+\left(\dfrac{dy}{dt}\right)^2$

$=9\sin^2 t\cos^2 t(\cos^2 t+\sin^2 t)$

$=9\cdot\left(\dfrac{1}{2}\sin 2t\right)^2=\left(\dfrac{3}{2}\sin 2t\right)^2$

$0\leqq t\leqq\dfrac{\pi}{2}$ のとき，$\sin 2t\geqq 0$ だから，

曲線の長さ L は，

$L=\displaystyle\int_0^{\frac{\pi}{2}}\sqrt{\left(\dfrac{dx}{dt}\right)^2+\left(\dfrac{dy}{dt}\right)^2}\,dt$

$=\displaystyle\int_0^{\frac{\pi}{2}}\dfrac{3}{2}\sin 2t\,dt=\dfrac{3}{2}\left[-\dfrac{1}{2}\cos 2t\right]_0^{\frac{\pi}{2}}$

$=\dfrac{3}{2}\left\{-\dfrac{1}{2}\cdot(-1)+\dfrac{1}{2}\cdot 1\right\}=\dfrac{3}{2}$

答え $\dfrac{3}{2}$

(2) $\dfrac{dx}{dt}=1-\cos t$, $\dfrac{dy}{dt}=\sin t$ より，

$\left(\dfrac{dx}{dt}\right)^2+\left(\dfrac{dy}{dt}\right)^2=(1-\cos t)^2+\sin^2 t$

$=1-2\cos t+\cos^2 t+\sin^2 t$

$=2(1-\cos t)=2\cdot 2\sin^2\dfrac{t}{2}=\left(2\sin\dfrac{t}{2}\right)^2$

$0\leqq t\leqq\pi$ のとき，$\sin\dfrac{t}{2}\geqq 0$ だから，

曲線の長さ L は，

$L=\displaystyle\int_0^{\pi}\sqrt{\left(\dfrac{dx}{dt}\right)^2+\left(\dfrac{dy}{dt}\right)^2}\,dt$

$=\displaystyle\int_0^{\pi}2\sin\dfrac{t}{2}\,dt=\left[-4\cos\dfrac{t}{2}\right]_0^{\pi}=4$

答え **4**

❻

(1) $\dfrac{dy}{dx}=\dfrac{(16-x^2)'}{2\sqrt{16-x^2}}=\dfrac{-2x}{2\sqrt{16-x^2}}$

$=-\dfrac{x}{\sqrt{16-x^2}}$

より，

$1+\left(\dfrac{dy}{dx}\right)^2=1+\left(-\dfrac{x}{\sqrt{16-x^2}}\right)^2$

$=1+\dfrac{x^2}{16-x^2}=\dfrac{16}{16-x^2}$

よって，曲線の長さ L は，

$L=\displaystyle\int_{-2}^0\sqrt{1+\left(\dfrac{dy}{dx}\right)^2}\,dx$

$=4\displaystyle\int_{-2}^0\sqrt{\dfrac{1}{16-x^2}}\,dx$

ここで，$x=4\sin\theta$ とすると，

$dx=4\cos\theta\,d\theta$ であり，x と θ の関係は右の表のようになる。

x	-2	$\to$	0
θ	$-\dfrac{\pi}{6}$	$\to$	0

またこの範囲で，$\cos\theta\geqq 0$ だから，

$\sqrt{\dfrac{1}{16-x^2}}=\sqrt{\dfrac{1}{16\cos^2\theta}}=\dfrac{1}{4\cos\theta}$

したがって，

$L=4\displaystyle\int_{-\frac{\pi}{6}}^0\dfrac{1}{4\cos\theta}\cdot 4\cos\theta\,d\theta$

$=4\displaystyle\int_{-\frac{\pi}{6}}^0 d\theta=4\left[\theta\right]_{-\frac{\pi}{6}}^0$

$=4\left(0+\dfrac{\pi}{6}\right)=\dfrac{2}{3}\pi$ 答え $\dfrac{2}{3}\pi$

(2) $\dfrac{dy}{dx}=\dfrac{(x+\sqrt{x^2-1})'}{x+\sqrt{x^2-1}}$

$=\dfrac{1}{x+\sqrt{x^2-1}}\left(1+\dfrac{x}{\sqrt{x^2-1}}\right)$

$=\dfrac{1}{x+\sqrt{x^2-1}}\cdot\dfrac{x+\sqrt{x^2-1}}{\sqrt{x^2-1}}=\dfrac{1}{\sqrt{x^2-1}}$

よって,
$$1+\left(\frac{dy}{dx}\right)^2=1+\left(\frac{1}{\sqrt{x^2-1}}\right)^2=\frac{x^2}{x^2-1}$$
曲線の長さ L は,
$$\begin{aligned}L&=\int_2^5\sqrt{1+\left(\frac{dy}{dx}\right)^2}\,dx\\&=\int_2^5\frac{x}{\sqrt{x^2-1}}\,dx=\frac{1}{2}\int_2^5\frac{(x^2-1)'}{\sqrt{x^2-1}}\,dx\\&=\frac{1}{2}\left[2\sqrt{x^2-1}\right]_2^5=\left[\sqrt{x^2-1}\right]_2^5\\&=2\sqrt{6}-\sqrt{3}\quad\text{答え}\ \ 2\sqrt{6}-\sqrt{3}\end{aligned}$$

7

(1) $\dfrac{dx}{dt}=\dfrac{2}{t}$, $\dfrac{dy}{dt}=1-\dfrac{1}{t^2}$ だから,

$$\left(\frac{dx}{dy}\right)^2+\left(\frac{dy}{dx}\right)^2=\left(\frac{2}{t}\right)^2+\left(1-\frac{1}{t^2}\right)^2$$
$$=\left(1+\frac{1}{t^2}\right)^2$$

$t\geqq 1$ のとき, $1+\dfrac{1}{t^2}>0$ だから,

$$\begin{aligned}L(a)&=\int_1^a\sqrt{\left(\frac{dx}{dt}\right)^2+\left(\frac{dy}{dt}\right)^2}\,dt\\&=\int_1^a\left(1+\frac{1}{t^2}\right)dt=\left[t-\frac{1}{t}\right]_1^a\\&=a-\frac{1}{a}\quad\text{答え}\ \ a-\dfrac{1}{a}\end{aligned}$$

(2) $a-\dfrac{1}{a}=10$ より, $a^2-10a-1=0$ を解くと, $a>1$ だから, $a=5+\sqrt{26}$ である。
答え $5+\sqrt{26}$

(3) $\displaystyle\lim_{a\to\infty}\frac{L(a)}{a}=\lim_{a\to\infty}\left(1-\frac{1}{a^2}\right)=1-0=1$
答え 1

6 数学検定特有問題 p.183

解答

1 1円, 2円, 4円, 5円, 7円, 10円, 13円

2 できない。

3 (1) $x-y+z=1$

(2)[1] もとの多角形が n 角形(n は正の整数)であるとすると, $x=n$, $y=n$, $z=1$ だから, $x-y+z=n-n+1=1$

[2] 2つの頂点の間に辺をかき, 結ぶ操作については, x の値は変化せず, y と z の値は 1 ずつ増加するから,
$y'=y+1$, $z'=z+1$
とすると, $x-y+z=1$ のとき
$x-y'+z'$
$=x-(y+1)+(z+1)$
$=x-y+z=1$

[3] 1つの辺に新たな頂点をつくる操作については, x と y の値は 1 ずつ増加し, z の値は変化しないから,
$x'=x+1$, $y'=y+1$
とすると, $x-y+z=1$ のとき
$x'-y'+z$
$=(x+1)-(y+1)+z$
$=x-y+z=1$

[4] 頂点どうしのつながりを変えずに, 図形を連続的に変形させていく操作については, x, y, z の値はいずれも変化しないから, $x-y+z=1$ の関係は保たれる。

[2]～[4]の操作によって，どのような多角形もいくつかの多角形に分けることができるから，[1]によってつねに $x-y+z=1$ が成り立つ。

解説

①

N を 0 以上の整数とする。つくりたい金額を N 円とすると，N は 0 以上の整数 k を用いて $N=3k$，$3k+1$，$3k+2$ のいずれかで表すことができる。

・$N=3k$ のとき
　3 円切手を k 枚使えば，すべての N をつくることができる。
・$N=3k+1$ のとき
　$k\geqq 5$（$N=16$，19，22，…）の場合は，3 円切手 $(k-5)$ 枚と 8 円切手 2 枚を使えば，すべての N をつくることができる。
　$k=0$（すなわち $N=1$）の場合はつくることができない。以下同様に，$k=1$（$N=4$），$k=2$（$N=7$），$k=3$（$N=10$），$k=4$（$N=13$）の場合もつくることができない。
・$N=3k+2$ のとき
　$k\geqq 2$（$N=8$，11，14，…）の場合は 3 円切手 $(k-2)$ 枚と 8 円切手 1 枚を使えば，すべての N をつくることができる。
　$k=0$（$N=2$），$k=1$（$N=5$）の場合はつくることができない。

以上から，つくることのできない金額は，
1 円，2 円，4 円，5 円，7 円，10 円，13 円
　答え　1 円，2 円，4 円，5 円，7 円，10 円，13 円

②

面積が 36cm² の長方形は，面積が 1cm² の正方形を 36 個並べたものである。

36 は偶数だから，となりあう正方形に交互に白と黒の色をつけていくと，どの場合も白が 18 個，黒が 18 個になる。

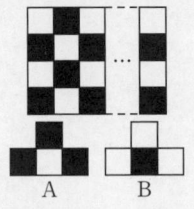

一方，与えられた形にもとなりあう正方形に交互に白と黒の色をつけていくと，図の A，B の 2 種類になる。

A を x 個，B を y 個用いるとすると，正方形の数の合計について，
$4x+4y=36$，すなわち $x+y=9$ 　…①
白と黒の数が等しくなるから，
$x+3y=3x+y$，すなわち $x=y$ 　…②
①，②を連立して解くと $x=y=\dfrac{9}{2}$ となり，これは x，y がともに整数であることに矛盾する。

したがって，面積が 36cm² の長方形は作ることができない。

③

(2) もとの多角形をいくつかの多角形に分けるために必要な操作を考え，それらの操作の前後において $x-y+z=1$ の関係が変わらないことを示す。

数学検定